俄罗斯煤矿瓦斯动力灾害防治技术规范

技 术 规 范

魏风清　张建国　编译

U0315004

煤 炭 工 业 出 版 社

·北　京·

图书在版编目（CIP）数据

俄罗斯煤矿瓦斯动力灾害防治技术规范/魏风清，
张建国编译．--北京：煤炭工业出版社，2017

ISBN 978-7-5020-5982-8

Ⅰ．①俄…　Ⅱ．①魏…　②张…　Ⅲ．①煤矿—瓦斯
爆炸—防治—技术规范—俄罗斯　Ⅳ．①TD713-65

中国版本图书馆 CIP 数据核字(2017)第 165673 号

俄罗斯煤矿瓦斯动力灾害防治技术规范

编　　译　魏风清　张建国
责任编辑　徐　武
责任校对　邢蕾严
封面设计　安德馨

出版发行　煤炭工业出版社（北京市朝阳区芍药居 35 号　100029）
电　　话　010-84657898（总编室）
　　　　　010-64018321（发行部）　010-84657880（读者服务部）
电子信箱　cciph612@ 126. com
网　　址　www.cciph. com. cn
印　　刷　北京玥实印刷有限公司
经　　销　全国新华书店

开　　本　787mm×1092mm¹/₁₆　印张　20¹/₄　字数　472 千字
版　　次　2017 年 12 月第 1 版　2017 年 12 月第 1 次印刷
社内编号　8862　　　　　　　定价　80. 00 元

前　言

　　俄罗斯煤矿瓦斯动力灾害防治技术规范包括三篇：《煤（岩石）与瓦斯突出危险煤层安全作业细则》《开采具有冲击地压倾向煤层的矿井安全作业细则》和《煤矿瓦斯抽放细则》，它是目前俄罗斯详细规定煤矿瓦斯动力现象——煤（岩）与瓦斯突出、冲击地压防治措施和安全作业以及煤矿瓦斯抽放的规范性有效技术文件。

　　《煤（岩石）与瓦斯突出危险煤层安全作业细则》主要包括：1 总则，2 煤（岩）突出危险性预测与防突措施效果检验，3 区域防突措施，4 揭煤时煤与瓦斯突出防治措施，5 煤与瓦斯突出局部防治措施，6 煤与瓦斯突出防治措施效果检验，7 保障工作人员安全的措施以及 10 个附录；《开采具有冲击地压倾向煤层的矿井安全作业细则》主要包括：1 总则，2 井田的开拓和准备，3 煤层组开采顺序，4 开采方法，5 井田与煤层区段冲击危险性预测和预防措施效果检查，6 巷道转化为无冲击危险状态，7 巷道掘进和支护，8 回采作业，9 特别复杂条件下的作业，10 预防巷道底板破坏的冲击地压，11 具有冲击地压倾向煤层矿井间的防火、防水和黏土支撑煤柱的留设，12 巷道转化为无冲击危险状态时的安全措施，13 转换为本细则规定状态的程序以及 10 个附录；《煤矿瓦斯抽放细则》主要包括：1 总则，2 抽放设备装备和使用要求，3 抽放瓦斯管路的安装、装备和使用要求，4 抽放钻孔的施工与管理要求，5 抽放系统管理人员要求，6 向用户供应瓦斯和利用瓦斯时矿井抽放系统装备和运行要求，7 抽放工程的安全以及 24 个附录。

　　本书中的规范性技术文件主要由俄罗斯东部煤炭工业安全工作科学研究所、全苏矿山地质力学和矿山测量科学研究所、斯科琴斯基矿业研究院、俄罗斯矿山救护科学研究所、俄罗斯国家矿山技术监督局煤炭工业监督管理局的工作人员参与制订。

　　本书可供我国计划"走出去"的煤炭企业了解国外煤炭生产过程中的动力灾害防治技术，为我国煤炭企业拓展国外煤炭市场提供技术支撑，同时也可供我国开采煤与瓦斯突出煤层和冲击地压煤层的煤矿、有关科研单位、设计单位等参考使用。

　　由于译者的水平有限，翻译过程中难免有错误和疏忽之处，欢迎批评指正。

译　者

2017 年 1 月

目 次

第一篇 煤（岩石）与瓦斯突出
危险煤层安全作业细则

第二篇　开采具有冲击地压倾向
煤层的矿井安全作业细则

第三篇　煤矿瓦斯抽放细则

煤(岩石)与瓦斯突出危险煤层安全作业细则

（РД 05-350-00）

俄罗斯国家矿山技术监督局 2000 年 4 月 4 日№14 命令批准

俄罗斯国家矿山技术监督局 2000 年 6 月 22 日№36 命令批准于 2000 年 10 月 1 日实施

　　本细则是《煤矿安全规程》的附件，它是详细规定煤矿采掘作业、防治煤（岩石）与瓦斯突出措施实施和防止其后果措施实施的规范文件。本细则供煤炭井下开采企业工作人员、国家矿山技术监督局、科研机构、教学机构、设计单位和项目单位使用。

　　本细则中所述的规范要求依据突出危险性预测方法、突出防治措施、防止其后果措施研究和完善等科研工作成果。

　　本细则中所述的规范要求适用于俄罗斯联邦开采煤（岩石）与瓦斯突出危险和威胁煤层的矿井。

1　总　　则

1.1　煤（岩石）与瓦斯突出

1.1.1　煤与瓦斯突出（压出）或岩石与瓦斯突出是发生在含瓦斯煤层和岩层中的一种危险和复杂的瓦斯动力现象，其特征是随着煤岩体的抛出和瓦斯向巷道的涌出，煤岩体迅速被破坏[①]。

1.1.2　煤与瓦斯突出的特征是：

（1）煤由工作面抛出的距离大于在自然安息角之下可能的分布长度；

（2）在煤体中形成孔洞；

（3）煤向巷道中移动；

（4）与通常相比，巷道中的瓦斯涌出量升高，此时相对瓦斯涌出量大于煤层自然瓦斯含量与抛出煤的残存瓦斯含量之差。

煤与瓦斯突出的补充特征是设备的损坏和抛出，在抛出煤体的边坡上和支架上存在细煤粉。

1.1.3　煤与瓦斯突出发生前的预兆：巷道瓦斯涌出量急剧增加，工作面掉渣，工作面出现粉尘云，煤体中发出冲击声和劈裂声，煤由工作面压出或散落，煤块从工作面剥落，打钻时瓦斯或煤粉喷出。

当突出前的预兆出现时，所有工作人员应立即从巷道撤出。根据矿井技术负责人的书面许可恢复工作。

1.1.4　岩石与瓦斯突出的特征是：

（1）在岩体中形成由分层裂开为鳞片状薄板的岩石圈定边界的孔洞；

（2）岩石由工作面抛出并将其大部分粉碎成大粒砂子；

（3）巷道瓦斯涌出量升高。

1.2　煤层煤（岩石）与瓦斯突出危险等级划分

1.2.1　突出危险和威胁的煤层属于有煤（岩石）与瓦斯突出倾向的煤层。在个别情况下又分为煤层的特别突出危险区段。

1.2.2　发生过突出的煤层或被日常预测或揭煤预测查明突出危险性的煤层属于突出危险煤层。

根据第 2.1.3 条，达到确定深度的煤层属于突出威胁煤层。

1.2.3　在阶段未被保护的下部区域范围内、在地质破坏带内、在矿山压力升高带内

---

① 煤与瓦斯突出和具有瓦斯涌出的煤的突然压出以下统一用"突出"。

的突出危险煤层的区段属于特别突出危险区段。

1.2.4　由国家矿山技术监督局地区管理局、东部煤炭工业安全工作科学研究所、全苏矿山地质力学和矿山测量科学研究所、矿区技术研究所代表组成的、由煤炭公司①技术负责人担任主席的委员会在每年研究采矿工程扩展计划时，确定煤层严重突出危险采区、突出危险采区、保护层的清单和开采顺序，基准线的通过，预测方法和防突措施采用的必要性，以及联络巷（立眼）在突出危险未保护的陡直煤层中的位置。上述清单和开采顺序由公司和国家矿山技术监督局地区管理局共同批准。

1.3　突出危险和威胁煤层安全开采综合措施的应用程序

1.3.1　为了安全开采突出危险和威胁煤层，规定下列措施：

（1）突出危险性预测；

（2）保护层超前开采；

（3）煤与瓦斯突出防治措施和效果检验；

（4）降低煤与瓦斯突出发生概率的采掘工作面开采方法和工艺；

（5）保证作业人员安全的措施。

1.3.2　按照第 2 章规定的程序进行煤层突出危险性预测。

1.3.3　在被保护范围内进行揭穿煤层和采掘作业无须采用突出危险性预测和防治突出措施，而爆破作业按照高瓦斯矿井的规范进行。

1.3.4　开采未被保护的突出危险煤层或采区应采取突出预测和防治措施。

1.3.5　区域防突措施用来在采掘工作面前方预先处理煤体。

区域措施有：保护层超前开采、抽放煤层瓦斯、煤层润湿。

局部措施用来将工作面附近煤体变成非突出危险状态，并在采掘工作面实施局部措施。

局部措施有：水力松动、低压润湿、低压浸润、预先润湿方式的水力挤出、超前孔洞的水力冲刷、在煤层和围岩中开卸压缝和卸压槽、施工超前钻孔、煤体内部爆破、沿回采工作面开卸压缝。

在采用区域和局部防突措施的所有情况下，都必须执行措施效果检验。

在瓦斯强烈涌出和煤与瓦斯突出预兆出现的情况下，在对煤层进行局部防突处理（施工超前钻孔、水力压出、超前孔洞水力冲刷）时，在执行防突措施的过程中，必须采取防治瓦斯超限和发动瓦斯动力现象的措施。

1.3.6　在开采未被保护的突出危险煤层时，应采取下列措施保护作业人员安全：

（1）爆破作业采用震动爆破方式；

（2）回采工作面回风流掺新风构建工作面稳定通风（连续开采方法除外）；

（3）在危险带进行作业时，规定工艺过程和煤与瓦斯突出防治措施实施程序的细则；

（4）对采掘工作面瓦斯浓度及煤层和半煤岩工作面进行震动爆破时的瓦斯浓度进行遥测监控；

---

①　这里及以后对于加入公司的独立企业应该指的是公司下面的企业。

（5）使用个体和群体生命保障设备、移动救生设备、电话通信设备、远距离开停机械设备。

1.4　防治煤与瓦斯突出的一般工作组织

1.4.1　技术经理负责煤炭公司防治煤（岩）与瓦斯突出的技术政策和工作。防治瓦斯动力现象主管工程师根据《防治瓦斯动力现象主管工程师标准条例》组织公司的突出防治工作，而在矿井建设单位——由企业任命的人员负责。

在煤矿中，瓦斯动力现象防治专业部门（小组）负责预测和防治突出措施效果的检验，直接服从通风和安全技术负责人的指挥。

矿井建立预测站，并任命具有高等矿山技术教育、在开采突出危险或威胁煤层矿井井下工作工龄不少于2年的人员担任预测站（组）负责人。预测站负责人、班长和预测员应通过东部煤炭工业安全工作科学研究所专业大纲的学习，每3年重新学习1次。

1.4.2　防治煤与瓦斯突出措施应由安全技术预防工作区或生产和准备区完成。

煤层突出危险性预测、防突措施参数检查和其有效性评估应由防治瓦斯动力现象的矿山技师（操作员）完成。在对他们完成作业持续时间工时测定观测的基础上，确定矿山技师的数量。

矿井建设（矿井掘进）单位在生产（改建）矿井进行掘进作业时，与生产矿井巷道相联通的采区由生产矿井的班组进行煤层突出危险性预测和突出防治措施效果检验。

突出危险性日常预测结果和防突措施效果检验结果登记在巷道工作面附近的黑板上，标明日期、班次、矿山技师的姓名、预测数据（危险，无危险）和效果检验数据（有效，无效）、安全进尺深度、进行预测或效果检验时工作面的标准测点位置。

在生产区、准备区和瓦斯动力现象防治部门（班组）应悬挂采掘工程推进平面图（草图），图纸比例1∶200，其上标注采掘工程与矿山测量点的定位测量，标绘煤与瓦斯突出预测、防治措施和效果检验的几何参数，地震接收仪的安装位置，震动爆破区域。在平面图（草图）上标绘工作面位置：生产（准备）区——每班的起始位置，预测站（班组）——完成预测或防突措施效果检验后的工作面位置。每个预测或防突措施效果检验循环之后，矿井瓦斯动力现象预防站（班组）在《采区派工单》上签署同意采掘工作面的安全进尺深度。

开采突出危险和威胁煤层时保障劳动安全条件的责任由矿井①技术负责人负责。

1.4.3　关于建立和运用新的煤层突出危险性预测方法、新的煤与瓦斯突出防治措施以及编制相应文件的工作程序如附录1所示。

1.4.4　在本细则没有规定的情况下，突出危险和威胁煤层中的采掘作业应征得俄罗斯国家矿山技术监督局地区管理局的同意，并根据矿井技术负责人批准的东部煤炭工业安全工作科学研究所的建议进行。

1.4.5　研究分析本细则没有规定的突出危险煤层安全作业问题，由俄罗斯煤与瓦斯突出防治委员会（以后简称委员会）或委员会地区分委员会根据煤炭公司技术负责人的报

---

　　① 或称建井工程处。

告和东部煤炭工业安全工作科学研究所的结论进行。

1.5　矿井建设和改造方案与新水平准备方案的要求

1.5.1　根据本细则的要求，研究制订突出危险和威胁煤层的矿井建设和改造方案以及新水平准备方案中的防治煤与瓦斯突出部分，并征得东部煤炭工业安全工作科学研究所和全苏矿山地质力学和矿山测量科学研究所的同意。方案中应包含规定防治煤与瓦斯突出技术方案的专门章节。

1.5.2　为了制订新矿井的建设方案、生产矿井的改造方案以及新水平的准备方案，东部煤炭工业安全工作科学研究所根据已进行的地质勘探工作的地球物理资料，向设计研究所提供煤层和岩石的突出危险性结论。

1.5.3　突出危险和威胁煤层井田的揭穿和准备应保证：

(1) 最大限度利用保护层超前开采和使用区域防突措施；

(2) 准备巷道布置在无突出危险煤层和被保护煤层中；

(3) 岩石巷道穿过突出危险煤层的数量最少；

(4) 在未被保护的突出危险煤层中采用壁式开采法；

(5) 井田通风风流分散，能够分区通风，准备工作面独立通风，回采区段回风流掺新风；

(6) 缓倾斜煤层相邻采面共用准备巷道的再次利用，掘进时巷道和采空区之间不留煤柱。根据《保护层利用长远方案》确定煤层开采顺序。对于罗斯托夫州矿井的陡直和急倾斜煤层条件，水平移交生产前，在保护层中第一个准备和开采的采区距离主石门的长度不小于 400 m。

1.5.4　新矿井建设、生产矿井改造以及生产矿井新水平准备时，为了完全保护突出危险陡直煤层，必须规定超前一个水平开采保护层。

当超前一个水平开采保护层时，准许三个水平同时开采（采完水平、主要水平、超前水平）。

超前水平巷道通风应依靠矿井全风压单独进行，而水平回风流应直接进入矿井回风流。

煤岩运出、人员升降、向超前水平运送材料应通过固定提升装置进行。在个别情况下，征得俄罗斯国家矿山技术监督局地区管理局的同意后，方可允许人员升降、煤岩运出和材料下运通过暗井的罐笼和箕斗提升装置进行。

在超前水平回采作业开始之前，在保护层中应装备固定或临时排水设备，建造电气机车库房并投入使用，在必要的情况下安装空气调节系统。

矿井应根据企业技术负责人批准的方案完成超前水平中与保护层开采有关的所有工程。

1.6　突出危险和威胁煤层开采要求

1.6.1　在突出危险和威胁煤层中揭穿煤层和进行采掘作业时，应编制符合第 1.3 节要求的防治煤（岩石）和瓦斯突出综合措施和保证突出安全的设计专篇。综合措施的编制应征得东方煤炭工业安全工作科学研究所的同意，并经公司技术负责人批准。不超过 1 年修订一次综合措施。根据综合措施编制区段说明书和巷道掘进支护说明书。对于特别突出危险采区，征得东部煤炭工业安全工作科学研究所同意，由矿井技术负责人确定补充措施（规定采掘工作面推进速度、生产工序间的工艺停顿时间、落煤时的最大截割深度、机窝的最大尺寸）。

在缓倾斜突出危险煤层地质破坏影响带中，根据附录 2 的建议进行采掘作业。

揭穿突出危险煤层说明书、开采特别突出危险采区说明书以及对它们的修改和补充应征得东部煤炭工业安全工作科学研究所同意，由公司技术负责人批准。揭穿突出威胁煤层说明书应征得东部煤炭工业安全工作科学研究所同意，由矿井（建井工程处）技术负责人批准。

在采矿工程平面图上以及采区说明书和巷道掘进支护说明书所附的采矿工程平面图复制件上，指明根据本细则第 3 章绘制邻近层煤层边缘及煤柱的矿山压力升高带和构造破坏带。

1.6.2 根据《煤与瓦斯突出危险煤层开采工艺方案》（莫斯科，1982 年）、《突出危险厚及中厚煤层机械化掘进准备巷道时煤与瓦斯突出预测和防治的工艺与方案》（克麦罗沃：东部煤炭工业安全工作科学研究所，1989 年）和本细则，选择揭煤工艺、采掘工艺、煤与瓦斯突出防治措施和必需的装备。

1.6.3 未被保护的突出危险煤层的开采必须采用长壁式开采法。当根据矿山地质条件没有可能采用长壁开采法时，经俄罗斯国家矿山技术监督局地区管理局批准，根据防突委员会地区分委员会建议，允许采用连续式或混合式开采法。

在未被保护的突出危险陡直和急倾斜煤层中采用连续开采法时，运输平巷工作面应超前回采工作面不小于 100 m（由第一个台阶或工作面与平巷下部交汇处算起），小平巷（下部联络眼）应超前回采工作面 20 m 以上。

在缓倾斜和倾斜煤层采用连续开采法时，允许靠着采面掘进一条沿煤层的运输（输送机）平巷或者超前距离不小于 100 m。在个别情况下，征得东部煤炭工业安全工作科学研究所的同意，矿山工艺条件、运输平巷超前距离可以小于 100 m，但应超前工作面采用震动爆破落煤。

1.6.4 岩石巷道距离突出危险煤层的法向距离不小于 5 m。

1.6.5 在预测查明的突出危险带进行采掘作业时，必须采取煤与瓦斯突出防治措施和措施效果检验。

1.6.6 在煤（岩石）与瓦斯突出危险矿井，要分出专门的工作班实施局部防突措施和震动放炮。在个别情况下，征得东部煤炭工业安全工作科学研究所的结论并经俄罗斯国家矿山技术监督局地区管理局同意，根据工时观测结果，完成上述工作的时间可以减少或增加，并在采区说明书和巷道掘进支护说明书中指明。

1.6.7 在突出危险煤层中，准备巷道倾角大于 10°时，应从上向下掘进。在突出威胁煤层中，从下向上掘进巷道时，征得东部煤炭工业安全工作科学研究所同意，巷道倾角可以达到 25°。

在遵守瓦斯矿井安全规章的条件下，在被保护带中倾斜巷道可以从下向上掘进。

在不易冒落的突出威胁陡直煤层中，征得东部煤炭工业安全工作科学研究所、技术研究所和俄罗斯国家矿山技术监督局地区管理局的同意，确定暗井从下向上掘进的可行性。

1.6.8　根据东部煤炭工业安全工作科学研究所和技术研究所的结论，由俄罗斯国家矿山技术监督局地方管理局批准采用宽截深采煤机落煤。

在不稳定易冒落顶板条件下，允许采取专门措施沿采面全长用风镐落煤。措施应征得东部煤炭工业安全工作科学研究所和技术研究所的同意，并由企业技术负责人批准。

在陡直突出危险煤层，采面必须沿煤层倾向布置，并采用掩护机组或风镐落煤。

在回采工作面倒台阶的情况下，对于厚度 1 m 以下的煤层，台阶之间的距离不大于 3 m，对于厚度 1 m 以上的煤层，台阶之间的距离不大于 4 m。留矿台阶的超前距离根据附录 3 计算确定。

1.6.9　突出危险煤层回采工作面的顶板管理应采用全部冒落法或采空区全部充填法，征得技术研究所同意后，可允许采用其他顶板管理方法。

陡直煤层采空区的充填采用碎石填满整个阶段高度，不留空隙。干式充填步距为 1.8~3.6 m，水力充填步距为 4.5~7.2 m，充填体到工作面的最大距离不超过 11 m。

1.6.10　在厚度 0.8 m 以下的煤层中，允许采用刨煤机落煤，沿采面全长不采取防突措施。允许刨煤机司机助手处于刨煤机的上部端头（特别突出危险采区除外）。采面的平直度由矿井矿山测量部门用仪表进行检查，每月不少于 2 次。

在不稳定顶板条件下，长度不小于 80 m、截深不大于 0.8 m 的个别串联区段可以采用刨煤机落煤。在采面末端部分，回采条带长度可小于 25 m，而且区段之间的过渡应是光滑的，长度不小于 16 m。

在特别突出危险区段，刨煤机主控制部件应位于：采用柱式开采法时，位于距离采面不小于 15 m 的新鲜风流方向的运输平巷中；采用连续开采法时，位于距离采面不小于 25 m 的新鲜风流中。控制部件附近仅允许有刨煤机司机。刨煤机在采面下部末端落煤时，在超前运输平巷中不允许人员存在。

在厚度 0.8 m 及以上的煤层中，采用刨煤工艺落煤的采面应采取突出危险性日常预测并在危险带采取防突措施。

1.7　瓦斯动力现象调查与计算

1.7.1　对于瓦斯动力现象的各种事故，矿井（建井管理处）经理或技术负责人必须立即通知公司领导、地区矿山技术部门和东部煤炭工业安全工作科学研究所。

1.7.2　对于由于瓦斯动力现象而引起的安全事故的原因调查，根据俄罗斯联邦政府 1999 年 3 月 11 日 No279 命令批准的《生产安全事故调查和计算条例》进行。

1.7.3　对于由于瓦斯动力现象而引起的事故原因的技术调查，根据俄罗斯矿山技术监督局 1999 年 6 月 8 日 No8 命令批准的《危险生产对象事故原因技术调查程序条例》进行。

对于震动爆破引起的瓦斯动力现象以及发生在水力压出、机械远距离控制条件下的煤与瓦斯突出事故调查，由矿井技术负责人、采区矿山技术检查员和东部煤炭工业安全工作科学研究所代表组成的委员会进行调查。

1.7.4　对于每次瓦斯动力现象，委员会填写报告（表格1）。

对于瓦斯动力现象涌出的瓦斯量，根据附录4所述的方法确定。

对于每次煤与瓦斯突出，东部煤炭工业安全工作科学研究所填写记录卡片。

1.7.5　开采突出危险煤层的矿井负责管理《瓦斯动力现象统计簿》，并加盖公章（表格2）。

1.7.6　调查报告（表格1）和统计簿是统计已发生的瓦斯动力现象、确定消除突出后果工程量和工程成本以及制定煤层采矿工程后续程序的正式文件。

1.7.7　瓦斯动力现象调查报告共五份，并分送：俄罗斯防治矿井煤与瓦斯突出委员会、公司、矿井、地区矿山技术部门、东部煤炭工业安全工作科学研究所。矿井技术负责人负责报告准备和分送。

已发生突出的地点和日期标注在采掘工程平面图、绘图板和工程草图上，并用专用符号标明。

1.7.8　开采临界突出深度以下煤层的每个矿井应填写《防治煤（岩）与瓦斯突出措施执行簿》（表格3）。

2　煤（岩）突出危险性预测与防突措施效果检验

2.1　突出危险性预测方法应用程序

2.1.1　在煤田（井田）开发的下列阶段进行煤层突出危险性预测：

（1）在进行地质勘探工作时；

（2）在揭穿煤层时；

（3）在掘进准备巷道和进行回采作业时。

为了预测煤层的突出危险性和检验使用的防突措施的效果，应当使用符合国家标准（全苏标准）和技术规范要求的批量制造的仪器、装置和设备。

2.1.2　在进行地质勘探工作时，煤层突出危险性预测由东部煤炭工业安全工作科学研究所完成。

在罗斯托夫州，该项预测由地质勘探单位根据《顿涅茨克矿区地质勘探阶段煤层突出危险性预测暂行规范》和《顿涅茨克矿区根据地质勘探钻孔地质信息研究资料预测煤层和岩层突出危险性预测暂行规范》进行。

2.1.3　根据地质勘探阶段突出危险性预测结果确定临界突出深度，在临界深度以下进行突出危险性预测（揭煤和日常预测）。表2-1列出了一些矿区、地区、煤田的临界深度值。

在罗斯托夫州，进行煤层突出危险性预测的深度见表2-2。

表2-1　一些矿区、地区、煤田的临界深度值

煤　田，地　区	临界深度/m
普拉科皮耶夫-基谢廖夫	150
乌斯卡茨基和托木-乌辛斯克	200
克麦罗沃	210
本古罗-丘梅什	220
别洛沃，拜达耶夫，奥辛尼科夫，孔多姆和捷尔辛	300
列宁	340
安热罗	500
阿拉利切夫	190
伯朝拉	400
帕尔季赞矿区和萨哈林岛矿区	250

表 2-2 罗斯托夫州进行煤层突出危险性预测的深度

挥发分 V_{daf}/%	煤的变质程度综合指标 M	煤层原始瓦斯含量/ $[m^3 \cdot (t \cdot r)^{-1}]$	执行预测深度/ m
> 29	26.3~27.7	≥8	400
	24.5~26.2	≥9	380
	23.7~27.6	≥9	380
9~29	17.6~23.6	≥11	320
	13.5~17.5	≥12	270
	9.0~13.4	≥13	230
< 9（但 $\lg\rho$ > 3.3）	—	≥15	150

根据表 2-2 确定综合指标 M：

当 V_{daf} = 9% ~ 29% 时
$$M = V_{daf} - 0.16y \tag{2-1}$$

当 V_{daf} > 29% 时
$$M = \frac{(4V_{daf} - 91)}{y + 2.9} + 2.4 \tag{2-2}$$

式中 y——煤的可塑分层厚度，mm（对于没有黏结倾向的煤 $y = 0$）。

如果煤的变质程度综合指标 M > 27.7，或者无烟煤的单位电阻率对数 $\lg\rho$ < 3.2，无论开采深度和原始瓦斯含量多大；对于具体变质程度的煤，其原始瓦斯含量或开采深度小于表 2-2 中的数值，该煤层均属于非突出危险煤层。

当用井巷连接开采不同危险程度的同一煤层的两个矿井时（其中一个煤层具有突出危险），矿井整体上属于煤与瓦斯突出危险类型。

对于在上述条款中没有提及的矿区和煤田，临界深度取 150 m。

2.1.4 对于个别矿区、地区和煤田，根据东部煤炭工业安全工作科学研究所的鉴定评价结果，可以更准确地确定上述深度，并确定具体井田和其采区的临界深度。

2.1.5 对于库兹涅茨克矿区的条件，根据东部煤炭工业安全工作科学研究所的结论，斯科钦斯基矿业研究院国家矿山生产科学中心依据《根据深度和作业工艺确定煤层和井巷工作面突出危险性程度（等级）的规范》可以在威胁和突出危险煤层中划分出非突出危险采区。

2.1.6 在采掘工程平面图上、绘图板和工程草图上，标出煤层的突出临界深度等值线。

2.2 揭煤地点煤层突出危险性预测

2.2.1 石门或其他岩石巷道揭穿突出危险或威胁煤层前，应在揭煤地点预测它们的突出危险性，并将预测结果填好报告（表格 4）。

2.2.2 当揭穿巷道接近缓倾斜煤层法向距离不小于 10 m 时，由巷道工作面向煤层施工深度不小于 10 m 的探测钻孔，更准确地确定煤层位置、倾角和厚度。

掘进揭穿煤与瓦斯突出危险（威胁）的倾斜、急倾斜和陡直煤层的巷道，应预先施工长度不小于 25 m 的探测钻孔，并保证超前距不小于 10 m。

钻孔（不少于 2 个）布置图、钻孔深度和打钻周期由矿井技术负责人和地质工作者根据计算确定，煤层和巷道之间的被探测岩层的厚度应不小于 5 m。钻孔的实际位置应标注在带矿山测量符号的巷道工程草图上。在地质工作者的领导下，根据探测钻孔的资料检查工作面相对煤层的位置。

2.2.3 当揭煤巷道工作面距离煤层的位置不小于 3 m（沿法向）时，施工检查钻孔用来确定揭煤地点煤层突出危险性预测指标。利用双岩芯管或岩芯提取器分层采集煤样。检查钻孔应穿透煤层至巷道轮廓外 1.0 m，此时在煤层平面上钻孔间的距离应不小于 2 m。沿煤层全厚，每米钻孔取样一个。在揭穿厚度 2 m 以上的缓倾斜煤层时，钻孔取样深度至巷道全断面进入煤层或煤层全厚完全揭露为止。

2.2.4 在预测结果"无危险"和揭煤没有突出的情况下，可以采用突出危险性日常预测穿过缓倾斜煤层。

2.2.5 在库兹涅茨克矿区，根据指标 Π_B 预测揭煤地点煤层的突出危险性。

$$\Pi_B = P_{\Gamma.\max} - 14f_{\min}^2 \qquad (2-3)$$

式中 $P_{\Gamma.\max}$——在距地表一定深度处煤层瓦斯压力的最大值，kg/cm^2；

$f_{\min}$——由探测钻孔查明的煤层分层或探测钻孔每米间隔的煤样的最小坚固性系数。

当 $\Pi_B \geqslant 0$ 时，揭煤地点煤层具有突出危险性。

2.2.6 在伯朝拉、普里莫尔和萨哈林岛矿区，当检查钻孔瓦斯压力达到 $10\ kg/cm^2$ 及以上时，揭煤地点煤层具有突出危险性。

2.2.7 当石门揭穿临近的陡直煤层组时，采用 2 个探测钻孔预测它们的突出危险性，探测钻孔由石门工作面的同一位置施工，穿过几个煤层或煤层组的所有煤层。在这种情况下，此时煤层瓦斯压力取相同数值，等于探测钻孔中最大的测定压力。

2.2.8 在罗斯托夫州的矿井，采用瓦斯涌出速度 g、碘指标 ΔJ 和煤的坚固性系数 f 预测揭煤地点煤层的突出危险性。

当揭煤工作面接近煤层或厚度 0.2 m 以上的煤线法向距离不小于 3 m 时，向煤层（煤线）施工检查钻孔，以采集煤样、测定瓦斯涌出速度以及确定煤层厚度和分层数量。煤层打穿后不超过 2 min，在 2 个钻孔内测定瓦斯涌出速度，并且密封测量室应符合煤层厚度。如果在打钻时出现突出预兆，则停止打钻，发出"危险"预测。

采用 3Γ–1 或 ПГШ 型封孔器密封钻孔。

厚度大于 0.2 m 的每个分层取样确定碘指标 ΔJ 和煤的坚固性系数 f。

如果分层不能取样，则根据综合样确定碘指标 ΔJ 和煤的坚固性系数 f。

取 g、ΔJ 的最大值和 f 的最小值进行计算。

在东部煤炭工业安全工作科学研究所实验室，测定所取煤样的碘指标 ΔJ 和煤的坚固性系数 f。

在同时满足下列 3 个条件的情况下，揭煤前的状态评价为无突出危险。

$$g \leqslant 2\ L/min \qquad (2-4)$$

$$\Delta J \leqslant 3.5\ mg/g \qquad (2-5)$$

$$f \geqslant 0.6 \qquad (2-6)$$

如果 3 个指标中的 1 个不符合规定条件，则发出"危险"预测。

2.3 煤层突出危险性局部预测

总则与突出危险性评价参数

2.3.1 在罗斯托夫州的矿井中应用局部预测方法，评价根据本细则第 1.2.2 和第 2.1.3 条属于威胁等级的煤层的突出危险性程度，以确定在具体的采矿作业条件下进行突出危险性日常预测的必要性。

如果在邻近矿井该煤层的相应水平发生过瓦斯动力现象，则不需要采用局部预测方法进行预测。

采用局部预测的煤层清单由委员会根据本细则第 1.2.5 条确定。

局部预测包括：全面考查煤层；在全面考查期间，在煤层区段进行检查观测；根据检查观测结果，以及当回采工艺和顶板管理方法改变时及通过应力升高带和地质破坏带时，可以进行非常规考查。

2.3.2 根据在生产巷道内距离地质破坏不小于 25 m 的全面考查结果，在进行煤层突出危险性局部预测。

2.3.3 揭穿煤层后，当巷道工作面进入煤层时立即开始全面考查。同时在揭煤地点根据本细则第 2.2.8 条进行突出危险性预测。如果预测结果为无危险，并且揭煤没有发生瓦斯动力现象，则全面调查时不采取防突措施，而工作面爆破作业按瓦斯矿井方式进行。

2.3.4 在倾角大于 10° 的煤层中，在局部预测考查的水平以下沿煤层倾向掘进准备巷道时，采用日常预测方法。

2.3.5 煤层全面考查包括：

（1）巷道揭煤前测量煤层瓦斯压力 P_Γ（kg/cm^2）；

（2）根据附录 5，利用 Π-1 型强度仪在工作面表面测量煤的强度 q（相对单位）；

（3）测量每个煤分层的厚度和煤层总厚度 m（m）；

（4）在距离 1.5、2.5 和 3.5 m 处测量钻孔瓦斯涌出初速度 g（L/min）；

（5）在巷道掘进 20~30 m 距离内，工作面每推进 2~3 m 全面调查一次，并且应完成不少于 10 个观测循环。

（6）在进行煤层考查时，如果在任何一个观测循环即使是一个煤分层的强度 q 小于 60（相对单位），应停止调查，在采区根据本细则第 2.4.23~第 2.4.29 条的要求进行突出危险性日常预测。如果在钻孔任一打钻区间内测量的瓦斯涌出初速度 g_H 等于或大于临界值 g_H°，停止考查，在工作面应采取防突措施。

2.3.6 在急倾斜和陡直煤层中，在下列地点确定局部预测指标：

用台阶采面开采的煤层——在运输平巷工作面、下部联络眼工作面和 3 个下部台阶。

用掩护机组开采的煤层——在安装开切眼工作面（距离通风斜巷 20~50 m）和在采面的隅角（间隔距离通风水平 30~60 m 和 80~110 m）。

缓倾斜和倾斜煤层——在超前巷道工作面和沿回采工作面采长的 3 个位置（距离回采工作面与运输巷道、通风巷道交汇处 5~15 m 以及在采面中部）。在用采面—平巷开采法的煤层中，在下部机窝中进行考查，取代超前巷道中的考查。

开采厚度 2 m 以上的煤层时，仅在准备巷道中进行考查。

在倾角大于 10° 的情况下，采面沿仰斜开采煤层时，采取局部预测，而沿倾斜开采时——采取突出危险性日常预测。

2.3.7 为了得到突出危险性日常预测的原始资料，根据本细则第 2.4.23~第 2.4.24 条进行的探测是煤层全面考查的主要部分。同时，不用确定煤的强度系数 f，而为了评价煤层和个别分层的强度性质，使用煤的强度数据 q。探测仅在主要准备巷道工作面、下部和安装切眼进行。

全面考查结果处理

2.3.8 根据考查结果处理，应得到如下技术参数：

（1）局部预测技术参数包括反映煤层应力状态的指标（P_α），煤层稳定性系数（M_Π）。

（2）日常预测原始技术参数包括瓦斯涌出初速度最大值（$g_{H.max}$），煤的强度平均值（$\bar{q}$），煤层厚度平均值（$\bar{m}$），煤的强度变化系数（V_q），煤层厚度变化系数（V_m）。

2.3.9 反映煤层应力状态的指标（P_α，kg/cm^2）取决于煤层瓦斯压力（P_Γ，kg/cm^3）和采矿工程深度（H，m），由下式确定：

$$P_\alpha = P_\Gamma + 0.04\gamma H \tag{2-7}$$

式中 γ——岩石的平均容重，取 $2.5 \times 10^{-3} kg/cm^3$。

指标 P_α 仅在该水平第一次煤层全面考查时确定，对于同一水平的后续考查取恒定值。

煤层稳定性系数 M_Π 取决于煤层换算强度 q_{np}（相对单位）、煤层厚度 $m(m)$ 和煤层分层数量 $n_\text{ц}$，由下式确定：

$$M_\Pi = 1.2 \sum_1^{n_\text{ц}} \frac{M}{n_\text{ц}} - 1.57 \tag{2-8}$$

式中 M——煤层稳定性系数的单位数值（在工作面的每个观测循环中确定）；

$n_\text{ц}$——工作面的观测循环数量。

$$M = 0.17 q_{np} - m - 0.5 n_\Pi - 6.8 \tag{2-9}$$

$$q_{np} = \frac{q_1 m_1 + q_2 m_2 + \cdots + q_n m_n}{m_1 + m_2 + \cdots + m_n} \tag{2-10}$$

式中 q_1，q_2，$\cdots$，q_n——煤分层的强度；

m_1，m_2，$\cdots$，m_n——煤分层的厚度，m。

除此之外，进行全面观测时，根据下式确定每个分层的平均强度（$\bar{q}_i$）

$$\bar{q}_i = \frac{\sum_i^{n_\text{ц}} q_i}{n_\text{ц}} \tag{2-11}$$

式中 q_i——单个观测循环的煤分层强度，相对单位。

2.3.10 取在探测观测区段测定的最大值作为瓦斯涌出初速度最大值 $g_{H.max}$。

根据下式确定煤的换算强度的平均值 $\bar{q}_{np}$：

$$\bar{q}_{np} = \frac{\sum\limits_{1}^{n_ц} q_{np}}{n_ц} \tag{2-12}$$

式中 $\sum\limits_{1}^{n_ц} q_{np}$ ——在探测观测区段得到的每个观测循环的煤的强度值的总和，相对单位。

煤的强度变化系数 V_q 和煤层厚度变化系数 V_m 根据下式计算：

$$V_q = \frac{\delta_q}{\bar{q}_{np}} \cdot 100\% \tag{2-13}$$

$$V_m = \frac{\delta_m}{\bar{m}} \cdot 100\% \tag{2-14}$$

其中

$$\bar{m} = \frac{\sum\limits_{1}^{n_ц} m}{n_ц}$$

$$\delta_q = \sqrt{\frac{\sum\limits_{1}^{n_ц} (\bar{q}_{np} - q_{np})^2}{n_ц}}$$

$$\delta_m = \sqrt{\frac{\sum\limits_{1}^{n_ц} (\bar{m} - m)^2}{n_ц}}$$

式中 $\bar{m}$ ——在探测观测区段煤层厚度的平均值；

$\sum\limits_{1}^{n_ц} m$ ——单个煤层厚度值的总和，m；

δ_q，δ_m ——单个煤的换算强度值和煤层厚度值与其平均值 $\bar{q}_{np}$、$\bar{m}$ 的均方差。

全面考查区段突出危险性评价准则

2.3.11 根据取决于反映煤层应力状态指标、煤层稳定性系数 $M_Π$ 和探测观测结果的诺模图（图 2-1），得到开采煤层采取局部预测的结论。

2.3.12 如果在任一观测地点，根据诺模图 $P_α$ 和 $M_Π$ 的坐标点位于曲线上方，则得出煤层开采必须采取突出危险性日常预测的结论。

当上述坐标点的位置处于曲线下方和日常预测原始资料 $V_q \leqslant 20\%$、$V_m \leqslant 10\%$、$\bar{q} \geqslant 70$、$g_{H.max} < g_H^o$ 时，则采取突出危险性局部预测开采区段煤层。

如果 $V_q \leqslant 20\%$、$\bar{q} \geqslant 80$、$g_{H.max} < g_H^o$ 时，该规则可以扩展到 V_m 为任意值的工作面。

2.3.13 瓦斯涌出初速度临界值取决于煤的牌号：

当 $V_{daf} < 15\%$ 时，瓦斯涌出初速度临界值为 5 L/min；

当 $15 \leqslant V_{daf} < 20\%$ 时，瓦斯涌出初速度临界值为 4.5 L/min；

当 $20 \leqslant V_{daf} < 30\%$ 时，瓦斯涌出初速度临界值为 4.0 L/min；

当 $V_{daf} \geqslant 30\%$ 时，瓦斯涌出初速度临界值为 4.5 L/min。

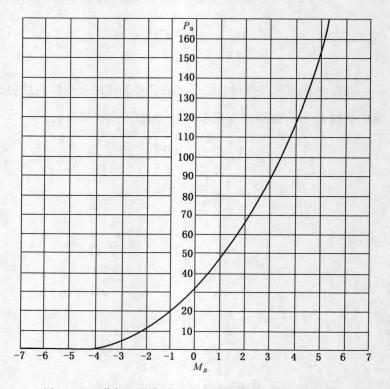

图 2-1　评价顿涅茨克矿区矿井煤层突出危险性的诺模图

在准备巷道的第一个观测循环中，采集 10 个煤样挥发分的平均值作为挥发分 V_{daf}。

2.3.14　将全面考查结果按表格 4 填好，并经矿井技术负责人批准后，准许采用局部预测。将标出全面考查区段的采掘工程平面图的复件附到报告中。

全面考查周期

2.3.15　在回采工作面，采面开切后立即开始全面考查，回采工作面离开开切巷道 30~40 m 时再次全面考查。

2.3.16　随后的全面考查周期根据（$N-H$）的差值确定：

当（$N-H$）≤100 时，每推进 50 m 考查一次；

当（$N-H$）>100 时，每推进 100 m 考查一次。

这里 N 为考查周期指标，由下式确定：

$$N = H + 10(P_{AB} - P_{\alpha})　　　　　　　　(2-15)$$

式中　P_{AB}——在诺模图上，由该考查地点横坐标值 M_{Π} 所做的垂线与曲线的交叉点对应的 P_{α} 值；

　　　　H——开采深度，m。

检　查　观　测

2.3.17　预测站主任接到批准的按突出危险性局部预测对煤层调查的文件后，对预测工长发出命令，在该区段按局部预测的方法进行连续检查观测。

2.3.18 进行检查预测的工作面推进区段包含在全面调查区段中。

2.3.19 在检查观测期间，通常工作面每推进 5 m 或 10 m 进行一次煤层和分层厚度、强度的定期测量。如果最后一次全面考查即使发现一个煤层分层的强度 $\bar{q}_i < 70$，则观测间隔取 5 m，在其余情况下观测间隔取 10 m。

在进行全面调查的生产工作面同一地点进行检查观测。

2.3.20 如果在任意一个检查观测循环中查明，单个煤分层的强度降低到 60 以下，则进行检查观测的同时，还应在该区段按照本细则第 2.4 节进行突出危险性日常预测。

如果进行日常预测时，瓦斯涌出初速度 g_H 依然小于临界值 g_H^o，根据检查观测资料最不坚固的煤分层的强度增大至 60 及以上，在区段采用全面考查。

2.3.21 在每个检查观测循环中，根据下式计算煤层厚度指标的变化 K_m、煤层强度指标变化 K_q 和单个分层强度指标变化 K_q^i：

$$K_m = \frac{\bar{m} - m_\kappa}{m} \cdot 100\% \qquad (2-16)$$

$$K_q = \frac{\bar{q}_{np} - q_{np}^\kappa}{\bar{q}_{np}} \cdot 100\% \qquad (2-17)$$

$$K_q^i = \frac{\bar{q}_i - q_i^\kappa}{\bar{q}_i} \cdot 100\% \qquad (2-18)$$

式中 m_κ，q_{np}^κ——检查观测时煤层的厚度值和换算强度值；

q_i^κ——检查观测时煤分层的强度值。

指标的测量和计算结果填入记录簿中（表格 5）。

2.3.22 如果在任一检查观测循环中查明，$K_m \geq 15\%$，$K_q \geq 15\%$ 或 $K_q^i \geq 25\%$，则进行非常规全面考查。

2.3.23 根据每 10 个检查观测循环（工作面推进 50 m 或 100 m）的资料，预测站主任计算 P_α 和 M_Π。如果得到的 P_α 和 M_Π 的坐标点处于诺模图（图 2-1）中的曲线上方，则在运输平巷和下部（或安装）联络巷（陡直和急倾斜煤层）进行日常预测的同时，还应在区段采用非常规考查。局部预测煤层突出危险性确定结果按表格 6 处理。

2.3.24 突出危险性局部预测的工艺和工作组织根据《乌克兰矿井煤层突出危险性局部预测暂行规程》进行。

2.4 突出危险性日常预测

总 则

2.4.1 突出危险性日常预测用于查明进行巷道掘进和回采作业时的突出危险带和无突出危险带。当不能实施突出危险性日常预测时，应采取局部防突措施或震动爆破。准备巷道的突出危险性预测根据煤层结构和检验钻孔的瓦斯涌出初速度进行。在陡直煤层中掘进下行准备巷道时，采用瓦斯监控设备进行自动预测。根据回采工作面突出危险性综合预测结果评价库兹涅茨克矿区矿井回采巷道的突出危险性。在评价库兹涅茨克矿区矿井的突出危险性时，可以采用人工信号的频谱特性进行预测，与上述预测方法一起使用，作为一种补充方法。

2.4.2 在罗斯托夫州的矿井，在准备巷道和回采巷道可以采用根据检验钻孔的瓦斯涌出初速度、地震声学活性和人工信号频谱特征的突出危险性日常预测方法，代替上述预测方法。

允许综合使用地震声学预测方法和瓦斯涌出初速度方法，即在使用地震声学预测方法的基础上再采用瓦斯涌出初速度方法确定危险带的存在及其边界。

在该地区的矿井，根据岩芯打钻结果进行岩石突出危险性预测。

2.4.3 当查明危险带时，预测工长（操作员）禁止采掘作业，将这一情况通知矿井调度员和预测站主任，预测站主任在日常预测记录簿中做相应记录，并（签字）汇报矿井技术负责人。矿井技术负责人发出工作面停止作业、采取防突措施后恢复作业、措施效果检验和采取安全措施的书面命令。

在准备巷道根据煤层结构和检验钻孔瓦斯涌出初速度进行突出危险性日常预测

2.4.4 煤层突出危险性日常预测由探测开始，探测包括工作面肉眼检查；查明工作面断面内煤层构成；测量它们的厚度，精度达 1 cm；借助于 Π-1 型强度仪确定每一分层的强度（根据附录 5）。

2.4.5 强度指标用下式表示：

$$q = 100 - l \qquad (2-19)$$

式中 l——根据强度仪的刻度确定锥体进入煤体的深度，mm。

煤分层的整体强度由 5 次测量的算术平均值确定：

$$q = \frac{q_1 + q_2 + \cdots + q_5}{5} \qquad (2-20)$$

2.4.6 强度 $q \leqslant 75$ 并且总最大厚度不小于 0.2 m（在伯绍拉矿区的矿井—0.1 m）的煤层分层或邻近分层总和具有突出危险性。

2.4.7 当存在 1 个以上这样的分层或分层总和时，其中具有最小强度的分层或分层总和认为具有潜在突出危险性。分层总和强度 q_c 等于组成分层强度值按厚度的加权平均值。

$$q_c = \frac{\sum\limits_{1}^{n} q_i m_i}{\sum\limits_{i}^{n} m_i} \qquad (2-21)$$

式中 n——总和中的煤分层个数。

2.4.8 如果根据煤层分层强度测量结果查明，在工作面断面内没有潜在突出危险的煤层分层，则不施工检查钻孔，巷道工作面前方 4 m 的条带内无突出危险。不采取防突措施，巷道可以掘进 4 m，随后再次确定潜在突出危险煤层分层的存在。

2.4.9 当查明在工作面断面内存在潜在突出危险分层或分层总和时，则根据检查钻孔进行突出危险性预测。

2.4.10 检查钻孔沿潜在突出危险分层或潜在突出危险分层总和中最软的分层施工。

2.4.11 每段钻孔施工完成后，停止施工检查钻孔。钻孔第一段的长度为 0.5 m，以后各段长度均为 1 m。钻孔第 2 段及后续各段的打钻时间应为 2 min。

如果某一段的钻孔施工时间很短，尽管没有夹钻征兆，但仍不关闭钻机，在该段钻孔不走刀的情况下继续打钻，直至从开始打钻满 2 min 为止。

第二段及后续各段钻孔施工完毕后，测量瓦斯涌出初速度 $g_{H.max}$。钻孔段施工完毕后，经过 2 min 内测定的瓦斯涌出速度取作瓦斯涌出初速度。封孔器密封圈的侧向压力应不小于 2 kg/cm²。

2.4.12 观测完成后，确定在检查钻孔中测量的瓦斯涌出初速度的最大值 $g_{H.max}$。

当 $g_{H.max} \geq 4$ L/min 时，该条带具有突出危险，而当 $g_{H.max} < 4$ L/min 时，该条带无突出危险。

统计由巷道工作面同一位置施工的检查钻孔得到的瓦斯涌出初速度 $g_{H.max}$ 的最大值，并把结果填入记录簿中（表格 7）。

对于库兹涅茨克矿区的条件，经东部煤炭工业安全工作科学研究所同意，得到 $g_{H.max} \geq 4$ L/min 后，为了准确确定突出带的危险性，根据《沿煤层掘进准备巷道时瓦斯动力危险性日常预测暂行方法》（克麦罗沃，东部煤炭工业安全工作科学研究所，1996年）可以采用突出危险性指标 B 进行预测。

2.4.13 在薄及中厚煤层，钻孔长度为 5.5 m，在厚煤层中，钻孔长度为 6.5 m。利用手提钻施工直径为 43 mm 的钻孔，钻杆为由螺旋钢合成的钻杆。工作面每推进 4 m 进行 1 次打钻和预测。

如果在检查钻孔施工的任一阶段得到 1 个危险值 $g_{H.max}$，则终止预测。

2.4.14 当沿陡直、急倾斜或倾斜煤层掘进平巷时，1 个检查钻孔沿巷道轴线水平施工，而第 2 个检查钻孔，以一定角度向煤层仰斜方向施工，孔底超出平巷轮廓线外 1.5 m。

当沿缓倾斜煤层掘进倾斜巷道（下山、溜煤坡、联络眼等）或平巷时，向巷道侧帮施工检查钻孔，终孔点位于巷道轮廓线外 2 m。在分层开采的缓倾斜厚煤层中掘进倾斜巷道或平巷时，左帮和右帮按相同的方式施工侧帮钻孔，钻孔终孔巷道轮廓线外 2 m。除此之外，沿煤层施工第 3 个钻孔（补充钻孔），应在比巷道轮廓线低出或高出 1.5 m。

钻孔孔口距离巷道侧帮 0.5 m。

在地质破坏带中掘进巷道时，根据附录 2 规定应补充检查钻孔，用于预测突出危险性和探测工作面前方及巷道侧帮邻近工作面检查钻孔深度内的煤体。

2.4.15 当出现巷道工作面离开危险带的征兆（煤的强度增大，落煤和执行防突措施时巷道瓦斯涌出量减少）时，根据矿井技术负责人的书面批准，确定长度为 20 m 的检查区段，检查区段长度为最后一次局部防突处理循环后开始进入超前条带算起。

在检查区段范围内，在工作面推进度不大于 2 m 的每次落煤循环之前，根据检查钻孔的瓦斯涌出初速度进行突出危险性日常预测。

如果在检查区段的全部范围内，没有测得突出危险指标值或根据第 2.3.5～第 2.3.9 条没有查出潜在的突出危险分层或相邻分层总和，则采取突出危险性日常预测进行巷道后续掘进，不采取防突措施。

当在检查区段内得到突出危险性指标值 $g_{\text{н. max}} \geqslant 4$ L/min 时，恢复执行防突措施。

每次落煤循环之后，检查区段的支护紧挨工作面架设。

2.4.16　下列情况不用实施日常预测即可判定为无突出危险条带：

上部阶段采空区下方的处于通风平巷水平的巷道。在厚度 1.8 m 以上的陡直煤层中的下部的成对水平巷道，下部巷道滞后上部巷道工作面 6 m 及以上，并且巷道之间的距离沿煤层倾斜不超过 6 m，以及这些巷道的联络巷。

采用阶段高度不大于 10 m 的小阶段水力落煤采煤法开采煤层时，在上部阶段采空区的保护下掘进小阶段平巷。

陡直和急倾斜煤层中的巷道，沿煤层倾斜距离已开采 5 年及以上的上部阶段的采空区不大于 50 m。

在陡直巷道中掘进准备巷道时自动化突出危险性日常预测

2.4.17　在陡直煤层中掘进下行准备巷道时，查出突出危险分层或分层总和后，根据矿井技术负责人的书面指令，依据巷道工作面附近甲烷浓度和风量的变化记录进行条带突出危险性评价。

为了实现自动化预测，观测巷道应装备甲烷监测仪（AKM）。在距离工作面 30～50 m 的同一位置安装 AKM 甲烷监测仪的传感器 ДМТ-4 和风量传感器 ИСВ-1。传感器 ДМТ-4 和 ИСВ-1 与安装在地面的遥测台 СПИ-1 接通，传感器读数通过自动记录器记录。

2.4.18　预测时采用以下原始数据：

$C_{\text{ф}}$——用于突出危险性预测的甲烷监测传感器安装地点的甲烷浓度的背景值，%；

C_{max}——爆破落煤后甲烷浓度最大值，%；

t_{p}——煤层对工作面爆破作业的明显反应时间，min；

n——在 t_{p} 时间内包含的 15 min 时间间隔的数量；

C_1，C_2，$\cdots$，C_n——在每个时间间隔终点测出的甲烷浓度值，%；

Q_1，Q_2，$\cdots$，Q_n——对应于每个时间间隔的风量值，根据用于预测的风量测定仪确定，m^3/min；

$S_{\text{ПР}}$——沿煤层掘进的巷道断面，m^2；

$l_{\text{п}}$——1 个爆破作业循环的工作面推进度，m；

γ——煤的容重，t/m^3；

$f_{\text{в}}$——潜在突出危险分层或分层总和的煤的强度系数。

2.4.19　获得预测原始资料的方法。

在实施突出危险性日常预测的下行巷道工作面，当连续 2 h 以上没有对煤层作业时（例如修理班），根据用于预测的 AKM 甲烷监测仪传感器确定甲烷浓度的背景值 $C_{\text{ф}}$（图 2-2）。

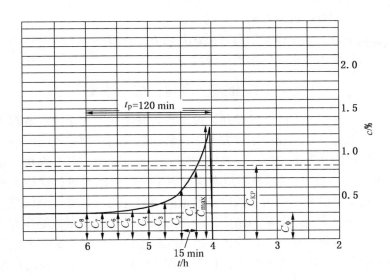

图 2-2 爆破作业后确定工作面突出危险性的 AKM 甲烷监测仪的曲线图的处理

炮眼装药后，爆破工长给 AKM 甲烷监测仪操作员打电话，告知工作面即将放炮落煤。操作员注意观察工作面甲烷浓度变化曲线图，根据曲线图上特征浪涌的起点，在自动记录器的记录带上标出爆破时间和放炮后甲烷浓度最大值 C_{max}。然后确定煤层对工作面爆破作业的明显反应时间，取其等于由爆破时刻到甲烷浓度降低至背景值 C_ϕ 的时间区间，将其放大至 15 min 的倍数，但不大于 120 min。确定 n 值 $\left(n = \dfrac{t_p}{15}\right)$。

自爆破时刻起，对于每个等于 15 min 的时间间隔，根据用于预测的 ДМТ 传感器和 ИСВ 测定仪的曲线图，采集甲烷浓度值 C_1，C_2，$\cdots$，C_n（精度 0.01%）和对应于每个时间间隔的风量最大值 Q_1，Q_2，$\cdots$，Q_n（精度 10 m³/min）。

2.4.20 按下列顺序进行工作面突出危险性评价。

（1）计算爆破时甲烷浓度临界值：

$$C_{кр} = 13.3 \frac{C_{np} \cdot l \cdot \gamma}{Q_{cp}} + C_\phi \tag{2-22}$$

$$Q_{cp} = \frac{Q_1 + Q_2 + \cdots + Q_n}{n}, \ m^3/min$$

式中　Q_{cp}——预测传感器安装地点风量平均值，根据下式确定：

（2）如果记录值 $C_{max} < C_{кр}$，条带无煤与瓦斯突出危险。

（3）如果 $C_{max} \geqslant C_{кр}$，则根据下式确定煤层条带的有效瓦斯含量：

$$X_{эф} = \left[\left(\frac{C_{max}}{2} + C_1 + C_2 + \cdots + C_{n-1} + \frac{C_n}{2}\right) - nC_\phi\right]\frac{0.01 t_p Q_{cp}}{n S_{ПР} l_П \gamma}, \ m^3/t \tag{2-23}$$

当 $X_{эф} \geqslant 4 \ m^3/t$ 时，巷道工作面前方的条带属于煤与瓦斯突出危险，当 $X_{эф} < 4 \ m^3/t$ 时，无煤与瓦斯突出危险。

2.4.21 当查明突出危险条带时，对工作面附近煤层条带实施防突处理之后，推进巷道工作面的打眼爆破作业按震动爆破方式进行。

在无突出危险条带，爆破作业按高瓦斯矿井的方式进行。

自动化预测结果填入表格 8 所示的记录簿中。

回采工作面突出危险性综合预测

2.4.22 对于库兹涅茨克矿区的矿井，煤层最大开采深度在突出临界深度之下的每个回采工作面在开工之前，东部煤炭工业安全工作科学研究所根据矿井的申请，依据《地质构造破坏影响带煤层潜在突出危险区段确定方法》（克麦罗沃：东部煤炭工业安全工作科学研究所，1999 年），在相应的准备巷道圈定的回采区段范围内进行煤层地质构造地球物理勘探，并根据其结果以及圈定边界的准备巷道的突出危险性日常预测结果，作出在该区段范围内是否存在潜在突出危险带的结论，并指明它们的边界。回采工作面进入潜在突出危险带之前，潜在突出危险带应转化为无突出危险状态，或者工作面在突出危险带范围内推进时，采用依据东部煤炭工业安全工作科学研究所给出的无突出危险落煤参数。

罗斯托夫州矿井准备巷道与回采巷道的突出危险性日常预测

根据检查钻孔瓦斯涌出初速度的日常预测

2.4.23 为了得到日常预测的原始资料，在地质破坏带外（不近于 25 m）进行探测观测。在准备巷道，这些观测包括：测定深度 3.5 m 的钻孔瓦斯涌出初速度 g_H、煤的强度系数 f 和煤层总厚度 m，5 个掘进循环（每循环 2 m）。在回采巷道，这些测量在沿工作面长度均匀分布的 5 个地点进行。

在探测过程中测量瓦斯涌出初速度：对于采用爆破方式落煤的工作面——在检查钻孔深度 1.5 m、2.5 m 和 3.5 m 时测量；对于采取防突措施的工作面——在检查钻孔深度 3.5 m 时测量。钻孔直径 42 mm。当达到规定深度时，暂停施工检查钻孔，插入封孔器，将长度为 0.5 m 的测量室密封。在突出危险煤层中，测量室应位于防突措施影响带外，为此：

在缓倾斜和急倾斜煤层的准备巷道和开切巷道，防突措施布置应作出改变，以使措施处理区段的宽度超过巷道设计轮廓线外 2 m，而确定瓦斯涌出初速度的钻孔与巷道推进方向成 60°夹角布置施工。

在陡直煤层的准备巷道，煤层措施处理区段宽度在下帮超过巷道设计轮廓线 1 m，上帮为 2 m，而用来确定瓦斯涌出初速度的下帮钻孔按与巷道推进方向成 35°施工，上帮钻孔按 60°施工。

在回采巷道，在防突措施影响带外测定瓦斯涌出初速度。在这种情况下，如果采用的防突措施具有 3 m 以上的超前距，探测应按照东部煤炭工业安全工作科学研究所对每个采面制订的考虑了矿山地质条件和防突措施参数的建议进行。

在封孔器上安装带孔的套管。带孔套管的长度应等于测量室的长度。

打钻结束后不超过 2 min，借助于连接气阀的流量计测量瓦斯涌出初速度。

采用 ПК-1 型仪表，在 2 m 深的钻孔内测量煤的强度系数。

在巷道侧帮附近测量准备巷道的煤层总厚度。

在由先前掘进的位于日常预测查明的非危险带中的巷道开始掘进巷道工作面，不必进行勘探观测，在这种情况下，将预测执行情况填写记录。

对于以前掘进的、日常预测查明的处于无突出危险条带中的巷道，在开始掘进巷道工作面时即可不进行探测，但应编制日常预测记录表。

在突出威胁煤层进行探测观测，不需要预先实施防突措施。

根据勘探结果的处理，得到日常预测的原始资料：钻孔瓦斯涌出初速度最大值 $g_{H.\,max}$，煤层厚度和煤的强度系数的平均算术值 m_{cp}、f_{cp}，煤层厚度和煤的强度系数的变化率 V_m、V_f。

2.4.24 如果 $V_f \leqslant 20\%$、$V_m \leqslant 20\%$、$f_{cp} > 0.8$，且同时 $g_{H.\,max}$ 小于每个具体煤层的瓦斯涌出初速度的临界值（g_H^o），则准备巷道或回采巷道工作面在探测过程中处于无突出危险带，工作面进行日常预测，取消在巷道中采取的防突措施。如果 $V_f \leqslant 20\%$、$f_{cp} > 1$，而 $g_{H.\,max} < g_H^o$，则在任何 V_m 值的工作面，只需进行日常预测，无须在巷道中采取防突措施。

瓦斯涌出初速度临界值 g_H^o 取决于煤的牌号并根据本细则第 2.3.13 条取值：

当 $V_{daf} < 15\%$ 时，g_H^o 取 5 L/min；

当 $15 \leqslant V_{daf} < 20\%$ 时，g_H^o 取 4.5 L/min；

当 $20 \leqslant V_{daf} < 30\%$ 时，g_H^o 取 4.0 L/min；

当 $V_{daf} \geqslant 30\%$ 时，g_H^o 取 4.5 L/min。

在探测观测阶段，根据在准备巷道或采面采集的 10 个煤样的平均值确定挥发分 V_{daf}，并形成经矿井技术负责人批准的报告。

2.4.25 突出危险条带日常预测时，在直径 42 mm 的检查钻孔中分段测量瓦斯涌出初速度，钻孔每段深度为 1.5 m、2.5 m、3.5 m，测量室长度为 0.5 m。在准备巷道工作面、采面-平巷开采法的采煤机机窝和陡直煤层岩巷采准时的下部小平巷，每推进 2 m 必须施工检验钻孔。在回采工作面和在邻近已开采阶段或已掘巷道的机窝，每推进 2.7 m 必须施工检验钻孔。每段钻孔测定 g_H 之前，根据成套预测仪表说明书，检查瓦斯室的密封质量。

2.4.26 在准备巷道必须施工 2 个检查钻孔，距离巷道侧帮 0.5 m。沿工作面推进方向布置钻孔。

在缓倾斜和倾斜突出危险煤层的回采巷道，钻孔沿巷道推进方向施工并距机窝角 0.5 m，而在采面的其余区域，钻孔间距为 10 m。

在突出危险陡直煤层倒台阶回采工作面、在下部联络眼隅角和距离下垂煤体 0.5 m 的台阶隅角施工钻孔。

在突出威胁煤层中施工钻孔：陡直煤层和急倾斜煤层的倒台阶工作面，布置在台阶的下部三分之一处；而在缓倾斜和倾斜煤层的采面，布置在机窝、料石带对面以及邻近机窝和料石带长度 10 m 的区段内。在工作面接近地质破坏区 25 m 内、穿过地质破坏区和离开地质破坏区 25 m 内的范围内，在地质破坏区段沿回采工作面长度每 10 m 和地质破坏区两侧 10 m 施工检查钻孔。

在突出危险煤层中，当接近矿山压力升高带之外的地质破坏区时，在上部的煤层巷道穿过地质破坏区没有发生突出、没有发现预测的突出危险带的条件下，在地质破坏区段沿回采工作面长度每 5 m 和地质破坏区两侧 10 m 施工检查钻孔。距离地质破坏区 25 m 内、穿过地质破坏区和离开地质破坏 25 m 内，采用这种钻孔布置方式，进行预测。

2.4.27　在断裂或褶皱性质的构造破坏带，当上部的煤层巷道穿过构造破坏带时发生过突出或查明为突出危险条带，以及在被这种地质破坏造成的复杂矿山压力升高带，在地质破坏前后 25 m 以及穿过地质破坏带时，在突出危险煤层中采取防突措施或震动爆破。

2.4.28　如果在检查钻孔的某一段测量的瓦斯涌出初速度等于或超过临界值 g_H^o，则该条带属于突出危险条带。突出危险条带的范围由测得的瓦斯涌出初速度小于临界值 g_H^o 的相邻钻孔沿倾斜-仰斜（走向）限定。

当出现下列情况时，中止瓦斯涌出初速度日常预测，条带确定为突出危险条带：煤层厚度减小到 0.2 m 以下；钻孔无法施工到要求的深度或无法封孔；在打钻过程中，在煤体中出现不同强度和频率的冲击和破裂声；瓦斯携带钻粉由钻孔抛出；夹钻或顶钻。

在突出危险条带中应停止巷道掘进作业。采取防突措施和执行保障工作人员安全措施后，准许继续掘进巷道。

2.4.29　根据《突出危险条带范围探测观测方法》，在准备巷道进行 5 个掘进循环或在采面进行 2 个落煤循环的检查观测之后，作出工作面已离开了其中采取防突措施的突出危险条带的结论。如果查明在这些掘进（回采）循环中，煤层厚度变化指标 $V_m \leqslant 15\%$，煤的强度系数 $V_f \leqslant 20\%$，而 $g_{H.max} < g_H^o$，则作出工作面进入无突出危险条带的结论。

V_f 和 V_m 的指标值（%）根据下式计算：

$$V_f = \frac{f_{cp} - \bar{f}_\kappa}{f_{cp}} \cdot 100\% \tag{2-24}$$

$$V_m = \frac{m_{cp} - \bar{m}_\kappa}{m_{cp}} \cdot 100\%$$

式中　f_{cp}、$\bar{f}_\kappa$——分别为在探测观测区段（无突出危险条带）和检查观测区段煤的强度系数的平均值；

m_{cp}、$\bar{m}_\kappa$——分别为在探测观测区段（无突出危险条带）和检查观测区段煤层厚度的平均值。

探测（检查）观测和日常预测的资料填入表格 9 所示的记录簿中。

根据矿体声发射的突出危险性日常预测

2.4.30　根据矿体的声发射（АЭ）预测突出危险条带时，其活性 N_i——在观测时间间隔内由声响捕集设备记录的、换算为单位时间内的 АЭ 的总脉冲数量是主要的信息征兆。根据观测时间间隔，АЭ 活性可以是 10 min 的 $\dot{N}_{i,10}$、小时的 $\dot{N}_{i,ч}$、昼夜的 $\dot{N}_{i,c}$ 和循环的 $\dot{N}_{i,ц}$。

观测时间间隔值取决于活性的平均算术值 $\dot{N}_{i,\kappa}$。

2.4.31　预测计算时，确定平均值支承间隔上的活性的平均算术值，平均值支承间隔每天移动。得到 3 个平均活性值后发出预测，在得到"无突出危险"预测之前采取防突措施或其他种类的预测方法。

对该工作面所取的 АЭ 活性记录的常数 m 称为平均值支承间隔。对于回采工作面，m 取 30；对于准备工作面，m 取 10。

$$\overline{N}_{\text{к}} = \frac{1}{m} \sum_{i=1}^{m} \dot{N}_i \tag{2-25}$$

式中 $\dot{N}_i$——活性值 $\dot{N}_{i,\text{ч}}$、$\dot{N}_{i,\text{c}}$、$\dot{N}_{i,\text{ц}}$，其中包括 0 活性值。

当使用 $\dot{N}_{i,\text{ч}}$ 时，不管这些作业的持续时间长短，只需取在工作面风镐、刨煤机、采煤机作业或沿煤层打钻时的每个小时内记录的活性值进行计算。当使用 $\dot{N}_{i,\text{c}}$ 和 $\dot{N}_{i,\text{ц}}$ 时，取相应的工艺昼夜、工艺循环内记录的活性值进行计算。

当前平均值间隔移动之后的活性值按下式计算：

$$\overline{N}_{\text{к}+1} = \frac{1}{m} \left(\sum_{i=1}^{m} \dot{N}_i + \sum_{i=m+1}^{m+n} \dot{N}_i - \sum_{i=1}^{n} \dot{N}_i \right) \tag{2-26}$$

式中 n——支承间隔移动的活性值数量。当使用小时活性值时，n 等于一个工艺昼夜内用来计算的活性值数量，当使用 $\dot{N}_{i,\text{c}}$ 和 $\dot{N}_{i,\text{ц}}$ 时，$n=1$。

当前平均值间隔移动之后，在每个工艺昼夜（循环）末计算 $\overline{N}_{i,\text{k}}$。

2.4.32 工作面进入危险条带的征兆是：记录到"临界超出"；平均活性值平稳升高（"两点"准则）；突出预兆或瓦斯动力现象的显现。

"两点"准则——在两个连续间隔内，活性平均值的增长满足：

$$\frac{\overline{N}_{\text{k}+1} - \overline{N}_{\text{k}}}{\overline{N}_{\text{k}}} \times 100 \geqslant q \tag{2-27}$$

当 $\overline{N}_{\text{k}+1} \geqslant 10$ 脉冲/h（脉冲/昼夜）时，$q=5\%$；当 $C < \overline{N}_{\text{k}+1} < 10$ 脉冲/h（脉冲/昼夜）时，$q=10\%$。其中，C 为活性值水平，低于该值时"两点"准则就不适用了（$C \geqslant 2$ 脉冲/h）；C 值由斯科钦斯基矿业研究院准确确定。

"临界超出"准则应满足下列条件：

$$\dot{N}_{\text{кр}} \geqslant P \overline{N}_{\text{k}} \tag{2-28}$$

式中 $\dot{N}_{\text{кр}}$——活性值，记录到该值时发出"危险"预测；

P——取决于 $\overline{N}_{\text{k}}$ 的系数。当 $\overline{N}_{\text{k}} \geqslant 3.6$ 脉冲/h（脉冲/昼夜）时，$P=4$；当 $\overline{N}_{\text{k}} = C \sim 3.5$ 脉冲/h（脉冲/昼夜）时，$P=4.5$；当 $\overline{N}_{\text{k}} \leqslant C$ 时，$\dot{N}_{\text{кр}} = PC$ 脉冲/h（脉冲/昼夜）。

对于准备工作面，$\dot{N}_{\text{ц,кр}} \geqslant 4 \overline{N}_{\text{ц}}$。

如果根据"两点"准则得到"危险"预测，当平均活性值连续不少于两次降低 q 及以上（或满足条件 $\overline{N}_{\text{k}} < C$，$\overline{N}_{\text{k}+1} < C$），并且工作面自第二次 $\overline{N}_{\text{k}}$ 降低之后推进 6 m（储备条带，像危险条带一样采取防突措施开采）之后，则"危险"预测变换为"无危险"预测。

如果根据"临界超出"准则得到"危险"预测，则工作面推进 6 m 之后，"危险"预测变换为"无危险"预测。如果在储备条带记录到临界活性值，则从下一昼夜开始计算新的 6 m 储备条带。

如果在储备条带记录到平均活性值的增长符合式（2-27），则"危险"预测变换为"无危险"预测的方法与根据"两点"准则确定条带的方法一样。

危险条带、储备条带的起始点和终结点标注在巷道工程草图上（绘图板）。

2.4.33 在1个小时及以上没有对矿体声发射 AЭ 进行观测的情况下，如果在地震接收器作用半径范围内没有停止对煤层作业，则在采集一个新的平均值支承间隔并计算3个 $\bar{N}_k$ 值之后得到预测。在支承间隔采集好之前，$\bar{N}_k$ 值可假设等于0。在得到预测之前，工作面对煤层作业时要执行防突措施。观测中断之后，在危险条带中采集新的支承间隔，当平均活性值连续不少于两次降低，并且储备带采完之后，撤销"危险"预测。

2.4.34 按附录6所述的方法记录声发射 AЭ 脉冲。观测结果填入声发射 AЭ 记录簿（表格10），在记录簿（表格11）中进行预测计算。

2.4.35 地震接收器的安装方法和地点、移置程序和作用半径确定程序要在回采区段说明书和巷道掘进与支护说明书中的"声波接收仪的使用"章节中规定。地震接收器的作用半径为：地震接收器能捕捉到由检查性撞击（或风镐作业）引起的、振幅超过背景水平2倍以上的震动距离。每次安装地震接收器时都要确定其作用半径，每月不得少于1次，作用半径确定结果要形成记录和检查性信号振幅变化曲线。

为了观测回采作业时的矿体声发射 AЭ，地震接收器安装在工作面前方长度不小于2 m的钻孔中。由工作面到地震接收器的距离应不小于3 m，且不大于其作用半径的一半。在没有超前巷道的情况下，允许将地震接收器安装到支架的元件上。

为了在爆破方法掘进的准备巷道中观测声发射 AЭ，地震接收器安装在长度不小于2 m的钻孔中，钻孔沿煤体施工，距离工作面5~20 m。如果因为技术原因，不能在煤体中安装地震接收器，允许将其安装到围岩中，钻孔深度不小于0.5 m，距离工作面5~20 m。

为了在掘进机掘进的准备巷道中观测声发射 AЭ，由钻孔到工作面的距离应为20~40 m。

地震接收器的安装应由预测班的电钳工完成。地震预测班的操作员根据生产区（准备区）和通风安全区的值班检查员的信息，应每班在记录簿上标出地震接收器到工作面的距离。

对于具体条件下地震接收器的安装方法和系统图由斯科钦斯基矿业研究院国家矿山生产科学中心研究制订和推荐，它们应记入回采区段说明书以及井巷掘进和支护说明书中的"声波接收仪的使用"章节中。作用半径检查性确定结果每月1次记录在磁带上，并形成报告由矿井技术负责人批准。记录磁带保存至作用半径的下一次检查性确定之前，报告和曲线保存期一年。

声发射 AЭ 预测的应用范围和条件以及具体矿山地质和工艺条件下的预测计算算法参数 m、P、C，由斯科钦斯基矿业研究院国家矿山生产科学中心根据现有的声发射 AЭ 检查结果准确确定，并应在回采区段说明书及巷道掘进和支护说明书中规定。

在突出危险煤层中掘进机掘进巷道时，准备工作面每推进30 m，应根据本细则第2.4.23~2.4.24条日常预测探测方法进行煤层突出危险性检查评价。

根据人工信号振幅–频率特征的突出危险性日常预测

2.4.36 根据人工信号的振幅–频率特征进行突出危险性的日常声学预测（以后简称声学预测），并用于作出采掘作业过程中工作面危险性（无危险性）的有效结论。

2.4.37 用人工信号探测煤层和对距声源某一距离记录的信号进行分析是声学预测的

基础。探测信号可以是在工作面工作的机器（采煤机，刨煤机，风镐，钻机等）在煤层中产生的响声。

声学预测方法规定了声学信息的采集、中继传输和记录的具体方法以及关于发出预测结果的信息处理方法。

利用专用设备（AK-1）进行声学预测，应按说明书要求操作专用设备。

AK-1 型设备由包括地震接收器（地音探测器）的井下部件、通信线和地面部件（接收器、频谱分析仪，录音机和自动记录仪）组成。

地震接收器在具体巷道中的安装系统图和方法必须经 . A. A. 斯科琴斯基矿业研究院同意，并办理文件（表 12）。

地震接收器在具体巷道中的安装系统图和方法必须经斯科钦斯基矿业研究院国家矿山生产科学中心同意，并形成报告（表格 12）。

2.4.38　声学信号频谱的高频分量振幅 A_B 与低频分量振幅 A_H 的比值作为声学预测的原始信息，即 $K=\dfrac{A_B}{A_H}$，这里 K 为无量纲突出危险性指标。

AK-1 设备中的专用划分装置实现信号两个振幅水平的划分过程，并将划分结果记录在自记器的胶带上。如果 $K \geqslant 3$，则发出"危险"结论，自动接通声音警报信号装置。

2.4.39　井巷中声学预测的应用从煤层无突出危险条带中的探测开始，以选择滤波的工作频率。煤层的无突出危险条带应被证明没有地质破坏、矿山压力升高带、突出危险性预兆，以及被任何其他（标准）日常预测方法证明。采面的探测范围——5 次采煤机割煤宽度，准备巷道（切眼）的探测观测范围——5 个掘进循环。

2.4.40　对于每个煤层选择高频和低频区间的滤波工作频率。选择工作频率的实质在于滤波器的匹配，保证指针指示器的读数不超出单位。

2.4.41　当工作面回采机器、掘进机器或打钻机器工作时，开启 AK-1 设备。在 AK-1 设备打开的情况下，当出现断续的声响信号（危险性自动警报）时，操作员应通知值班工程师（调度员）工作面进入危险条带，并在记录簿（表格 13）中做出相应记录。

值班工程师（调度员）接到工作面进入危险带的警报后，将此报告给矿井技术监督人员、生产（准备）区长并禁止采掘作业。

2.4.42　在库兹涅茨克矿区的矿井，当预测为"危险"时，工作面停止作业，根据煤层结构和钻孔瓦斯涌出初速度准确确定危险性。

2.4.43　得到第一个"无危险"值并且储备条带开采 3 个循环（3 刀煤）之后，"危险"结论变换为"无危险"。在开采储备条带时，声学检查不得停止。如果在开采储备带的 3 个循环（3 刀煤）时得到"危险"值，储备带的开采作相应移动。

2.4.44　与声学预测有关的所有工作和工序，由矿井预测站（队）的人员完成。

应采用独立的通信波道传输来自井巷工作面的声学信息。通信波道参数和其运行的可行性由斯科钦斯基矿业研究院国家矿山生产科学中心确定。预测站（队）电钳工负责检查通信线路的完整性。

2.4.45　在地面，单独的房间作为记录房间，每个操作员按不少于 4 m^2 计算。一个操作员可以同时看管的记录系统不大于 4 套。电钳工的数量根据 1 个电钳工可以维护位于同一工作水平的不大于 4 个通信波道进行计算确定。

2.4.46　磁带的适用期限为 4 个月。AK-1 设备的服务期限为 2 年。预测站（队）操作员应通过年度职业适合性检查。

2.4.47　为了实施声学预测，将处于直径 42 mm 保护壳（密封容器）中的地震接收器（地音探测器）放置在直径 45 mm、深度 2.0～4.0 m 的钻孔中。首先向钻孔中推入金属楔，直至紧靠钻孔底部获得支承（楔子具有分裂的截面，厚度 1.0～4.0 m）。然后向钻孔中推入带地震接收器的密封容器，并使楔子劈开。密封容器安装完毕后，在深度 1.0 m 处用破布将钻孔密封。

2.4.48　在准备巷道中，将带地震接收器的密封容器放入由巷道侧壁施工的钻孔中。地震接收器到巷道工作面的最小距离为 10 m，最大距离为 40 m。

当地震接收器距离巷道工作面 35 m 时，在距离巷道工作面 5 m 处预先安装新的地震接收器。采用远处的地震接收器进行预测（检查）。当巷道工作面离开重新安装的地震接收器达到 10 m 时，将其接通通信线路，切断远处的地震接收器并将其从钻孔中取出。

2.4.49　采用柱式开采法时，如采面长度小于 100 m，地震接收器安装在采面前方 40 m 内。当采面长度大于 100 m 时，在运输平巷和通风平巷安装地震接收器。

采用带超前平巷的采面-平巷系统图的全面开采法时，地震接收器安装在超前平巷中，距离采面工作面不大于 40 m。

2.5　岩石突出危险性日常预测（罗斯托夫州的矿井）

总　　则

2.5.1　在地质勘探工作阶段和掘进巷道时，进行岩石突出危险性预测。

2.5.2　根据岩芯分裂成的圆盘和环形裂缝的存在，查明岩石的突出危险性。

在突出危险砂岩中，施工岩芯钻孔时形成的圆盘和环形裂缝的特征是限定圆盘和环形裂缝的平面垂直于钻孔轴向。

2.5.3　根据施工直径 59～76 mm 钻孔获得的岩芯资料分析，确定掘进巷道时岩石的突出危险性程度。岩芯钻孔的施工方法：

（1）如果在巷道的全部断面内为突出砂岩分层，则沿未来巷道的轴线施工。

（2）如果在巷道断面内存在突出危险和无突出危险砂岩分层，则沿巷道推进方向在突出危险砂岩分层内布置钻孔；如果分层的突出危险性未知，则沿每一分层布置钻孔。

（3）沿砂岩掘进准备巷道时，必须连续施工岩芯钻孔，并保持不小于 2 m 的钻孔超前距。

2.5.4　岩石突出危险性程度征兆如下：

（1）在 1 m 长的岩芯上存在 30～40 个以上的凸凹圆盘——高危险性程度。

（2）在 1 m 长的岩芯上存在不超过 20～30 个的圆盘与带有特殊的环形裂缝、长度 50～100 mm 的岩柱交替出现——中等危险性程度。

（3）岩芯尺寸 150～200 mm 及以上，其上环绕裂缝并与单个圆盘交替出现——低危险性程度。

（4）无圆盘（环形裂隙）——没有突出危险性。

预测揭煤砂岩巷道的突出危险性时，必须施工岩芯钻孔一次或几次穿透整个煤层厚度。

岩石突出危险性结论由矿井地质工程师、预测站（队）领导签名，由矿井技术负责人批准。

2.5.5　在未被保护带中沿突出危险岩石掘进巷道时，要采取岩石突出危险性预测。在预测判明的无危险条带中，掘进巷道时可以不采取防突措施，而爆破作业按照瓦斯矿井的条件进行。

采用打眼爆破方法掘进巷道，临近突出危险砂岩时，当距高突出危险性砂岩法线距离小于 4 m、中等危险性砂岩法线距离小于 3 m、低危险性砂岩法线距离小于 2 m 时，爆破作业应采取震动爆破的方式进行。

当揭煤巷道接近突出危险砂岩时，根据本细则第 2.2 节对罗斯托夫州矿井的要求进行探测。从距离 5 m 处开始进行岩芯打钻。揭穿突出危险砂岩之前或揭穿突出危险性未知、埋藏深度大于 600 m 的砂岩之前，当揭煤巷道接近时，从 4 m 以外必须根据第 2.4.3. 条进行突出危险性预测。

如果预测查明砂岩层具有突出危险性，则从接近其不小于 4 m、穿过和离开其不小于 4 m 的范围内采取震动爆破作业。

以震动爆破方法揭穿厚度 0.5 m 以下、埋藏深度大于 600 m 的突出危险砂岩，无须采取突出危险性预测和防突措施。

使用掘进机掘进立井，揭穿和穿过突出危险砂岩时，应从地面遥控掘进机，井筒内及地面井筒周围 50 m 内不得有人。

3 区域防突措施

3.1 保护层超前开采

3.1.1 保护层超前开采防治煤与瓦斯突出的保护作用机理是：降低矿山压力和瓦斯压力，通过上部和下部被开采煤层的卸压和抽放瓦斯增大煤体透气性。

保护层即煤层（煤线）的超前开采能够保证在被保护煤层中完全没有突出危险性。

煤与瓦斯突出危险和威胁煤层应当受到保护。

3.1.2 岩系中的煤层可以采用上行、下行和混合顺序开采。岩系中煤层开采顺序的选择应保证最大数量突出危险和威胁煤层的有效保护。

当岩系中存在无突出危险煤层（煤线）或威胁煤层时，应首先开采它们作为保护层。如果岩系中的所有煤层都属于突出危险煤层，则应首先开采危险性较小的煤层，开采时，采用煤与瓦斯突出综合防治措施，并保证邻近层得到最大面积的保护。采用下列方法保证全部阶段范围内煤层的保护（完全保护）（图3-1）：

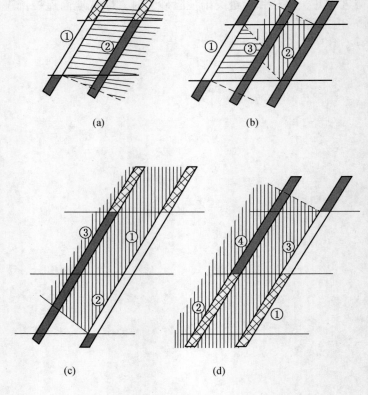

(a)　　　　　　　　(b)

(c)　　　　　　　　(d)

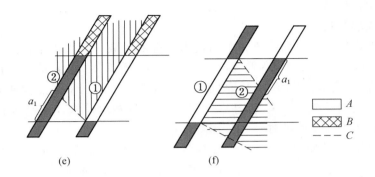

A—保护层中的回采巷道；B—开采水平的采空区；C—保护边界；a_1—未保护区段

①、②、③、④—煤层和阶段的开采顺序

图 3-1　保护层利用主要系统图

（1）在上部水平保护层开采的情况下上层先采（图 3-1a）。

（2）双保护层开采（图 3-1b）。

（3）在保护层开采超前一个阶段及以上的情况下下层先采（图 3-1c）。

（4）阶段和煤层采用上行开采顺序（图 3-1d）。

（5）在其余条件下，不能保证在阶段全部高度内的保护（图 3-1e、图 3-1f）。

（6）残留的、未被保护的区段特征是突出危险性增大，特别是在图 3-1e 所示的情况（本细则第 1.2.3 条）。

（7）在陡直煤层中，禁止在图 3-1e 所示的阶段下部未保护部分（局部保护）进行作业，但下列情况除外：

在回采区段岩巷准备的情况下，采用倾斜柱式采煤法，借助于掩护式机组，在危险区段进行采煤。

采用无留柱法开采采面，运输平巷安全出口构筑在采空区中，采面无人，采煤机落煤。

从岩石运输平巷或下部煤层运输平巷掘进溜井，通过溜井在保护带范围内采煤。

3.1.3　保护层开采时，在采空区内不得留设煤柱①和煤层区段；对于在采掘工程扩展计划中没有规定的煤柱，经公司技术负责人批准后允许留设，但必须在采掘工程平面图上标注煤柱位置和由煤柱引起的应力升高带。最小尺寸超过 $0.1l$ 的煤柱应进行登记。

3.1.4　下层先采时，从突出危险煤层随后开采的技术可行性的角度看，最小允许层间距的厚度根据下式确定：

当 $\alpha < 60°$ 时　　　　　　　　$h_{\min} \geqslant Km\cos\alpha$ 　　　　　　　　（3-1）

当 $\alpha \geqslant 60°$ 时　　　　　　　　$h_{\min} \geqslant K\sin\dfrac{\alpha}{2}$ 　　　　　　　　（3-2）

---

①　煤柱指的是最小尺寸不超过 $2l$ 的煤体部分，此处 l 为根据诺模图（图 3-2）确定的支承压力的宽度。如果指定的尺寸大于 $2l$，则指的是煤体区段的边缘部分。

式中　m——保护层厚度，m；

　　　α——煤层倾角，(°)；

　　　K——考虑保护层开采地质和矿山技术条件的系数；开采采空区充填开采保护层，K 取 4；开采薄及中厚煤层，全部垮落法管理顶板，K 取 6。采用掩护支架采煤法、顶板垮落法开采厚煤层，当岩石与上部水平强烈沟通时，K 取 8；采用走向长壁开采法或掩护支架采煤法、顶板垮落法开采厚煤层，当岩石与上部水平沟通困难时，K 取 10。

在得到全苏矿山地质力学和矿山测量科学研究所和东部煤炭工业安全工作科学研究所肯定结论的情况下，当 $h_{min} < 5$ m 时，允许突出危险煤层的下部先采。

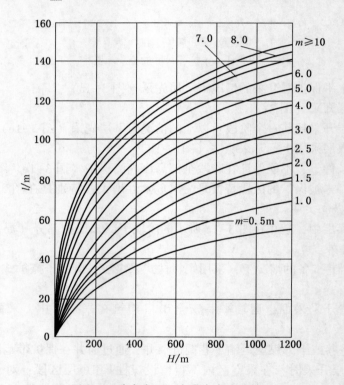

图 3-2　确定支承压力带宽度的诺模图

3.1.5　开采保护层时，应采取全部冒落法或平稳下沉法管理顶板。

3.1.6　保护带、非保护带和矿山压力升高带的计算和绘制程序以及保护层局部回采参数的确定（第 3.1.8 条）按附录 5《开采矿山冲击倾向煤层的矿井安全作业细则》（圣彼得堡，1999 年）进行。矿井主任测量师在采矿工程平面图上和区段工程草图上标注出上述条带的边界范围；矿山测量文件提交给矿井有关部门，作为采掘工程设计的必需文件；制订在矿山压力升高带附近及其区域内采掘工程的矿山测量保证措施；巷道接近未保护带边界和矿山压力升高带边界前不少于 1 个月，以《矿山测量部门通知与指令单》书面通知矿井技术负责人和有关工区领导，并使固定在矿井的矿山技术监察员熟悉该通知的内容；巷道接近矿山压力升高带边界不少于 20 m，至少提前 3 天向采区领导发放巷道草图并签收，上面注明进入和离开矿山压力升高带的边界，以及边界至矿山测量点或巷道特征元素的距离。根据附录 7 进行煤层保护作用的使用评价与计算。

3.1.7 在保障它们的防护措施后，在被保护层中进行巷道掘进。

3.1.8 为了保护个别沿突出危险煤层掘进的巷道或区段，可以采用保护层的局部开采。

采用保护层局部开采是为了保护：沿突出危险煤层掘进的准备巷道工作面；突出危险煤层石门揭煤地点（图 3-1）；突出危险煤层的区段 a_1（图 3-1）；当保护层与被保护层之间的距离不超过 30 m 时，适合采取保护层局部开采。

3.1.9 根据全苏矿山地质力学和矿山测量科学研究所的结论，在对煤层开采经验分析和保护作用效果试验评价的基础上，可以对保护带在煤层底板和顶板的范围以及沿煤层倾斜和仰斜的范围进行扩大。

3.1.10 当通过邻近煤层回采作业边界（煤柱，边缘部分，停工的回采工作面等）的基准线时，不允许采用对拉工作面和后随工作面在矿山压力升高带中进行采掘作业。在特殊情况下（由于煤层尖灭或存在无法通过的地质破坏而使受影响煤层的回采工作面停止，接近井田边界线，保留保护煤柱等），当通过回采作业边界基准线和受影响的煤层煤柱边缘基准线时，经公司技术负责人批准并实施东部煤炭工业安全工作科学研究所同意的补充安全措施，准许在突出煤层的矿山压力升高带进行采掘作业。建议采用机械化采煤法向受影响煤层的采空区方向的斜对方向转移基准线。

3.1.11 在矿山压力升高带中，综合防突措施应用程序的选择取决于煤层间距、开采煤层突出危险性等级、邻近煤层的采掘工程情况。

在煤层间距小于 10 m 的情况下，当通过停工的回采作业基准线时，采取工作面无人的机械化回采或允许震动爆破方式在矿山压力升高带中进行采掘作业。在其他情况下，根据综合措施（第 1.6.1 条）确定安全穿过矿山压力升高带的措施。

3.1.12 在突出威胁煤层中采用局部预测进行采掘作业，当通过回采作业的基准线时，对煤层进行非常规考查。

3.2 煤层抽放

3.2.1 采用煤层抽放的方法防治回采工作面和准备工作面的煤与瓦斯突出，在回采工作面前方，由准备巷道施工扇形钻孔或平行于回采工作面线的钻孔（图 3-3）。

3.2.2 采用图 3-3a 系统图掘进运输机平巷或运输平巷时，由侧边硐室（长 3 m，宽 2 m）施工隔离式探测-抽放钻孔，其超前工作面距离巷道最小每侧不小于 10 m。

随着运输机平巷的掘进，施工上行抽放钻孔，其孔底距离通风平巷 10 m。如果设计规定有中间平巷，则在完成煤层抽放和注水过程后，穿过抽放钻孔掘进中间平巷。

3.2.3 根据图 3-3b 系统图，首先由通风平巷向下施工钻孔，然后由中间平巷向下施工钻孔，钻孔长度分别超过中间平巷和运输机平巷设计轮廓 5 m。

3.2.4 在采用图 3-3c 系统图的情况下，施工隔离式钻孔掘进中间平巷，并超前于运输机平巷或运输平巷。由中间平巷向上沿层理施工抽放钻孔，孔底距离通风平巷 10 m；沿层理向下施工抽放钻孔，钻孔长度超过运输机平巷或通风平巷轮廓 5 m。

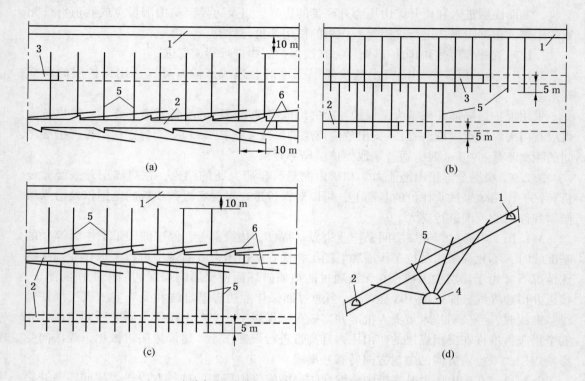

1、2、3、4—分别为通风平巷、输送机（运输）平巷、中间平巷和岩石平巷；

5、6—分别为抽放钻孔和隔离（探测-抽放）钻孔

图3-3　煤层抽放系统图

3.2.5　为了防治准备巷道工作面的煤与瓦斯突出，采用以下抽放方案：

隔离式抽放（图3-4a）。沿巷道侧帮以错开排列方式布置硐室，由硐室施工1个及以上的抽放钻孔，其长度保证巷道每侧超前工作面的最小距离为10 m。

由以前掘进的巷道进行抽放（图3-4b、图3-4c）。根据采掘工程扩展系统图选择抽放钻孔施工方式。当存在邻近布置（40 m以下）的已掘好的巷道或超前平行巷道时（包括岩石巷道），在其断面范围内与设计巷道成直角施工钻孔或扇形钻孔；当没有这样的巷道时，从与设计巷道相连接的硐室施工钻孔。

3.2.6　在图3-3和图3-4中列出了一些预抽标准系统图。在实际中可以采用各种抽放方案的组合。抽放钻孔一般应与抽放管路连接。煤层预抽工艺、参数和装备在《煤矿抽放手册》（莫斯科，1990年）和《防治煤与瓦斯突出区域措施参数计算工程方法》（克麦罗沃：东部煤炭工业安全工作科学研究所，1986年）中有详细规定。

3.2.7　为了强化抽放过程，可以根据《煤矿抽放手册》对煤层进行水力压裂。

3.2.8　在打钻记录本中，应对打钻异常区域进行登记，打钻异常区域为在施工钻孔时出现震动、钻杆空钻（破损）、水煤渣和瓦斯抛出、夹钻和钻孔见岩的区域。在这些地方根据矿井主任地质师绘制的示意图进行探测，以准确查明可能的构造破坏特点和位置。

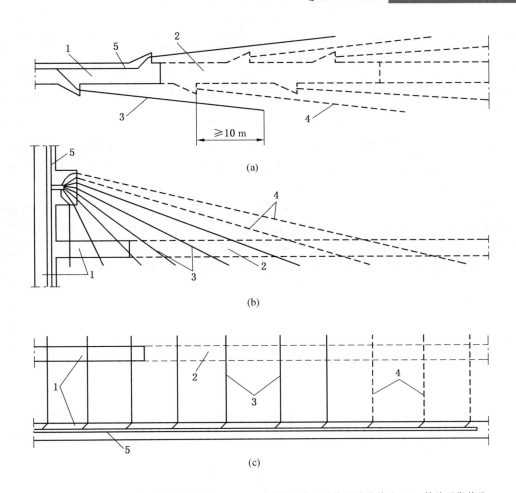

1、2—分别为掘好的和设计的准备巷道；3、4—分别为已施工的和设计的钻孔；5—抽放瓦斯管路

图 3-4　局部防突处理和掘进巷道时防止瓦斯积聚的主要预抽方案

3.2.9　保证煤层抽放安全的工艺和措施应符合《煤矿抽放手册》的要求。

3.2.10　在抽放区段掘进准备巷道时，采用日常突出危险性预测方法检查抽放效果。

3.3　煤层润湿

3.3.1　通过直径 42~100 mm 的长钻孔对煤层进行润湿。采用软管封孔器或水泥砂浆密封钻孔。

3.3.2　根据采煤方法、阶段高度、煤层和区段的开采顺序选择钻孔布置方式。

3.3.3　在满足 $P_H < 0.75\gamma H$ 的注水压力条件下，对煤层进行润湿，这里 γ 为上覆地层岩石的平均容重（$\gamma = 2.5$ t/m^3），H 为巷道至地表的深度，m。

3.3.4　加压设备以 4 h 工作、2 h 停顿的方式对煤层进行注水。

3.3.5　当煤的可润性较差时，必须向水中添加表面活性物以产生亲水性。

根据表 3-1 选择表面活性物的种类和浓度。

表 3-1　表面活性物的种类和浓度选择

表面活性物种类	根据煤的种类确定表面活性物的浓度/%					
	气　煤	肥　煤	主焦煤	黏结性贫煤	瘦　煤	无烟煤
Сульфанол	0.1~0.2	0.2~0.3	0.3~0.4	0.1~0.5	0.1~0.5	—
ДБ	0.2~0.3	0.2~0.4				

3.3.6　当不能保证向煤层中注入设计的溶液量时，距离前述注水钻孔 4 m 施工 1 个补充钻孔进行注水润湿。在这种情况下，主钻孔应用塞子封闭，液体压力应比主钻孔中的压力低 15%~20%。

3.3.7　煤层润湿时使用的工艺、参数和装备在《在突出危险厚及中厚煤层中综掘机掘进准备巷道时煤与瓦斯突出预测和防治方案及工艺》（克麦罗沃：东部煤炭工业安全工作科学研究所，1989 年）和《煤与瓦斯突出区域防治措施参数工程计算方法》（克麦罗沃：东部煤炭工业安全工作科学研究所，1986 年）中有详细规定。

4　揭煤时煤与瓦斯突出防治措施

4.1　总则

4.1.1　巷道揭穿突出危险和突出威胁煤层和煤线（厚度 0.3 m 以上）时，采取防治突出和建立劳动安全条件的综合措施。

揭煤工作按下列顺序实施：

（1）借助于探测钻孔，探测煤层相对于揭煤巷道工作面的位置。

（2）借助于打眼爆破作业，掘进揭煤巷道时采取震动爆破方式。

（3）预测揭煤地点的突出危险性。

（4）采取预测方法查明突出危险性指标为危险值时，实施防突措施。

（5）进行防突措施效果检验。

（6）远距离控制掘进机。

（7）揭煤和穿煤。

（8）在煤层与巷道交汇处安设强力支架。

（9）离开煤层。

4.1.2　通过与沿煤层已掘好的巷道贯通或强制实施防突措施，揭穿特别突出危险区段。

4.1.3　借助于打眼爆破作业掘进揭煤巷道时，当巷道工作面接近突出危险和突出威胁煤层法向距离不小于 4 m 时引入震动爆破，当巷道工作面远离煤层法向距离不小于 4 m 时取消震动爆破。

在与先前沿煤层已掘好的巷道贯通的条件下，以及在巷道工作面接近突出威胁煤层或煤线的条件下，由 2 m 处开始引入震动爆破方式。

在综掘机掘进巷道的条件下，当巷道工作面接近和远离突出危险煤层的法向距离不小于 2 m 时，引入和取消远距离开停。

4.1.4　如果预测查明揭煤地点的突出危险性指标为无危险值，则可以不采取防突措施，借助于震动爆破或远距离开停掘进机揭穿突出危险煤层。

如果预测查明揭煤地点的突出危险性指标为危险值，则采取防突措施揭穿突出危险煤层。实施防突措施并检验其效果之后，采用震动爆破或远距离开停掘进机揭穿煤层。

4.1.5　借助于打眼爆破作业井筒揭穿突出危险煤层时，在井筒全断面一次爆破揭露和穿过整个煤厚的条件下，可以去采取揭煤地点预测和防突措施。

4.1.6　当揭煤巷道工作面接近突出威胁煤层以及厚度大于 0.3 m 的煤线时，如果预测查明突出危险性指标为无危险值，则借助于对高瓦斯矿井规定的爆破作业方式或远距离开停掘进机，可以不采取防突措施揭穿煤层。

如果预测查明揭煤地点的突出危险性指标为危险值，采取防突措施揭穿突出危险煤层和厚度大于 0.3 m 的煤线。实施防突措施并检验其效果之后，采用震动爆破或远距离开停掘进机揭穿煤层和煤线。

准许不采取突出危险性预测和防突措施，采用震动爆破或远距离开停掘进机揭穿厚度 0.1~0.3 m 的煤线。

4.1.7　揭穿倾角大于 55°的煤层前，从法向距离不小于 3 m 的地方实施煤与瓦斯突出防治措施，而揭穿倾角小于 55°的煤层前，从法向距离不小于 2 m 的地方实施煤与瓦斯突出防治措施。同时，措施处理条带的范围应不小于巷道轮廓周围 4 m。

4.1.8　当巷道与陡直煤层（煤线）之间的岩柱法向距离不小于 2 m 时，巷道与缓倾斜、倾斜和急倾斜煤层之间的岩柱法向距离不小于 1 m 时，采取打眼爆破作业揭露煤层和穿过煤线。

4.1.9　在被保护带中揭穿煤层（煤线）时，不采取突出危险性预测和防突措施。采取对高瓦斯矿井规定的爆破作业方式或远距离开停掘进机揭穿煤层。

4.1.10　在揭煤巷道工作面，从距煤层法向距离 4 m 起，准许同时工作的人数不大于 3。

在井筒工作面，从距煤层法向距离 6 m 起，准许的工作人数根据保证一次提升所有人员的可能性来确定。

4.2　井筒揭穿煤层

4.2.1　在延深的井筒中，根据第 2.2.2 条，从距煤层法向距离 10 m 起，采用探测钻孔对井筒要穿过的岩层进行补充探测。

4.2.2　井筒揭穿煤层时，为了防治突出，进行施工排放钻孔、构筑骨架支架、煤体水力化处理，而在复杂矿山地质条件下，允许组合使用这些措施。

4.2.3　对于利用打眼方法掘进的井筒，在地面远距离控制机组的条件下，不采取防治突出措施揭穿突出危险煤层。

施工排放钻孔井筒揭穿煤层

4.2.4　井筒揭穿煤层时，排放钻孔的施工应保证钻孔离开煤层的出露点相互不大于 $2R_{эф}$。钻孔离开煤层的出露点应位于煤层的必须处理带范围内，距离必须处理带的周边不大于 $R_{эф}$，取 $R_{эф}=0.75$ m。

4.2.5　揭煤时，从距煤层法向距离 2 m 处施工钻孔。钻孔直径应为 80~100 mm。井筒轮廓周边外的处理范围应为 2 m。在被钻孔保护掘进的最后一个循环的工作面平面内，钻孔间距应不大于 1.5 m，而至处理带的边界不大于 0.75 m。根据钻孔恒定超前井筒工作面 2 m 计算确定钻孔长度。

4.2.6　揭露煤层时，排放钻孔必须按下列方式施工：

（1）揭开缓倾斜和倾斜煤层时，按图 4-1 所示的方式；

（2）揭开陡直煤层时，按图 4-2 所示的方式。

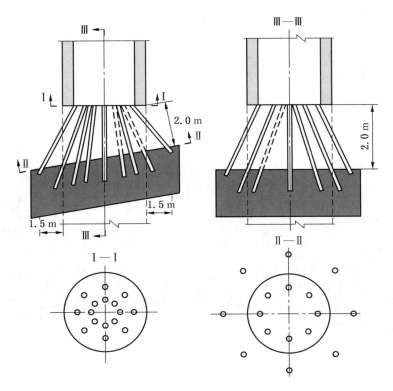

图 4-1 揭露缓倾斜和倾斜煤层时排放钻孔布置方式

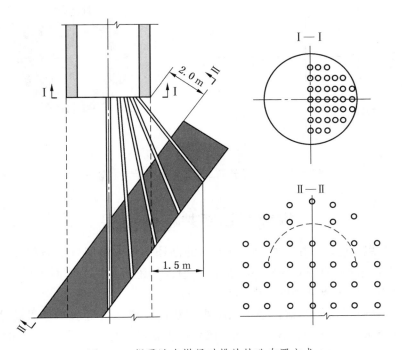

图 4-2 揭露陡直煤层时排放钻孔布置方式

4.2.7 揭穿缓倾斜厚煤层或任意厚度的陡直煤层时，按下列方式施工直径 200~250 mm 的排放钻孔：

（1）对于缓倾斜厚煤层，按图 4-3 所示的方式；

（2）对于陡直煤层，按图 4-4 所示的方式。

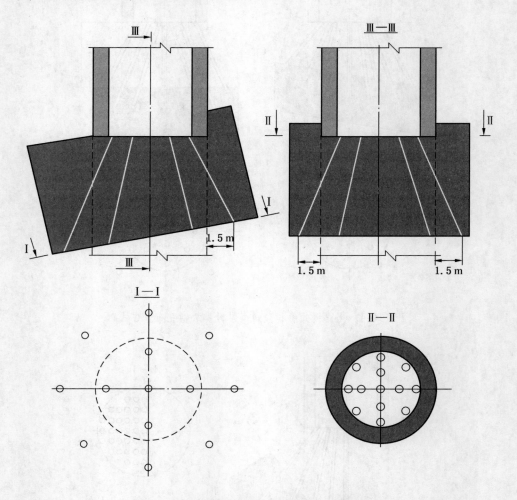

图 4-3 穿过缓倾斜厚煤层时排放钻孔布置方式

构筑骨架支架井筒揭穿煤层

4.2.8 骨架防护支架由直径 36~38 mm 的循环变截面金属杆或直径 40~50 mm 的钢管制成，用水泥浇注在直径 60~80 mm 的钻孔中，其超前井筒工作面不少于 2 m。金属杆自由端填塞在井筒固定支架中的长度不小于 2 m。

4.2.9 安装骨架支架的钻孔必须从距煤层法向距离 2 m 处施工，沿着钻孔见煤点周边每隔 0.3~0.5 m 布置 1 个钻孔。钻孔的倾角应保证沿煤层施工钻孔时，在任意掘进循环工作面的平面内，钻孔距离井筒设计轮廓不小于 1.5 m。

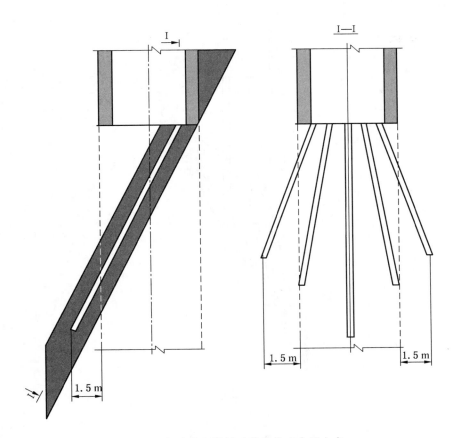

图4-4 穿过陡直煤层时排放钻孔布置方式

4.2.10 当揭露煤层且掘进循环的工作面处于煤层顶板岩石中时，在该掘进循环工作面平面内，钻孔距离井筒轮廓应不小于 1 m。

当钻孔进入底板岩石时，其末端距煤层底板的法向距离应不小于 1 m。

当揭开陡直煤层时，可以不沿井筒的整个周边架设骨架支架，而仅在井筒与煤层的交叉地点架设骨架支架。

骨架支架安装完成后，至少过一昼夜后才开始进行揭煤工作。

煤层水力松动井筒揭穿煤层

4.2.11 揭煤时，通过直径 42~60 mm 的钻孔对煤层进行水力松动，钻孔从距煤层法向距离 3 m 处施工。在工作面中间，沿井筒轴线施工直径 100 mm 的检查钻孔（图4-5）。

当井筒直径 6 m 时，施工 5~6 个钻孔进行注水；当井筒直径 8 m 时，施工 7~8 个钻孔进行注水。在岩柱段内，采用水泥砂浆密封钻孔。

注水压力 $0.75~2.0\gamma H$。注水可以通过随着工作面推进施工的钻孔组进行。每个钻孔依次注水，直至水渗透到邻近钻孔和检查钻孔中为止。

当注水压力比设定的注水压力降低 30% 以上时，应结束钻孔注水过程。

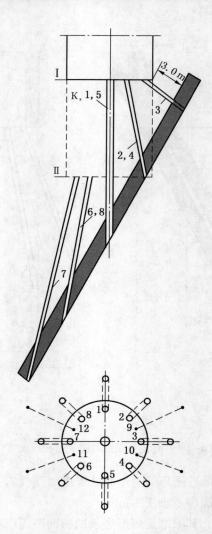

1、2、3、4、5、6、7、8—煤体水力松动钻孔；9、10、11、12—瓦斯压力测量钻孔；
K—检查钻孔；Ⅰ、Ⅱ—煤层处理循环
图4-5　陡直煤层水力松动时巷道工作面钻孔布置示意图

4.3　石门和其他巷道揭穿煤层

4.3.1　向上部水平掘进通风联络巷保证新水平矿井总风压通风之后，井底车场范围之外的石门和其他巷道进行揭煤。揭煤巷道独头区域的通风采用局部通风机进行。

4.3.2　石门和其他巷道揭开煤层时，防突措施主要有：施工排放钻孔，架设骨架支架，煤体水力松动或润湿，煤层水力冲刷，使用综掘机在围岩中形成卸压腔，而在复杂的矿山地质条件下准许综合使用这些措施。

4.3.3　在罗斯托夫州使用综掘机揭开薄及中厚突出危险煤层时，接近、穿过和远离煤层在完成突出危险性预测和预测"危险"时执行防突措施后进行。采取形成卸压缝、煤层水力松动、煤体水力冲刷并配合使用限制巷道掘进速度 1 m/班以下、掘进机工作机构的钻头在煤体中钻进速度 0.5 m/min 以下，进行揭煤段的巷道掘进。防突措施效果检验时，煤层瓦斯压力的安全水平应小于 4 kg/cm^2。

巷道断面进入煤层后，根据实施日常预测、防突措施和效果检验的煤层平巷掘进工艺，使用综掘机继续掘进巷道。

揭开厚煤层时，当查明其突出危险性指标为危险值时，采取震动爆破方式的打眼爆破方法消除岩柱（揭露煤层）。实施防突措施和效果检验后采用远距离开停掘进机或震动爆破方式的打眼爆破方法穿过煤层。

4.3.4 在罗斯托夫州的矿井，通过与事先沿煤层掘好的巷道贯通，用区间石门或溜矸道（煤门）揭开薄及中厚突出危险煤层。

在满足第 4.1.1 条要求的条件下，准许区间石门或其他巷道揭开突出危险煤层。

在下部联络眼工作面被防突措施处理过的区段，从距突出危险陡直煤层 2 m 处，溜煤道（煤门）可以采取震动爆破揭煤。

当采面前方存在先前使用钻孔机械掘好的坡道时，只能从下部联络眼工作面与其进行贯通。

使用钻孔机械揭开陡直煤层时，机器控制台应位于新鲜风流中部小于 30 m，而且在平巷超前区域、下部联络眼以及距下部联络眼 30 m 内的回风流中禁止所有其他作业。在保证煤门有效通风的情况下，在下部联络眼前方准许不大于 3 个煤门进行揭煤。在特别突出危险区段，安全措施应征得东部煤炭工业安全工作科学研究所的同意。

施工排放钻孔揭开煤层

4.3.5 根据被揭开煤层的厚度，排放钻孔采用以下布置方式：

（1）当煤层厚度 3 m 以下时，由揭煤巷道向煤层施工直径 80~100 mm 的排放钻孔，钻孔的布置应保证在必需的处理带范围内，钻孔终孔点在煤层中的相互距离不大于 $2R_{эф}$，距离处理带的周边为 $R_{эф}$，取 $R_{эф}=0.5$ m。

（2）当煤层厚度大于 3 m 时，施工直径 100~250 mm 的排放钻孔。根据被揭开煤层的被保护（危险）范围确定超前钻孔的设计数量，被保护（危险）范围应位于石门轮廓内并向石门侧帮及其上方法向距离扩展 1.5~2 m（对于缓倾斜煤层选 1.5 m，对于陡直和倾斜煤层选 2 m）。

设计钻孔数量 n 根据下式计算：

对于石门揭开缓倾斜煤层

$$n_\text{П} = \frac{(a_\text{к} + 2b)(h + b)}{6.8\sin\alpha} \tag{4-1}$$

对于石门揭开陡直或倾斜煤层

$$n_\text{к.н} = \frac{(a_\text{к} + 2b)(h + b)}{5.2\sin\alpha} \tag{4-2}$$

式中 $a_\text{к}$——石门的大致宽度，m；

h——石门的大致高度，m；

　　　　b——在石门侧帮及其上方钻孔处理带的法向宽度，m；

　　　　α——煤层倾角，（°）。

　　4.3.6　当煤层厚度大于 3.5 m 或煤层倾角小于 18°时，随着工作面的推进必须施工钻孔组。在最小超前距 5 m 的条件下，施工当前的超前钻孔组。每组超前钻孔的设计数量根据式（4-1）和式（4-2）计算。

　　在打第二组及以后各组超前钻孔之前，巷道工作面应用防护挡板紧贴工作面盖住或挡住。当煤层出现不安定状况时，应间歇性停止打钻 5~20 min。

煤层注水揭开煤层

　　4.3.7　揭开薄及中厚煤层时，在压力 0.75~2.0γH 的条件下，以水力松动的方式向煤层注水。揭开厚煤层时，在压力不大于 γH 的条件下，以低压润湿的方式向煤层注水。注水钻孔的直径为 45~60 mm。

　　4.3.8　揭开薄及中厚陡直煤层时，通过图 4-6 所示布置的 5~6 个钻孔进行水力松动。在工作面中间，沿石门轴线施工直径 100 mm 的检查钻孔。

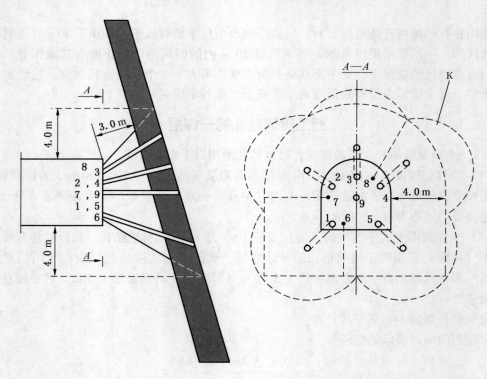

1、2、3、4、5—煤体水力松动钻孔；6、7、8—瓦斯压力测量钻孔；9—检查钻孔；K—处理的煤体边界

图 4-6　揭开陡直煤层前煤体水力化处理钻孔布置方式

　　揭开薄及中厚缓倾斜、倾斜和急倾斜煤层时，通过图 4-7 所示布置的钻孔进行水力松动。随着工作面推进，施工钻孔组对煤体进行水力化处理。煤体处理带的最小超前距离不小于 4 m。

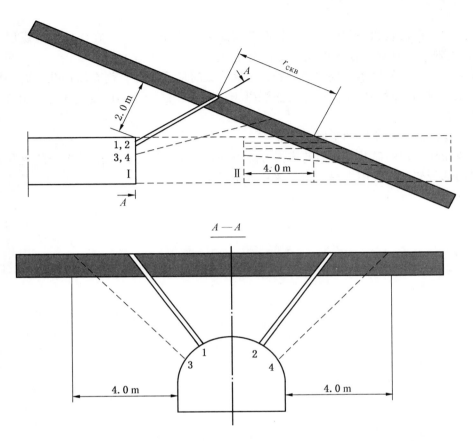

1、2—水力松动钻孔；3、4—瓦斯压力测量钻孔；r_{CKB}—钻孔有效半径值；Ⅰ、Ⅱ—煤层处理循环

图 4-7 揭开缓倾斜、倾斜、急倾斜煤层前煤体水力化处理钻孔布置方式

依次向每个钻孔注水，直至水渗透到邻近钻孔或中心检查钻孔（在陡直煤层）为止。当注水压力比设定的注水压力降低 30% 以上时，应结束钻孔注水过程。

4.3.9 揭开厚的陡直煤层时，由石门工作面施工 1 个水平润湿钻孔，穿过煤层全厚。揭开厚的缓倾斜和倾斜煤层时，为了润湿煤体，在巷道侧帮布置施工 2 个润湿钻孔。揭开煤层后，继续掘进石门时可以采取对煤层巷道规定的其他防突措施。按 1 t 被处理的煤体供给 0.04 m³ 水的标准确定钻孔注水量。

架设骨架支架揭开煤层

4.3.10 揭开以松软、松散煤体和松软围岩为代表的薄及中厚陡直和急倾斜煤层时，骨架支架与防突措施组合使用，以防煤体坍塌。

4.3.11 实施防突措施之前，通过岩柱沿巷道周边施工钻孔，钻孔间距 0.3 m，钻孔应穿过煤层并进入煤层顶板（或底板）不小于 0.5 m。向钻孔中放入直径不小于 50 mm 的钢管或直径不小于 32 mm 的钢筋，建造钢筋混凝土或金属拱形支架托着它们伸出的尾端。

拱形支架与骨架支架的钢管相连接，并用 5~6 个长度 1.5~2 m 的锚杆固定在巷道的侧帮和顶板中。

4.3.12　在松软和松散煤层中，钻孔开口距离应小于 0.2 m。在松软松散煤层中架设 2 排骨架支架，在中硬煤层中架设 1 排骨架支架。

在围岩和煤体易冒落的煤层中，安设金属骨架时应采用黏合剂充填钻孔，而拱形支架的伸出尾端应和金属拱形支架一起浇注混凝土。而且，混凝土的厚度应不小于 0.3 m，宽度不小于 2~3 m。

揭开煤层后，禁止拆卸金属骨架。

在罗斯托夫州的矿井，岩石巷道揭开陡直和急倾斜煤层时，根据《揭开陡直和急倾斜煤层时底部骨架支架使用规程》可以采用底部骨架支架。

5 煤与瓦斯突出局部防治措施

5.1 施工超前钻孔

5.1.1 在任何厚度煤层的准备和回采巷道，都可以使用超前钻孔。超前钻孔必须沿煤层最揉皱（突出危险）的分层施工。

钻孔的数量和布置方式应保证巷道内及其轮廓外 4 m 内的煤层得到卸压和释放瓦斯。

超前钻孔参数

5.1.2 措施参数有：钻孔直径，长度，钻孔有效影响半径，钻孔超前于工作面的最小距离，钻孔间距。

根据最小超前距的保障条件确定钻孔长度。

为了处理巷道断面内及其轮廓外的煤体，沿着构造破坏煤的分层层理，扇形成排布置钻孔。

5.1.3 在东部和北部地区煤层的突出危险带中，施工直径 130 mm、长度 10~20 m 的超前钻孔。在特别突出危险区段，超前钻孔的直径应为 200~250 mm。

根据下列条件确定钻孔的设计数量：

钻孔有效影响范围按矩形确定，其大小沿层理方向为 $l_н$，与煤层层理交叉方向为 $l_к$；沿缓倾斜煤层掘进平巷或任意倾角煤层下山时，直径 200~250 mm 钻孔的有效影响范围取 $l_н = 2.6$ m，沿陡直或急倾斜煤层掘进平巷时取 $l_н = 2$ m；对于直径 130 mm 的钻孔分别取 $l_н = 1.7$ m 和 $l_н = 1.3$ m；对于直径 200~250 mm 的钻孔，$l_к = 1.4$ m；对于直径 130 mm 的钻孔，$l_к = 0.9$ m；

钻孔的扇面数等于 $m_н / l_н$，并向大数方向取整，这里 $m_н$ 为工作面断面内和轮廓外处理带中构造破坏煤分层的平均厚度，m。在层理平面内，钻孔扇面沿构造破坏煤分层的剖面均匀分布。扇面中的钻孔数量等于 $(a+b) / l_н$，并向大数方向取整，这里 a 为扇面平面内的巷道宽度，m；b 为巷道轮廓外处理带的宽度，m。

每个扇面内边缘钻孔的布置应保证在最小超前带范围内，由钻孔轴线到处理带边界的距离不大于钻孔沿层理方向的影响半径。扇面内的其他钻孔相互之间均匀布置。

5.1.4 超前钻孔施工之前，巷道工作面用防护挡板紧贴工作面盖住或挡住。支架框架牢固楔入煤体中，相互之间用楔子加固，用于在打钻时发生突出情况下支承盖住工作面。为此在不稳定煤体中，应使用锚杆将支架框架固定在巷道侧帮上。

在松散的厚煤层中施工超前钻孔掘进平巷时，支架滞后工作面不得大于 0.5 m。

5.1.5 当突出危险带沿采面采长距离上部交会处或下部交会处 30 m 以内时，适合使用超前钻孔防治回采工作面突出。由圈定采面的准备巷道沿采面推进方向施工钻孔。

钻孔直径为 130 mm 或 200~250 mm。超前钻孔的长度根据下式确定：

$$l_{c} = l_{3} + l_{M} + l_{кн} \tag{5-1}$$

式中　l_{3}——沿回采工作面采长的突出危险带长度，m；

　　　l_{M}——从打钻巷道到危险带的距离，m；

　　　$l_{кн}$——危险带边外处理范围，m。

钻孔沿构造破坏煤分层层理按扇面成排布置。扇面内的钻孔数量为 $a_{о6}/l_{н}$，并向大数方向取整，这里 $a_{о6}$ 为处理带的宽度。处理带超前工作面的最小距离不小于 10 m。

施工钻孔的巷道应在打钻地点可靠加固，巷道侧帮应仔细盖好。

5.1.6　应使用远距离开停装置施工超前钻孔。

5.1.7　为了防治超前钻孔施工过程中的瓦斯动力活性显现，可以采取选择工作面平面内钻孔施工顺序、限制打钻速度、打钻过程中预防性停止打钻、使用邻近钻孔的保护作用、分阶段打钻、在钻孔施工区域预先润湿。

5.1.8　根据突出危险性日常预测结果确定钻孔施工顺序。

检查钻孔用于突出危险性日常预测，根据其与其他钻孔的比较，确定最大瓦斯涌出初速度的最小值。第一个超前钻孔直接在检查钻孔的孔口位置施工。

后续各钻孔与已施工好的钻孔成排施工。

5.1.9　最大打钻速度应不超过 0.5 m/min。当出现瓦斯、煤粉或水煤渣喷出时，立即中断打钻，预防性停止打钻 5~20 min 直至瓦斯动力显现停止为止。

5.1.10　为了更充分地利用超前钻孔的保护作用以降低瓦斯涌出强度，施工邻近钻孔时，邻近钻孔轴线之间的设计距离可以小于钻孔间煤柱保持稳定性的临界宽度 $l_{кр}$。

$l_{кр}$ 根据经验公式计算：

$$l_{кр} = d\left(4.65\sqrt{\frac{S_{max}}{S_{np}}} - 4.4\right) \tag{5-2}$$

式中　　　d——钻孔直径，m；

　　4.65——量纲系数，$m^2/L^{0.5}$；

　　S_{max}——长度 1 m 钻孔段的最大钻屑产量，L/m；

　　S_{np}——根据钻孔设计直径，不考虑钻孔壁的变形，长度 $l = 1$ m 钻孔段的钻屑产量，根据下式计算：

$$S_{np} = \kappa_{p}\pi r_{c}^{2}l \tag{5-3}$$

式中　r_{c}——钻孔半径，m；

　　　κ_{p}——煤的松散系数（可以取 $\kappa_{p} = 1.45$）。

5.1.11　分阶段施工就是先施工小直径钻孔，随后将其扩大到设计直径。钻孔初始直径一般为 60~80 mm，然后将其钻到 130 mm 或 250 mm。

在瓦斯向巷道强烈涌出的情况下，钻孔初始直径取 45 mm，然后一次或分次将钻孔钻到设计直径。

5.1.12　预先润湿可以降低施工超前钻孔时的瓦斯涌出强度，除此之外，还可以消除打钻时发生突出的可能性。

预先润湿一般应用在第一个超前钻孔施工区域，以降低打钻过程中的瓦斯涌出强度。利用上一个邻近钻孔的保护作用施工其余钻孔。

预先润湿钻孔沿超前钻孔的设计轴线施工至同一深度。润湿钻孔的直径应为 45 mm 或 60 mm。

根据下列关系式确定钻孔的注液量：

$$Q = 4\pi d_{oc}^2 l \gamma q, \ \text{m}^3 \tag{5-4}$$

式中　d_{oc}——超前钻孔直径，m；

　　　l——润湿（和超前）钻孔长度，m；

　　　γ——煤的容重，t/m^3；

　　　q——煤层注水标准，m^3/t。

q 值根据下式确定：

$$q = 0.01(W_y + W_н) + 0.01 \tag{5-5}$$

式中　W_y——润湿后煤层必须达到的水分（$W_y = 6\%$，而在大埋深时 W_y 不低于考虑煤空隙率的完全水饱和），%；

　　　$W_н$——润湿前巷道附近煤的水分，%。

在高瓦斯含量煤层中，不仅在第一个钻孔区域可以采用预先润湿，在施工其他钻孔前也可以采用预先润湿。但是在这种情况下，进行超前钻孔效果检查时，必须在每两个相邻钻孔之间施工检查钻孔。

5.2　工作面附近煤层水力压出

5.2.1　掘进准备巷道时采用水力压出。水力压出参数有：钻孔长度 l，钻孔封孔深度 $l_г$，最小超前距 $l_{H.O}$，最大注水压力 P_{max} 和最终注水压力 $P_К$，注水速度和注水时间。当煤层厚度 1 m 以下时，可以采用 1 个钻孔完成水力压出，在任何条件下可以采用 2 个钻孔完成水力压出（钻孔平面布置图如图 5-1 所示）。

5.2.2　根据表 5-1，依据工作面揭露的煤层厚度 $m_{ПЛ}$ 和在巷道断面内破坏煤分层厚度 $m_Н$ 确定水力压出钻孔的密封深度 $l_г$。

表 5-1　　m

$m_{ПЛ}$	在 $m_Н$ 条件下的 $l_г$				
	0.2	0.2~1	1~2	2~3	3~4
<1	3.0	3.5	—	—	—
1~2	4.0	4.5	5.0		
2~3	4.5	5.0	5.5	6.0	
3~4	4.5	5.0	5.5	6.0	6.5

钻孔长度 l 比密封深度大 0.3 m。

5.2.3　为了确定超前距 $l_{H.O}$，必须预先确定处理带内煤层断面的相对面积：

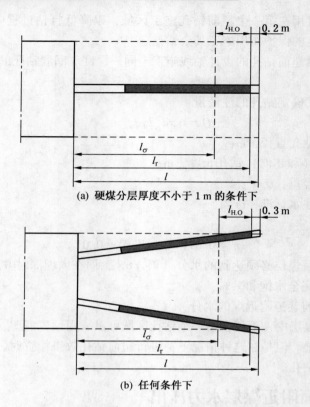

(a) 硬煤分层厚度不小于 1 m 的条件下

(b) 任何条件下

图 5-1 可调节的水力压出钻孔平面布置图

$$S_y = m_{ПЛ}(a + 4)\left[\frac{100 - A^d - W_o}{100}\right] \qquad (5-6)$$

式中 $m_{ПЛ}$——在巷道断面内煤层最大厚度，m；

a——在工作面巷道沿煤层层理方向的大致平均宽度，m；

A^d——煤层的灰分，%；

W_o——煤的自然水分，%。

要求的最小超前距为

$$l_{Н.О} = \frac{19.2 S_y l(X - 5.5)(1 - 0.1 W_0)\left[1 + \dfrac{m_Н}{m_{ПД}}\right]}{Q_{3.П}} \qquad (5-7)$$

式中 $Q_{3.П}$——巷道工作面附近空间通风必需的风量，m³/min。

措施完成后，根据封孔深度和最小超前距的差值确定工作面的安全进尺 l_6：

$$l_6 = l_Г - l_{Н.О}, \quad m \qquad (5-8)$$

5.2.4 根据采矿工程深度和封孔深度，并考虑水力管网的压头损失，确定 P_{max}：

$$P_{max} = P_Н + P_C, \quad kg/cm^2 \qquad (5-9)$$

式中 $P_Н$——必需的注水压力（根据图 5-2 确定），kg/cm²；

P_C——水力管网压头损失，kg/cm²。

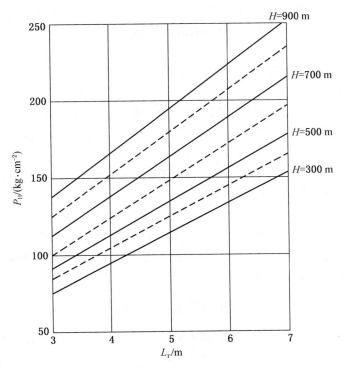

图 5-2 在不同封孔深度 l_Γ 和采矿深度 H 条件下，不考虑水力管网压头损失，计算的注水压力 P_H

5.2.5 最终的注水压力应不大于 30 kg/cm^2 和水力管网压头损失之和：

$$P_K \leqslant 30 + P_C \tag{5-10}$$

5.2.6 依据表 5-2 煤层厚度 $m_{\Pi\Pi}$ 确定注水速度 v。

表 5-2

煤层厚度 $m_{\Pi\Pi}$/m	注水速度 $V/(L \cdot min^{-1})$	煤层厚度 $m_{\Pi\Pi}$/m	注水速度 $V/(L \cdot min^{-1})$
<1	25	2~3	50
1~2	35	3~4	75

依据必需的注水速度选择压力泵。

水力压出工艺

5.2.7 压力泵设有水力压出控制台，配套有水量表、高压压力表和高压水管上的出水阀。

用于水力压出的压力泵应具有不少于 30 l/min 的流量，布置在距离巷道工作面不小于 120 m 的新鲜风流中。

5.2.8 水力压出钻孔应布置在能够达到优质密封的煤层分层中。为了保证钻孔的优质密封，钻孔可以通过岩柱施工。钻孔应布置在工作面推进方向。实施水力压出时，钻孔底部应超出巷道轮廓 0.5 m。

5.2.9　煤层压出测量点布置在工作面距左、右侧帮 0.5 m 以及水力压出钻孔中间。

5.2.10　根据打入煤体内的测点或钻孔内的测点的位移量测量煤层的压出量，测点长度（深度）0.3~0.7 m。

5.2.11　钻孔密封采用按 200~400 kg/cm² 压力计算的柔性水封。水封的密封段长度应不小于 1.25 m。

使用 2 个钻孔进行水力压出时，同时通过 2 个钻孔注水更为有效。

5.2.12　向煤层注水开始前，进行高压水管密封性试验，以及确定水力管网的全部（带水封）压头损失 P_C。

5.2.13　当注水压力降低至 P_K 时，关闭压力泵，切断低压水管，打开高压溢流。然后根据检查测点测量破坏煤分层的压出量。

5.2.14　为了防止在注水过程中瓦斯积聚，在距离工作面 15~20 m 处安设检查甲烷浓度的补充传感器，当达到规定的动作临界值 1% 时，关闭压力泵的电动机。

如果该措施不足以防止瓦斯积聚，则实施水力压出前采取煤体预先润湿措施。

水力压出实施结果填入表格 14 所示的记录簿中。

预先润湿参数和工艺

5.2.15　确定计算必须以低压方式压入的注水量，应保证在随后的水力压出方式注水时最大甲烷浓度不超过允许浓度 $C_{ДОП}$。为此需要计算巷道瓦斯涌出量预期的最大增量 $J_{г.о}$（计算方法如附录 8 所示），并根据公式确定水力压出过程中的预期最大甲烷浓度：

$$C_{max}^{o} = C_{Ф} + \frac{J_{г.о}^{max}}{Q_B} \tag{5-11}$$

式中　Q_B——巷道通风量，m^3/min；

$\quad\quad C_{Ф}$——巷道背景甲烷浓度，%。

如果 C_{max}^{o} 超过允许的甲烷浓度 $C_{ДОП}$，则水力压出前必须对工作面附近煤体进行预先润湿。在这种情况下要计算煤的瓦斯涌出量与水分的关系系数，该系数必须在煤体预先润湿后得到：

$$k_{wy} = k_{wн} \frac{C_{ДОП} - C_{Ф}}{C_{max}^{o} - C_{Ф}} \tag{5-12}$$

式中　$k_{wн}$——措施实施前，对应于巷道工作面周围煤的水分的系数值。

根据湿润前煤的水分确定 $k_{wн}$，见表 5-3。

表 5-3

W/%	1	2	3	4	5	6	7	7.5
$k_{wн}$	0.58	0.53	0.46	0.39	0.31	0.22	0.12	0.06

计算 k_{wy} 后，根据表 5-3 确定低压湿润后煤体必须得到的水分 W_y。

根据下式计算注水量标准：

$$q = 0.01(W_y - W_н) + 0.01 \tag{5-13}$$

并计算低压方式下钻孔必需的注水量：

$$Q_y = (a + 4)l_c m \gamma q, \quad m^3 \qquad (5-14)$$

5.2.16 低压润湿方式下注水压力 $P_{н.у}$ 不应大于 $0.75\lambda H$。

5.2.17 在封孔深度一样的条件下，通过水力挤出钻孔进行预先润湿，预先润湿完成后增大注水压力并进行水力压出。

水力压出时的安全措施

5.2.18 根据第 5.2.7 条布置进行水力压出的压力泵。

5.2.19 在煤层注水期间，位于回风流中的巷道禁止进行爆破作业。

5.2.20 注水时，压力泵和巷道工作面之间禁止有人。

5.2.21 人员所在地点应装备压风管路或生命保障装置。

5.2.22 关闭压力泵后，在巷道甲烷浓度小于 1% 的条件下，准许检查工作面。

5.2.23 水力压出完成后不少于 30 min，方可在煤层被处理区域进行落煤作业。

5.2.24 水力压出开始前，永久支架滞后工作面的距离应不超过 0.4 m。支架框架应牢固地楔入煤体，相互之间打上楔子。巷道顶板、侧帮应全面背板，而巷道工作面应采用防护挡板紧贴工作面可靠盖住。支架框架、支护挡板应使用不少于 4 个锚杆固定在巷道侧帮上。

5.3 煤层水力松动

5.3.1 水力松动的基础是通过巷道工作面施工的钻孔向煤层高压注水。水力松动的实质是用压力水破坏煤体内部的煤，并伴有工作面附近煤层的卸压和排放瓦斯。

5.3.2 水力松动的应用范围局限于能够保证钻孔施工和密封达到规定深度、将水能够注入煤层或其个别分层的煤层。

水 力 松 动 参 数

5.3.3 措施参数有：钻孔直径、长度和密封深度，钻孔间距，最小超前距，水量，注水压力和速度。

5.3.4 钻孔直径 42~45 mm，钻孔长度 6~9 m，密封深度 $l_г = 4~7$ m，最小超前距等于钻孔的渗透区长度 $l_{н.о} = 2$ m。

煤层有效注水半径为 $R_{эф} \leqslant 0.8 l_г$，而钻孔间距不超过 $2R_{эф}$。

水力松动后，落煤进尺应不大于深度 $l_г$。

设计的单位水量应不小于 20 L/t，而 1 个钻孔的总注水量 Q 根据下式计算：

$$Q = \frac{2R_{эф} m q \gamma_y}{1000}(l_г + l_{н.о}) \qquad (5-15)$$

式中　m——煤层厚度，m；

　　　γ_y——煤的容重，t/m^3。

对于个别煤层，实际单位需水量可以由东部煤炭工业安全工作科学研究所进行专门试验后确定。

注水时，压力为 $P_{\mathrm{H}} = (0.75 \sim 2) \gamma H$。注水速度应不小于 3 L/min。

5.3.5　根据水力松动处理的煤体带宽度和层有效注水半径 $R_{\mathrm{э} \phi}$ 确定钻孔数量和布置方式。

准备工作面处理带宽度 C 为

$$C = B + 2b \tag{5-16}$$

式中　B——煤层工作面宽度，m；

$\quad\quad b$——巷道轮廓外处理带宽度。

准备巷道钻孔数量应不少于 2 个。在距离隔角 1 m 处，以倾角 5°~7° 向煤体方向施工钻孔。

在具有直线形状的回采工作面，每个后续循环的水力松动钻孔必须在前一循环的钻孔之间施工。在采面，钻孔垂直于工作面施工。在缓倾斜煤层的采煤机机窝，钻孔必须距离隔角 1 m，以倾角 5°~7° 向煤体方向施工。如果在这种情况下钻孔孔口间距超过 $2R_{\mathrm{э} \phi}$，必须在机窝中间施工第三个钻孔。

在陡直和急倾斜煤层的倒台阶回采工作面，1 个钻孔布置在距离隔角 1 m 处，其余钻孔间距不大于 $2R_{\mathrm{э} \phi}$。台阶隔角处的钻孔必须以与走向线呈 5°~7° 的仰角施工。

在陡直和急倾斜煤层的准备工作面，上部钻孔距离隔角 1 m，与走向线呈 5°~7° 的仰角施工，下部钻孔距离巷道底部 0.5 m 水平施工。

如果在陡直和急倾斜煤层采面的联络巷（小平巷）存在 2 个隔角，则通过 2 个钻孔进行注水，钻孔布置方式和准备巷道工作面一样。当工作面的联络巷存在 1 个隔角时，钻孔布置方式和采面台阶一样。

水力松动工艺

5.3.6　在有几个分层的煤层，钻孔应沿最坚固的分层施工。当存在岩石夹层将煤层分为两个分层时，钻孔应沿最厚的分层或两个分层施工，而注水量必须根据煤层分层的总厚度计算确定。

5.3.7　钻孔密封必须使用长度不小于 2.5 m 的软管水封，软管水封带有延长管，可以将软管水封安装在规定的深度。如果长度为 2.5 m 的软管水封不能保证钻孔的可靠密封，则使用更长的软管水封。使用长度为 2.5 m 的软管水封时，水力松动的钻孔深度应不大于 7 m。经东部煤炭工业安全工作科学研究所同意，可以使用保证钻孔在规定深度可靠密封的其他方法和设备。

为了向煤层注水，使用能够保证必须压力和流量的高压设备。使用一台压力泵通过 1 个或 2 个钻孔向煤层注水，压力泵距离注水钻孔不小于 30 m。开始注水前，进行高压管路密封性检查。

5.3.8　在压力泵的高压管路以及距离水封不小于 15 m 的高压管路上应安装卸压三通阀。通过调节第一个泄压阀保证注水时压力平稳升高和卸压；第二个泄压阀用于切断压力泵时卸除主管内的压力。

向煤层注水时，必须平稳升压 3~5 min 达到其最大值。

5.3.9　如果向钻孔内注入了计算的水量，并且高压管路内的压力比注水过程中达到的最大压力下降不小于30%以上，则水力松动结束。

5.3.10 当水沿裂隙由注水钻孔向工作面提前涌出时，必须距该钻孔2 m施工钻孔再次注水。同时邻近钻孔应用密封材料堵住，而向补充钻孔注水持续至出现第5.3.9条所示的标志时为止。

如果在煤层的个别区段，不能达到第5.3.7条所示的钻孔施工和密封深度，或者不能遵循规定的注水参数方案，则通过这些区段时，经东部煤炭工业安全工作科学研究所同意，矿井总工程师可以批准在钻孔长度4~6 m、密封深度3~4 m的条件下暂时作业。

5.3.11 对于由松软、松散煤组成的陡直和急倾斜煤层，说明书中必须规定在钻孔布置地点工作面全部背板，并且对工作面隅角悬垂的煤体加强支护。

措施实施结果填入表格15所示的记录簿中。

水力松动时的安全措施

5.3.12 装备、仪表以及它们的使用方法和规范应符合工厂说明书的要求。负责注水的技术监察人员在每次注水循环前、工区机械师每月应对煤层注水装备的状态和工作能力进行检查。检查结果填入"煤层注水工作检查和统计记录簿"。

为了防止水封由钻孔自行抛出，注水前用柔性连接（链条，钢索）将水封固定在支架元件上。

5.3.13 通过6 m以下的钻孔进行高压注水应遵守第5.2.19条、第5.2.22条规定的安全措施。

从事注水的人员应处于距离注水钻孔不小于30 m的新鲜风流中，而在陡直煤层倒台阶工作面，人员位于相邻台阶。

在缓倾斜煤层回采工作面实施水力松动时，从事注水人员所在位置和压力泵所在地点之间应建立通话联络。

5.3.14 禁止：

如果高压管路处于带压状态时，对高压附件进行连接、拆分和修理；

当高压管路密封性遭到破坏时使用高压管路；

在注水时无人监管压力泵。

5.4 低压浸润

5.4.1 使用低压浸润排除措施实施过程中的巷道瓦斯积聚。在润湿带，巷道瓦斯涌出量、甲烷浓度降低，通常不超过容许极限。

措施工艺和参数

5.4.2 通过2个钻孔进行注水（图5-3a），一个钻孔位于巷道左帮，另一个钻孔位于巷道右帮（钻孔孔口距离巷道侧帮0.5 m）；或通过1个中间钻孔进行注水（图5-3b），在厚度3.5 m以下的煤层中钻孔长度为5.5 m，在厚度3.5 m以上的煤层中钻孔长度为6.5 m。钻孔长度5.5 m时，密封深度为2.5 m，钻孔长度6.5 m时，密封深度为3.5 m。最小超前距为3 m，巷道轮廓外处理带宽度取4 m。

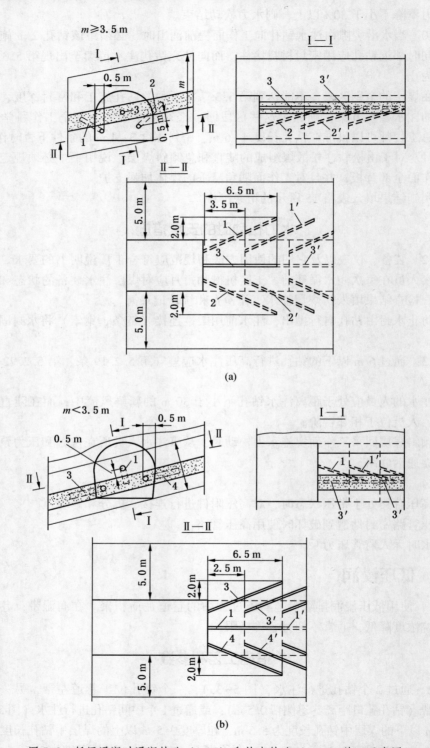

图5-3 低压浸润时浸润钻孔（1、2）和检查钻孔（3、4）施工示意图

当工作面存在未破坏的煤层分层时，沿未破坏的煤层分层距离破坏分层 0.5 m 施工钻孔。如果未破坏的煤层分层厚度小于 1 m，钻孔距分层顶部或底部等距离施工。如果工作面整个断面处于破坏煤区带中，则钻孔通过巷道中部的煤层层理平面施工。

施工 2 个钻孔时，钻孔底部在煤层平面内应超出巷道轮廓 2 m。

5.4.3　润湿时注水压力应不超过 $0.75\gamma H$（H 为巷道距地表的深度），工作面附近煤体的注液量按下式确定：

$$Q = (a + 8)l_c m\gamma q \tag{5-17}$$

式中，γ 为上覆地层岩石的平均容重（$\gamma = 2.5$ t/m^3），q 值根据式（5-4）确定。

5.4.4　在回采工作面使用低压浸润时，推荐以下措施参数：

在煤层厚度 2.5 m 以下的煤层中，钻孔长度不小于 6.5 m，在厚度更大的煤层中，钻孔长度不小于 8.5 m；钻孔直径为 45 mm 或 60 mm；钻孔长度 6.5 m 时密封深度 4.5 m，钻孔长度 8.5 m 时密封深度 6.5 m；钻孔长度 6.5 m 时，钻孔间距 5 m，钻孔长度 8.5 m 时，钻孔间距 7 m；边缘钻孔布置在查明的突出危险带的边界；在煤层厚度 2.5 m 以下的煤层中，最小超前距 3.5 m，在厚度更大的煤层中，最小超前距 5.5 m。

每个钻孔的注水量根据下式确定：

$$Q_c = dl_c m\gamma_y q \tag{5-18}$$
$$q = 0.01(W_y - W_H) + 0.01 \tag{5-19}$$

式中　d——钻孔间距，m；

l_c——钻孔长度，m；

m——煤层厚度，m；

γ_y——煤的单位重量，t/m^3；

W_y——注水润湿后煤体必须达到的水分，%；

W_H——注水润湿前巷道周围煤的水分，%。

当工作面存在未破坏的煤层分层时，沿未破坏的煤层分层距破坏的煤层分层 0.5 m 施工钻孔，保证钻孔的底部朝着突出危险分层的中间布置。如果未破坏煤层分层的厚度小于 2 m，钻孔距未破坏煤层分层的顶部或底部等距离施工。如果工作面整个断面处于破坏煤体中，或者由于未破坏的煤层分层位于巷道顶部或底部，不能沿未破坏的煤层分层施工钻孔，则沿巷道中部的层理表面施工钻孔。

低压浸润结果填入表格 15 所示的记录簿中。

安　全　措　施

5.4.5　低压浸润时，根据第 5.3.12~5.3.14 条执行安全措施。

5.5　煤层低压润湿

低 压 润 湿 参 数

5.5.1　掘进准备巷道时使用该措施。措施参数有：钻孔长度 l 和直径 d，钻孔密封深度 l_Γ，最小超前距 $l_{H.O}$，吨煤注水量标准 q，注水压力 P_H 和注水时间，钻孔必需的注水

量 Q。

5.5.2　钻孔直径为 45 mm 或 60 mm。钻孔长度没有限制。密封深度应不小于 5 m，润湿带最小超前距不小于 5 m。每个钻孔必需的注水量根据下式确定：

$$Q = 2R_{yB}lm\gamma_y q \qquad (5-20)$$

式中　R_{yB}——沿层理方向的润湿半径，m；

$\quad\quad\ m$——被钻孔润湿的煤层分层厚度（单个钻孔时为整个煤层厚度），m；

$\quad\quad\ \gamma_y$——煤的容重，t/m^3。

单个钻孔的润湿半径 R_{yB} 的确定应保证由巷道侧帮到润湿带边界的距离不小于 5 m。使用壁垒（隔离）钻孔时：

$$R_{yB} = \frac{a}{2} + b + 1, \ m \qquad (5-21)$$

式中　a——沿层理方向的巷道宽度，m；

$\quad\quad\ b$——由最近的巷道侧帮到壁垒钻孔的距离，m。

根据式（5-19）吨煤注水量标准。注水压力 P_H 的取值与煤层区域润湿时一样。注水时间由流量表计量必需的注水量的压注时间确定。

低压润湿工艺

5.5.3　煤层低压润湿根据图 5-4 所示的方案进行。

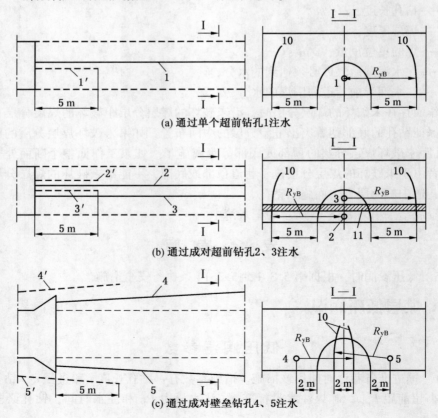

(a) 通过单个超前钻孔1注水

(b) 通过成对超前钻孔2、3注水

(c) 通过成对壁垒钻孔4、5注水

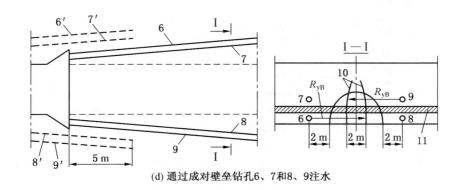

(d) 通过成对壁垒钻孔6、7和8、9注水

1'~9'—上一个润湿循环的钻孔；1~3—超前钻孔；4~9—壁垒钻孔；10—润湿边界；11—不透水的岩石分层

图 5-4 煤层低压润湿方案

5.5.4   使用壁垒钻孔润湿煤层时，可以通过两个钻孔同时进行注水。为了提高润湿质量，煤层注水必须间歇 1~2 h 交替进行注水。每小时记录一次注水压力和钻孔注水量。

5.5.5   润湿时使用的安全措施与低压浸润一样。低压润湿结果填入表格 15 所示的记录簿中。

5.6   超前孔洞水力冲刷

5.6.1   超前孔洞水力冲刷应用在硬度系数 f 小于 0.6 的破坏煤层（个别分层）中。在特别突出危险区段和应力升高带中使用水力冲刷应征得东部煤炭工业安全工作科学研究所的同意。

5.6.2   在采用超前孔洞水力冲刷的情况下，可以使用综掘机或风镐掘进巷道。

孔洞水力冲刷参数

5.6.3   超前孔洞水力冲刷用来在构造破坏煤层分层中构建超前裂缝，使煤层厚度和倾角发生不大的改变。当存在几个这样的分层时，应沿强度最低、厚度最小的分层进行孔洞水力冲刷（被冲刷分层的最小厚度为 5 cm）。当工作面存在 1 个厚度大于 25 cm 的分层时，应在该分层的上部边界冲刷孔洞。在揉皱煤分层厚度不小于 0.2 m 的特别突出危险区段，应该首先（沿巷道轴线）冲刷长度为 20 m 的中心探测孔洞，然后由中心到边缘按扇形顺序冲刷其余的长度为 15 m 的缝隙形状的孔洞。孔洞最小超前距为 10 m。被孔洞处理的煤体宽度在巷道轮廓外为 4 m（图 5-5）。

在采取预抽的煤层区段，以及在揉皱煤分层厚度小于 0.2 m 的区段，经东部煤炭工业安全工作科学研究所同意，采用以下孔洞深度：探测预检孔洞为 15 m，裂缝形状的孔洞为 10 m。孔洞最小超前距 5 m。

5.6.4   对于缓倾斜煤层平巷和任意倾角的煤层下山，超前孔洞的设计数量根据下式计算：

$$n = 5.3 + 0.5a \qquad (5-22)$$

式中 a——巷道沿被冲刷分层的宽度，m。

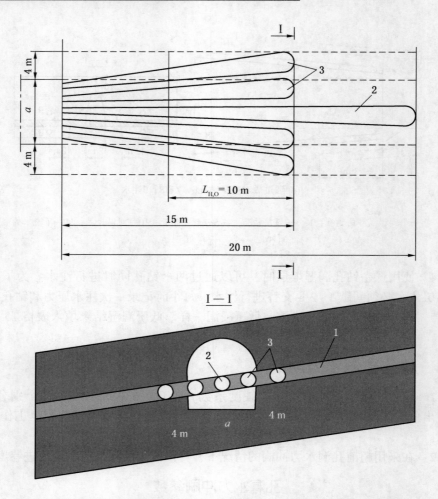

1—破坏煤的分层；2—探测预检孔洞；3—缝隙形状的孔洞；L_{H_2O}—孔洞最小超前距

图 5-5　超前孔洞水力冲刷方案

孔洞水力冲刷工艺

5.6.5　使用组装的液压管和压力泵进行水力冲刷，在液压管的末端拧上孔径 3 mm 的喷嘴，压力泵在液压管前端形成的水压不小于 100 kg/cm²，并具有大约 60 L/min 的输出量。在最小超前距区带之外，孔洞水力冲刷速度不大于 0.5 m/min。

在库兹涅茨克矿区水力矿井的准备巷道，根据《利用库兹涅茨克矿区水力矿井技术设备和工艺实施防治煤与瓦斯突出措施的使用细则》，使用水力冲采机进行超前缝隙的远距离水力冲刷。

防止瓦斯积聚和瓦斯动力现象

5.6.6　冲刷第一个中心孔洞时，首先进行"穿孔"，使用带 1 个中心孔的液压管喷嘴将狭小的孔洞冲刷到处理深度，然后使用带 5 个孔的喷嘴将其冲刷到设计尺寸。随后由中心到边缘冲刷其他孔洞。

5.6.7　在水力冲刷超前孔洞时采取停机措施。当工作面附近甲烷浓度达到 1.5%时，以及出现突出预兆时，煤体中的冲击、破裂声，工作面煤层剥落，工作面煤的垮落，暂停水力冲刷，煤渣和瓦斯由孔洞抛出，暂停水力冲刷。停机时间随孔洞加深而变化，一般为 5~20 min。当甲烷浓度降低到 1% 以下以及突出预兆显现停止时，恢复水力冲刷。

5.6.8　预先施工 3~5 个扇形布置的超前钻孔。水力冲刷一般沿厚度不大的潜在突出危险煤层分层进行。沿突出危险分层上部或下部（最好上部）的坚硬分层将钻孔施工到孔洞深度。边缘钻孔的孔底应超出巷道轮廓 4 m。

孔洞水力冲刷时的安全措施

5.6.9　孔洞水力冲刷时，必须采取以下安全措施：

（1）开始工作之前，巷道工作面用挡板紧贴工作面盖住，在当前孔洞的冲刷地点留下宽度不大于 250 mm 的窗口。最后一个框架用来支撑防护罩，应用不少于 4 个沿巷道轮廓安装的锚栓固定。距离工作面 5 m 内，支架框架沿巷道侧帮用特殊型钢的梁相互连接在一起。

（2）压力泵处于巷道的新鲜风流中。

（3）在水力冲刷过程中出现突出危险性预兆（来自孔洞的微型突出，煤质干燥等）时，以及甲烷浓度升高到 2% 时，停止水力冲刷，工作人员躲避到新鲜风流中。突出危险性预兆停止和巷道工作面甲烷浓度降低至 1% 及其以下之后，恢复水力冲刷。

（4）水力冲刷开始之前，切断巷道独头部分全长的电力，除工作面从事水力冲刷的人员之外，回风流中禁止有人。

5.7　形成卸压槽

5.7.1　无论在准备巷道还是在回采巷道，采用远距离控制的特种机器形成卸压槽。卸压槽应满足以下参数：

（1）槽应是连续的。

（2）槽平面应沿煤层底板（或顶板）法线方向布置。

（3）槽的宽度应为 60~80 mm。

（4）槽的深度应不大于 2.5 m。

（5）最小超前距应为 1 m。

5.7.2　缓倾斜煤层准备巷道的卸压槽布置在距离工作面煤壁 0.5 m 处，与巷道轴线呈 5°~10° 向两侧煤体方向施工。

5.7.3　缓倾斜煤层采面机窝的卸压槽布置在机窝隅角，距离机窝侧壁不大于 0.5 m，沿采面推进方向施工。

对于采面通过地质破坏的情况，卸压槽的必须数量及其布置方式的确定应征得东部煤炭工业安全工作科学研究所的同意。

在机窝内卸压槽之间落煤仅允许采用宽度不大于 0.8 m 的顺序条带进行。

5.7.4　在陡直和急倾斜煤层的平巷，2 条卸压槽与巷道推进方向的角度不大于 5° ~ 10°；第一条卸压槽位于下部隅角（底部）；第二条卸压槽位于巷道的上部隅角。

5.7.5　在倒台阶回采工作面，在每个台阶的上部隅角形成 1 个卸压槽，与采面推进方向不大于 20° 施工。卸压槽距离台阶隅角不大于 0.5 m，在工作面推进度和最小超前距的累计值范围内施工卸压槽。同时采面的推进度应不大于 1 m。卸压槽之间的距离沿回采工作面采长不大于 12 m。

5.7.6　在陡直煤层，随着卸压槽的形成，用厚度不小于 40 mm 的整边木板在整个深度内盖住悬垂的煤体，在整边木板的自由端打上支柱。随着落煤，在盖板下每 0.3 m 架设支柱。当煤层厚度达到 1.5 m 及以上时，以及在地质破坏带时，必须加强悬垂煤体的支护。

5.7.7　切割卸压槽时，禁止在该准备工作面、机窝或采面台阶进行其他作业。

5.8　煤体内部爆破

5.8.1　无论煤层预先注水还是不预先注水，都可实施煤体内部爆破。

煤体内部爆破参数

5.8.2　在煤层不预先注水的情况下进行煤体内部爆破，装药钻孔的直径为 55 ~ 60 mm。根据未处理煤体的卸压带宽度 l_p 选取钻孔长度 l（表 5-4）。

表 5-4　　　　　　　　　　　　　　　　　　　　　　　　　　　　　　　m

l_p	1.0	1.5	2.0	2.5	3.0	3.5
l	8.5	9.0	10.0	11.0	12.0	13.5

在未被煤与瓦斯突出局部防治措施处理的煤体中，根据检验钻孔（不少于 3 个）确定数值 l_p，检验钻孔按照煤体内部爆破的钻孔布置方式进行布置。

钻孔最小超前距在准备工作面不小于 5 m，在回采工作面不小于 3 m。布置在工作面隅角的钻孔应超出巷道轮廓不小于 2 m。根据被处理带的宽度和钻孔间距确定钻孔数量。在机窝钻孔间距应不超过 2 m，在采面的采煤机区域和准备巷道工作面不超过 2.5 m。

钻孔炸药量 a 根据下式确定：

$$a = q(L - L_3) \tag{5-23}$$

式中　L_3——炮泥总长度，m，$L = 8.5$ m 时，$L_3 = 3.5$ m；$L = 8.5 ~ 9.5$ m 时，$L_3 = 4$ m；$L = 10$ m 时，$L_3 = 5$ m；

　　　q——1 m 长度炸药包的质量，kg/m。

对于个别煤层，经东部煤炭工业安全工作科学研究所同意，更准确的确定钻孔内炸药包的质量。

5.8.3　对于以水力松动方式进行预先注水的煤层，煤体内部爆破通过直径 45 mm、长度 8 m 的钻孔进行。钻孔超前于工作面的最小距离不小于 2 m。布置在工作面隅角的钻孔应超出巷道轮廓外不小于 1 m。钻孔间距在机窝和准备巷道工作面应不超过 2.5 m，在采面采煤机区域应不超过 3 m。

在煤层注水的情况下，钻孔密封深度为5.5~6.5 m。

炸药包的质量为2.5~3 kg。炮泥总长度应不小于3.5 m。

煤体内部爆破工艺

5.8.4 当存在最小超前距时，新一组钻孔距上一组钻孔的距离不小于0.5 m（图5-6）。

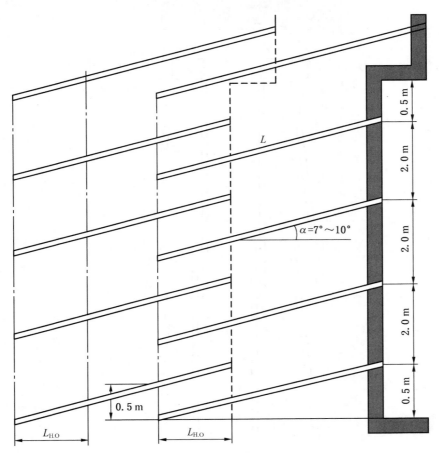

图5-6 回采工作面下部机窝钻孔布置方式

在由上向下掘进的倾斜巷道中，内部爆破钻孔沿煤层倾斜施工，而在水平巷道中，以4°~7°的倾角向下施工（以便装水）。

在水平准备巷道工作面，允许沿岩柱施工钻孔，钻孔出露于煤层中，以便炸药位于煤体中（图5-7）。

5.8.5 煤层预先注水按下列顺序实施。首先向边缘钻孔注水，直至邻近钻孔或工作面出水为止。然后向其余的钻孔注水。在发现出水的钻孔中不再进行注水。

5.8.6 使用连续筒状同类炸药。使用安全Ⅱ级炸药、导爆索或胶带和瞬发电雷管作为爆炸材料。

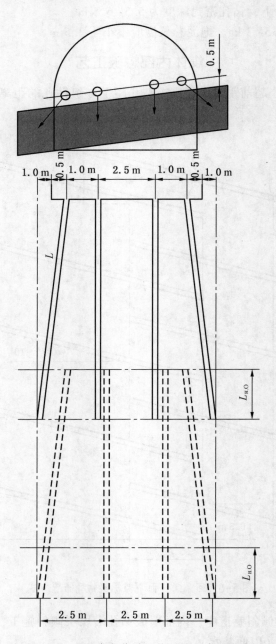

图 5-7　下山准备巷道工作面钻孔布置方式

在专门规定的地方准备内部爆破炸药。炸药包成排布置，端面对端面相互贴紧。顺着炸药包排列方向全长敷设 2 个导爆索，而在炸药量大于 3 kg 的情况下，用粗平布将导爆索、麻绳及炸药包裹住，并用细绳系住，或者将炸药包放到用粗平布缝制的宽度 60 mm（在组装情况下）的专用软套中，在位于孔底的炸药包的底端，用麻绳和粗平布做一个扣。

用两个串联布置的起爆药包轴线起爆炸药。在一个药包内电雷管并联连接，而药包串联接入电力爆破网络。炸药包在更深的钻孔中爆炸，因此必须接长电雷管的导线。为此在电雷管上保留一个长度 15~40 cm 的末端，它与接长连接导线的连接点并联连接。接长导线的长度应保证每个药包接入主干网络。为了将电雷管固定在起爆药包中，用连接导线做成的活扣将电雷管束上。接长电雷管的连接导线并检查它们的导电性，在爆炸材料仓库进行。

5.8.7　在直径 55~60 mm 的钻孔中，用组装的螺丝连接的金属装药杆装药，装药杆由直径 10 mm 的钢杆制成，其底部为叉形件以便叉住绳扣，当向钻孔中装药时，将炸药包安装到装药杆上。将炸药包送到钻孔底部。允许炸药包不送到孔底的距离不得大于 1 m。

煤层注水后，借助于螺丝连接的木制装药棒，对直径 45 mm 的钻孔进行装药。将炸药包送到密封深度。

全部钻孔装药后，孔口用 0.2 m 长的沙质黏土炮泥密封，在炮泥中保留 10~15 mm 的小孔以便向钻孔注水。

5.8.8　钻孔炸药包一次全部起爆。在顶板岩石容易垮落的工作面，以及当钻孔数量大于 4 个时，准许单个区段进行煤体内部爆破。同时在一个区段范围内，钻孔组的炸药一次全部起爆。使用独立的爆炸主线进行起爆。

5.8.9　以震动爆破方式起爆钻孔炸药包。从钻孔注水到炸药包起爆的时间应不超过45 min。煤体内部爆破时，一次起爆不大于 10 个钻孔的炸药包爆破。

根据"爆破作业统一规则"的要求，查出和清除拒爆的炸药包。如果拒爆是由于外部爆炸网络的完整性遭到破坏引起的，则消除爆炸网络的破坏，并再次起爆炸药包。如果外部爆炸网络完好，则从钻孔口取出沙质黏土炮泥，并紧贴拒爆的炸药包送上质量 2 kg 的同样的补充炸药包，借助于补充炸药包起爆拒爆的炸药包。

5.9　沿回采工作面长度形成卸压缝

5.9.1　措施的实质是沿回采工作面全长在煤层中形成卸压缝，在其作用下工作面附近煤层卸压和排放瓦斯，足以防止煤层随后回采时的煤与瓦斯突出。

5.9.2　措施应用在具有稳定和中等稳定顶板岩石的缓倾斜和倾斜突出危险煤层中。

5.9.3　借助于装有打钻类型的切缝工作机构和回采工作机构的回采-切缝机器，进行构建卸压缝和随后的回采工作。

在这种机器生产之前，可以使用穿孔机形成卸压缝，随用采煤机回采。

5.9.4　使用卸压缝防止具体矿山地质条件下的煤与瓦斯突出，应征得东部煤炭工业安全工作科学研究所和工艺研究所的同意。

形成卸压缝的参数和工艺

5.9.5　卸压缝的参数有：缝在煤层断面中的位置，缝的高度，缝的深度，最小超前距，在隅角处缝的角度。

5.9.6　当煤层为单个分层结构时，卸压缝在煤层厚度范围内的位置没有限制。在由 2 个及以上煤层分层组成的煤层中，最好沿无突出危险分层或岩石夹层形成卸压缝。

在薄煤层中以及在煤层变薄的地方，此处采用开凿顶板或底板岩石的方法落煤，允许在与煤层相接触的围岩中形成卸压缝。

5.9.7 卸压缝的高度应不小于 120 mm。

5.9.8 卸压缝深度应等于采煤机回采条带宽度总和，并且卸压缝的最小超前距等于 0.2 m。当使用打孔机形成卸压缝时，卸压缝的深度应比规定的总和大 0.25 m。

5.9.9 在最初的三个形成卸压缝的回采作业循环中，应进行卸压缝实际深度和最小超前距的试验检查。为此借助于金属探尺，沿回采工作面长度不大于 10 m 布置 1 个测点，形成卸压缝后测量其深度，在落煤后测量最小超前距。

通过变化切缝工作机构的安装角度，与回采工作面线呈 115°～135°，挑选出要求的卸压缝深度。

卸压缝深度和卸压缝形成的最小超前距的试验检查结果形成记录，由技术负责人批准。

5.9.10 卸压缝形成后，在每个落煤循环之前应沿回采工作面长度每隔 10 m 检查卸压缝深度。如果测得的卸压缝深度超过回采条带宽度不小于 0.2 m，则准许采煤机落煤。

在卸压缝深度不足的采面区段，再次切割卸压缝并进行随后的检查。

5.9.11 构建卸压缝和落煤单独进行，而不允许将这些工序结合进行。

当形成卸压缝时，将回采-切缝机器的工作机构引到机窝中，与回采工作面线的角度调整为 115°～135°，并当机器移动时，沿回采工作面全长进行卸压缝切割。

当回采-切缝机器工作时，形成卸压缝之后，切缝工作机构调整到运输状态，移动输送机和支架，回采工作机构引到机窝中或向煤层中切割，在回程中机器进行落煤，并保留所述的卸压缝的最小超前距。

借助于穿孔机形成卸压缝时，机器和采煤机的原始位置在机窝中。沿回采工作面全长形成卸压缝后，穿孔机留在机窝中，采煤机向同一方向移动进行落煤。在回程中，采煤机清理采面，穿孔机运输到原始位置，移动输送机和支架。之后按同样顺序重复这些工序。

采用突出危险性日常预测、专门的防突措施或以震动爆破方式，掘进采面尾部的机窝。

安 全 措 施

5.9.12 当从新鲜风流侧不小于 30 m 远距离控制打开切缝工作机构时，允许在采面的任何区段向煤层进行切口。

在没有远距离控制的情况下，如果用标准方法查明的卸压带值超过切口深度不小于 1.3 m 或者在曾采用了防突措施的地点，允许切缝工作机构向煤层切口。

5.9.13 在形成卸压缝的过程中，由司机和其助手从距离机器不小于 30 m 的新鲜风流侧远距离控制机器。同时，在采面和沿着回风流运动路线至其掺入新鲜风流前的区域，不允许进行其他作业和人员存在。

6 煤与瓦斯突出防治措施效果检验

6.1 煤与瓦斯突出区域防治措施效果检验

6.1.1 当采取保护层超前开采作为突出防治措施时，在被保护区域内部要求进行效果检验。

6.1.2 根据被处理区域内的预测结果检验区域防突措施效果。回采工作面润湿效果检验除外。根据从潜在突出危险分层采集的煤样，在实验室测定煤的水份值完成回采工作面润湿效果检验。沿回采工作面长度每隔 10 m，在存在突出危险结构的范围内采集煤样，同时在突出危险结构分布的边界采集边缘煤样。第一个落煤循环之后进行第一次采样，再次采样的距离不大于润湿钻孔的间距。煤样处理和结果送达总工程师的时间应不超过 1 d。如果在一个循环内所有煤样的水份都不小于 6%，则认为措施是有效的。如果在采样点任一组或一个点的煤样水份值小于 6%，则在这些点沿采面长度两侧各 5 m 的储备范围（沿深度方向等于润湿钻孔间距）认为是处理无效的。在这种情况下，总工程师令采面停工，并采用煤层湿润的局部措施使该区域变为无突出危险状态。煤层注水工作结果记入表格 15 所示的记录簿中。

6.2 揭煤时煤与瓦斯突出防治措施效果检验

6.2.1 根据危险性预测所施工的检验钻孔内的瓦斯压力值进行揭煤时的煤与瓦斯突出防治措施效果检验。如果瓦斯压力值降低到 $P_{\text{г. кр}}$ 以下（对于库兹涅茨克矿区 $P_{\text{г. кр}} = 14f_{\text{min}}^2$，对于其余的矿区和煤田 $P_{\text{г. кр}} = 10 \text{ kg/cm}^2$），则认为防突措施有效。

6.2.2 在罗斯托夫州的矿井，揭煤区域变为无突出危险状态的准则是：检验钻孔的瓦斯涌出速度降低到 2 L/min 以下。

6.3 准备巷道煤与瓦斯突出防治措施效果检验

6.3.1 沿煤层掘进准备巷道时，突出防治措施效果检验分两个阶段完成。

6.3.2 第一阶段是措施效果评价，措施完成之后直接在停工工作面进行评价和工作面推进距离等于检验钻孔长度减去 1.5 m 之后继续评价。

效果检验第二阶段的目的是检查局部防突措施的均匀性，当工作面在措施处理区内推进时，根据第 6.3.7 条 АКМ（甲烷监测仪）记录的巷道瓦斯涌出量或 АЧХ（振幅-频率特征）日常预测方法（第 2.4.36～2.4.41 条），连续监测工作面附近煤体的状态。

6.3.3 在罗斯托夫州的矿井，掘进巷道的突出防治措施效果检验根据瓦斯涌出动态（第 6.5.1~6.5.7 条）或 АЧХ（振幅-频率特征）（第 2.4.36~2.4.41 条）进行。

效果检验第一阶段　施工超前钻孔和形成卸压槽时

6.3.4　根据最大瓦斯涌出速度值 $g_{\text{н.max}}$ 和钻孔瓦斯涌出动态随时间变化指标 n_g 进行施工超前钻孔的效果检验。为了确定 n_g 的大小，在 $g_{\text{н.max}} \geqslant 4 \text{ L/min}$ 的任一区段测量 $g_{\text{н}}$ 之后经过 5 min，测量瓦斯涌出速度 g_{t5}，并计算 $n_g = \dfrac{g_{t5}}{g_{\text{н}}}$。效果检验结果填在突出危险性日常预测记录簿中。

如果钻孔的每个 $g_{\text{н.max}} < 4 \text{ L/min}$ 或 $n_g > 0.65$，则巷道工作面前方的区带为无突出危险状态。在其余情况下，认为措施无效。

如果措施无效，则必须在已施工的相邻钻孔中间施工补充钻孔，并再次进行效果检验，直至巷道工作面前方的区带为无突出危险状态为止。

除了施工补充钻孔，为了达到必需的效果，建议工作面停工 1 d，以增大钻孔的排放作用效果。

效果检验第一阶段　水力压出时

6.3.5　确定参数 $P_{\text{к}}$、Δl、ΔC。当满足下列条件时，认为水力压出有效：

注水压力降低至 $P_{\text{к}}$ 以下；

潜在突出危险分层的推出量 Δl 达到 $0.2 l_{\text{r}}$；

根据补充传感器的读数，在措施执行过程中，巷道瓦斯浓度的增加值 ΔC 不小于 0.02%。

当水力压出无效时，采取其他防突措施或震动爆破。水力压出效果检验结果填到记录簿（表格 14）中。

效果检验第一阶段　水力松动、低压浸润和低压润湿时

6.3.6　煤体水力化处理之后，借助于双波道显示器 "Волна-2"，直接同时双波道（N_1 和 N_2）测量工作面附近煤体的电磁辐射值。使用其他类似仪器测量电磁辐射参数应征得东部煤炭工业安全工作科学研究所的同意。

总共测量 30 对电磁辐射活性值（N_1——第一波道，N_2——第二波道），在时间间隔 10 s 内同时测量每对 N_1 和 N_2 值。

在测量电磁辐射活性水平时，距离天线 1 m 内不应有动力电缆。动力设备和起动装置距离测量地点应不小于 15 m。如果不能满足这些条件，则在测量时上述电源应断电。

天线不应放置在潮湿地点、采煤机的工作机构或其他金属设备上。

为了距离工作面不小于 1.5 m 测量电磁辐射活性，天线（电磁辐射传感器）在仪器上的安装应使天线的最大灵敏度方向垂直于评价区域的工作面：环形天线应定向平行于工作面，而铁素体天线应垂直于工作面。

按下列设置记录电磁辐射活性：阻尼为 10，阈值为 8。

在矿井条件下的仪器使用、工作准备和工作程序的全部说明在 "Волна-2" 仪器的技术说明和使用规范中列出。

从全部测量的电磁辐射活性数据中挑选出第一波道和第二波道的最小值，将其作为背景值，分别记作 $N_{1\phi}$ 和 $N_{2\phi}$。

对于第一波道和第二波道的每对电磁辐射活性值，根据下式确定瓦斯动力活性指标：

$$a = \frac{N_2 - N_{2\phi}}{N_1 - N_{1\phi}} K_\Pi \tag{6-1}$$

式中　K_Π——修正系数，等于 $N_{1\phi}$。

将得到的指标 a 值与其临界值 $a_{\text{кр}}$ 进行比较，将指标 a 值超过其临界值的次数作为措施处理区突出危险性指标 Π_a。如果 $\Pi_a < 4$，则认为由于水力化措施的作用，使措施处理区变为无突出危险状态；如果 $\Pi_a \geq 4$，则根据瓦斯涌出初速度准确确定水力化措施的效果。为此目的，需要施工检验钻孔，分段测量瓦斯涌出初速度值。在潜在突出危险分层中间的层理平面内或在工作面断面内观测煤层厚度中间施工直径 43 mm 的检验钻孔，当有 2 个水力化措施钻孔时，在这些钻孔中间施工 1 个检验钻孔。如果使用 1 个注水钻孔，则施工 2 个检验钻孔，钻孔孔口距离对立的巷道侧帮 0.5 m，而孔底沿层理超出巷道轮廓 2 m。

检验钻孔的长度、直径和瓦斯涌出初速度的测量方法根据第 2.4.10～2.4.13 条进行。

如果各区段的瓦斯涌出初速度的最大值 $g_{\text{н. max}} < 4$，则认为水力化措施有效。当 $g_{\text{н. max}} \geq 4$ 时，水力化措施无效，再次执行水力化措施。如果没有成功达到效果，则采取其他防治突出措施。

采用水力松动和低压润湿时，在煤厚 3.5 m 以下的措施处理区带，工作面每推进 4 m，在停工工作面重复进行效果检验；在煤厚 3.5 m 以上的措施处理区带，工作面每推进 5 m，在停工工作面重复进行效果检验。水力化处理效果检验结果填入表格 16 所示的记录簿中。

效果检验第一阶段　超前孔洞水力冲刷时

6.3.7　根据破坏煤层分层的有效瓦斯含量评价孔洞水力冲刷的效果。使用甲烷监测仪连续记录甲烷浓度，根据孔洞水力冲刷时甲烷涌出量测量结果计算有效瓦斯含量。

超前孔洞水力冲刷有效性指标 $N_{\text{гв}}$（煤层有效瓦斯含量，m³/t）根据下式确定：

$$N_{\text{гв}} = (X - X_{\text{ОСТ}}) - \frac{(C_{\text{гв}} - C_{\text{О}}) t_\Pi Q}{100 \gamma_y (a + 2b)(l - l_{\text{ОСТ}}) m_\Pi} \tag{6-2}$$

式中　　　　X——煤层原始甲烷含量，m³/t；

$X_{\text{ОСТ}}$——煤的残余甲烷含量，m³/t；

$C_{\text{гв}}$、$C_{\text{О}}$——水力冲刷时和水力冲刷前巷道回风流中的甲烷浓度，%；

t_Π——水力冲刷时增高的甲烷涌出量的持续时间，min；

Q——通过巷道的风量，m³/min；

γ_y——煤的密度，t/m³；

a——沿破坏煤分层层理方向巷道的大致平均宽度，m；

b——巷道轮廓外被孔洞处理的煤体条带宽度，m；

l——新冲刷孔洞的长度，m；

$l_{\text{ОСТ}}$——上一组孔洞的剩余长度，m；

m_Π——破坏煤分层的总厚度，m。

根据传感器得到的甲烷浓度变化记录带确定孔洞水力冲刷时工作面附近煤体涌出的瓦斯量（$C_{\text{ГВ}} - C_{\text{O}}$）$t_{\text{П}}$，传感器安装在掘进巷道中距离回风流交汇处 10 m 的位置，或者安装在排空巷道中距离通风风流路径交汇处 10 m 的位置。

$$t_{\text{П}} = (t_{\text{К}} - t_{\text{Н}}) + 30$$

式中　　$t_{\text{Н}}$、$t_{\text{К}}$——分别为孔洞水力冲刷的开始时间标志和结束时间标志，min。

为此，甲烷监测仪的值班操作员在远距离测量台的记录带上，标注出对应于水力冲刷开始时间 $t_{\text{Н}}$ 的虚线 1（图 6-1）。最后一个孔洞水力冲刷完成后，操作员标注出对应于水力冲刷结束时间 $t_{\text{К}}$ 的虚线 2。然后操作员标注出对应于时间 $t_{\text{К}}$+30 的虚线 3。继续标绘出对应于水力冲刷开始前传感器安装地点的平均甲烷浓度的直线 4，并与直线 3 相交，借助于面积仪或标准曲线板确定由直线 2、3、4 和甲烷浓度变化曲线 5 限定的记录带上的斜线轮廓面积 F。乘以曲线图的比例 M，操作员得到（$C_{\text{ГВ}} - C_{\text{O}}$）$t_{\text{П}}$，并计算指标 $N_{\text{ГВ}}$。

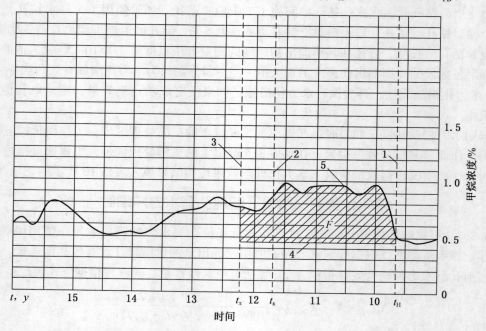

1、2—分别对应于水力冲刷的实际开始时间和结束时间；3—取作水力冲刷的计算结束时间；

4—水力冲刷前的平均甲烷浓度；5—水力冲刷时的甲烷浓度

图 6-1　超前孔洞水力冲刷时回风流中甲烷浓度自动记录曲线图示例

当 $N_{\text{ГВ}} < 6$ m³/t 时，认为孔洞水力冲刷有效，而当 $N_{\text{ГВ}} \geq 6$ m³/t 时，必须冲刷补充孔洞或工作面停工直至指标降低到无危险值以下。

值班操作员将使用甲烷监测仪进行超前孔洞水力冲刷效果检验的结果填入表格 17 所示的记录簿中。

效果检验第二阶段

6.3.8　为了完成效果检验的第二阶段，必须设置 2 个专用的甲烷浓度监测传感器ДМТ-4。第一个传感器安装在距离通风调节扩散器 8～12 m，对着通风风筒风流方向，位于巷道断面上部三分之一，第二个传感器位于局部通风机上风侧 3~5 m。传感器读数通过通信通道传输到 СПИ-1 远距离测量台。

巷道开始掘进前，计算效果检验所必需的下列参数。

煤的有效瓦斯含量临界值：

$$X_{\text{кр}} = \frac{192}{(0.94 - 0.07W)} (0.55 - 0.0058V_{\text{daf}})(100 - W - A_{\text{c}}) \qquad (6-3)$$

落煤的瓦斯涌出量临界值：

$$J_{\text{o.y}} = 0.21X_{\text{кр}} \qquad (6-4)$$

煤层暴露表面的瓦斯涌出量临界值：

$$J_{\text{ПОВ}} = 7.15 \times 10^{-4} m_{\text{П}} \frac{X_{\text{кр}}}{(0.55 - 0.0058V_{\text{daf}})} \sqrt{V_{\text{П}}} \qquad (6-5)$$

巷道工作面附近空间的瓦斯涌出量临界值：

$$J_{\text{З.П}} = J_{\text{ПОВ}} + J_{\text{o.y}} \qquad (6-6)$$

甲烷浓度临界值：

$$C_{\text{к}} = C_{\text{ВМП}} + \frac{I_{\text{o.y}}}{0.01Q_{\text{З.П}}} \qquad (6-7)$$

式中　$C_{\text{ВМП}}$——局部通风机处的甲烷浓度，%；

$Q_{\text{З.П}}$——在通风调节扩散器外壳出口测定的风量，m^3/min。

值班操作员根据对应于第一个传感器的曲线图检查巷道中的甲烷浓度。当甲烷浓度超过临界值 $C_{\text{к}}$ 时（$C_{\text{к}}$ 的计算方法如下节所示），操作员根据对应于第一个传感器的风量自动监测曲线，确定该回采循环的下列参数：回采开始前的甲烷背景浓度 $C_{\text{ф}}$，在回采过程中的甲烷最大浓度 C_{max}，回采结束 15 min 后的甲烷浓度 C_{15}，回采结束 30 min 后的甲烷浓度 C_{30}。

$C_{\text{ф}}$ 取回采时甲烷浓度开始上升点之前曲线图 30 min 时间间隔内的甲烷浓度最小值。

C_{max} 取存在持续时间不少于 3 min 的甲烷浓度最大值。

确定 C_{15} 和 C_{30} 时，根据电话通知或者对应于落煤循环结束后甲烷浓度稳定下降的开始点的时刻确定回采结束时间。

每次在通风调节扩散器外壳出口测定风量时，根据第二个传感器每月至少一次确定 $C_{\text{ВМП}}$ 值。如果其值与上一个数值相差大于 5%，必须重新计算 $C_{\text{к}}$ 值。

对于每个落煤循环，当根据在巷道工作面附近安装的传感器的读数甲烷浓度超过临界值 $C_{\text{к}}$ 时，计算：

瓦斯涌出量随时间的动态指标：

$$R_{\text{П}} = \frac{C_{15} - C_{\text{ф}}}{C_{\text{к}} - C_{\text{ф}}} \qquad (6-8)$$

在落煤过程中的总瓦斯涌出量：

$$J'_{\text{З.П}} = 0.008(C_{\text{max}} - C_{\text{ВМП}})Q_{\text{З.П}}, \quad \text{m}^3/\text{min} \qquad (6-9)$$

落煤瓦斯涌出量：

$$J'_{\text{o.y}} = 0.01Q_{\text{З.П}}(C_{\text{max}} - 2C_{15} + C_{30}), \quad \text{m}^3/\text{min} \qquad (6-10)$$

煤层表面的瓦斯涌出量：

$$J'_{\text{ПOB}} = J'_{3.\text{П}} - J'_{\text{o.y}}, \quad \text{m}^3/\text{min} \tag{6-11}$$

如果对于两个连续的落煤循环，得到 $J'_{\text{o.y}} > J_{\text{o.y}}$ 或 $J'_{3.\text{П}} > J_{3.\text{П}}$，$R_{\text{П}} < 0.65$，值班操作员将得到的结果签字，并使当班领导或矿井调度员了解这一情况，工作面立即采取停工措施。随后重新实施防突措施。效果检验第二阶段的结果填入表格 18 所示的记录簿中。

6.3.9　沿陡直煤层掘进下行巷道时的效果检验方法与突出危险性日常预测方法一样。

6.4　回采工作面防突措施效果检验

施工超前钻孔、形成卸压槽、沿工作面全长形成卸压缝时

6.4.1　根据检验钻孔最大瓦斯涌出速度 $g_{\text{H.max}}$ 和钻孔瓦斯涌出随时间的动态指标 n_{g}（见 2.3 节）进行超前钻孔效果检验。为了确定这些指标，由回采工作面施工检验钻孔。边缘钻孔施工到工作面潜在突出危险区段边界之外，距边界 2 m。其余钻孔之间的距离为相邻钻孔之间不大于 5 m。全部检验钻孔施工在突出危险分层中间或煤厚分层总和中间。在厚度 2.5 m 以下的煤层中，钻孔长度应为 6.5 m，在厚度 2.5 m 以上的煤层中，钻孔长度应为 7.5 m，钻孔最小超前距 2.5 m。检验钻孔的其他参数和施工工艺根据第 2.4.11条、第 2.4.13 条进行。

如果对于所有检验钻孔得到 $g_{\text{H.max}} < 4 \text{ L/min}$ 或 $n_{\text{g}} > 0.65$，则认为防突措施有效。

沿回采工作面全长形成卸压缝的效果检验根据第 2.4.36 条~第 2.4.46 条进行。

水 力 压 出 时

6.4.2　对于在工作面所有已完成的水力压出循环，采用与准备巷道一样的参数 P_{K}、Δl、ΔC 的临界值检验措施效果（第 6.3.5 条）。如果所有水力压出循环均得到有利结果，则认为工作面前方的区带变为无突出危险状态。

水力松动和低压浸润时

6.4.3　低压浸润和水力松动的效果检验根据第 6.3.6 条进行。

采取煤层水力松动作为防突措施时，措施实施完成后，至少经过 30 min 才能开始测量。采取低压浸润时，水力化处理结束后可以直接进行效果检验。

按照与准备巷道一样的工艺进行测量。如果 $\Pi_{\text{a}} < 4$，则认为由于水力化处理的作用，使区带变为无突出危险状态。如果 $\Pi_{\text{a}} \geqslant 4$，则措施无效。在这种情况下，通过 2 个相邻钻孔可以对突出危险带进行补充水力化处理。

6.5　罗斯托夫州矿井准备和回采工作面防治煤与瓦斯突出局部措施效果检验

6.5.1　在罗斯托夫州的矿井，根据瓦斯涌出动态进行局部防突措施效果检验（低压湿润除外，根据第 6.3 条进行检验）。

6.5.2 在准备巷道、陡直煤层下部联络眼和采面台阶隅角以及缓倾斜煤层采取采面-平巷开采法的采面机窝，根据瓦斯涌出动态进行防突措施效果检验时，检验钻孔距离隅角0.5 m沿工作面推进方向布置或平行布置，并通过钻孔实施防突措施。并且由检验钻孔至最近的实施防突措施时施工的钻孔的距离沿整个孔长应不小于0.4 m。为此，检验钻孔应沿不同的煤层分层布置或沿煤层厚度变换位置。采用卸压槽时，检验钻孔距离卸压槽1.0~1.5 m平行卸压槽施工。

在缓倾斜、倾斜、陡直和急倾斜煤层的回采巷道，钻孔向工作面推进方向施工，钻孔（注水或超前）之间的距离沿整个采面长度相互不大于10 m。

检验卸压槽、卸压缝和水力压出的效果时，检验钻孔的施工深度不超过卸压槽、卸压缝或水力压出钻孔的深度。

6.5.3 根据巷道工作面瓦斯动态进行效果检验时，沿厚度不小于0.2 m突出危险最大的分层施工直径42 mm的检验钻孔。如果在煤层中存在2个同样类型的煤层分层，则钻孔仅沿较厚的煤层分层施工。

沿检验钻孔长度每隔0.5 m测量瓦斯涌出初速度。当钻孔深度达到1 m，随后每经过0.5 m在区段1.5 m、2.0 m等处暂停检验钻孔施工，拔出钻杆，向检验钻孔内插入瓦斯封孔器，密封长度为0.2 m的测量室。

试着拔出瓦斯封孔器检查密封的可靠性。如果封孔器沿钻孔不移动，则认为密封可靠。

在该区段施工完成后不超过2 min，通过与瓦斯封孔器相连的流量计测量钻孔瓦斯涌出初速度。在瓦斯涌出初速度与上一区段测定结果相比较降低的区段，终止测量瓦斯涌出初速度。如果在测量瓦斯涌出初速度时，未发现瓦斯涌出初速度的降低，则钻孔深度不应超过4 m。如果在任一施工区段没有在规定时间内完成测量，并且发现与前一次测量相比瓦斯涌出速度下降，则应施工补充检验钻孔。由补充检验钻孔至先前施工的检验钻孔的距离应不小于0.3 m。

6.5.4 根据瓦斯涌出速度分段测量结果，由工作面到瓦斯涌出速度从增大（如果其绝对值不小于0.8 L/min）变为下降的区段为煤层卸压带。如果最大瓦斯涌出初速度小于0.8 L/min，则认为卸压带等于钻孔长度加1 m。如果瓦斯涌出速度等于或大于0.8 L/min并且没有下降，则认为卸压带等于钻孔长度加0.5 m。

如果没有成功将钻孔打穿当前区段，或者没有将瓦斯封孔器送到必需的深度，或者密封不可靠，则取卸压带等于上一个测量区段的深度。

6.5.5 根据瓦斯涌出动态进行效果检验时，如果防突措施实施完成后，卸压带宽度超过一个循环的回采条带深度不小于1.3 m，则认为防突措施有效。

如果循环回采深度大于卸压带或者最小超前距小于1.3 m，则应停止巷道中的回采作业。

重新实施防突措施并确定其效果之后，或暂时停止沿煤作业并重新卸压安全带之后，或全面修订防突措施并实施之后，工作面可以恢复作业。

6.5.6 煤层全面开采法和柱式开采法时（无烟煤除外），为了确定准备巷道周围的卸压带，必须垂直巷道轴线向巷道侧帮施工检验钻孔，钻孔间距10 m。

6.5.7　在缓倾斜和倾斜煤层的回采巷道（布置在煤柱中的机窝除外），全部冒落法管理顶板时，在矿山压力作用下煤层边缘发生强烈挤出和瓦斯排放的工作面，经东部煤炭工业安全工作科学研究所同意，准许使用浅截式采煤机单向落煤或刨煤机落煤，无须采取预测和包含根据瓦斯涌出动态确定卸压带的防突措施。

在个别情况下，经东部煤炭工业安全工作科学研究所同意，掘进准备巷道时，根据第6.5.2条~第6.5.7条确定卸压带宽度，代替突出危险性预测。

7 保障工作人员安全的措施

7.1 进行爆破作业

7.1.1 在突出危险煤层中以及在突出威胁煤层日常预测查明的危险带中，对煤层的爆破作业应按震动爆破方式进行。借助于打眼爆破作业沿突出危险岩石掘进准备巷道时，也应按震动爆破方式进行。

7.1.2 在采取震动爆破的回采工作面和掘进工作面，应装备甲烷监测仪，将数据远距离传输至自动记录仪器。爆破工长、监察员和指派进行爆破作业的工人应配备与头灯组合在一起的甲烷报警器。

7.2 工艺过程和防突措施实施顺序的规定

7.2.1 在突出危险煤层和威胁煤层中的危险带进行作业时，根据附录9规定实施工艺过程时的各项限制。

7.2.2 在突出危险煤层说明书中应规定矿井和采区领导，并且在分配派工单时同时将最少的人员指派到各工种。

在实施采煤作业时，在每个工作地点只能存在一个班的人员。

7.2.3 经东部煤炭工业安全工作科学研究所和俄罗斯矿山技术监督局地方机关同意，并经公司技术负责人批准后，可以改变附录9中规定的限制工艺过程同时执行的个别条款。

7.3 机器和机械的使用

7.3.1 对于没有装备远距离控制装置的采煤机和钻机，在遵守附录9中工艺过程实施顺序规定要求的情况下，准许远距离开停：采煤机为15 m，掘进机和钻机为30 m。根据附录10的要求，在突出危险煤层中，对于采面落煤、掘进准备巷道切割卸压槽（缝）和沿煤层施工直径80 mm以上钻孔的刚刚造成的机器应装备远距离控制装置。

根据第7.5节和第7.6节，远距离控制地点应装备人员自救装置。

7.3.2 在突出危险煤层中应使用试验单位出具的无摩擦火花危险结论的机器和机械。

7.3.3 在缓倾斜和倾斜突出危险煤层的回风巷道中，允许布置个别电气设备（泵，钻机，绞车，充填机组）。

7.4 给工作人员提供隔离式自救器

在开采突出危险煤层和突出威胁煤层的矿井中，所有工人和负责人员应随身佩戴隔离式自救器。

7.5 安装班组和个人的压风支管

7.5.1 在使用压风矿井的未被区域措施保护和处理的突出危险煤层中，回采区域应装备从运输水平和通风水平铺设的压风管路，在陡直煤层的倒台阶工作面，这些管路应是连通的（环形）。

7.5.2 在使用压风的未被保护的突出危险煤层的煤层巷道和揭煤巷道的超前区域，班组用紧急供风装置的布置应符合"煤与瓦斯突出危险煤层开采工艺方法"的要求。

7.5.3 在开采陡直和急倾斜无区域措施保护和处理的突出危险煤层的具有台阶工作面形状的采面，在每个台阶应装备引自压风主管的、带有开关的分管。

7.5.4 在开采无区域措施保护和处理的缓倾斜和倾斜突出危险煤层、使用压风矿井的采面，应敷设有 3~5 个支管的主干压风软管，支管带有开关，沿采面长度均匀布置。依靠压风工作的采煤机和其他回采机械应装备带有开关的压风支管。所有紧急供风装置应涂成橙黄色或红色。

7.6 安装移动式救护站

7.6.1 开采无区域措施保护和处理的突出危险煤层时，在通风平巷中，距离回采工作面不大于 50 m 应安装移动式生命保障救护站。在具有生产工作面长度大于 500 m 的独头巷道中，移动式救护站安装在距离工作面 80~100 m 处。

7.6.2 在无保护的突出危险陡直和急倾斜煤层中，采煤机和掩护式机组的司机和司机助手的所在位置应装备便携式救护设备。

附录1 煤（岩）与瓦斯突出防治和预测 新方法创立与使用的工作程序

（1）研制方法的研究所向俄罗斯矿井煤与瓦斯突出防治委员会提交关于科学研究和试验设计工作的报告。

委员会做出方法依据充分性和应用前景的结论，并做出在矿井条件下进行矿山试验工作必要性的决定，推荐进行矿山试验工作的矿井。

根据委员会的意见，企业选出进行矿山试验工作的回采工作面或准备工作面。

矿井与研制方法的研究所一起编制进行回采作业或准备作业的说明书，其中包括新方法的工艺和初始参数以及进行这些作业时的安全保障措施。说明书要征得东部煤炭工业安全工作科学研究所同意，并经企业技术负责人批准。说明书应附上进行矿山试验工作的方法。俄罗斯国家矿山技术监督局地方机关签发进行试验工作的许可证。

工作面的采掘作业由矿井进行，矿山试验工作方法规定的观测和测量工作由研制新方法的研究所进行。

（2）研制新方法的研究所以报告形式总结矿山试验工作的结果，编制新方法应用暂时指南草案和进行工业性试验的方法，将这些资料提交给东部煤炭工业安全工作科学研究所鉴定，然后提交给委员会。

委员会做出进行工业性试验合理性的决定，并批准新方法应用暂时指南。

煤炭公司（企业）征得俄罗斯矿山技术监督局地方机关的同意，发出进行新方法工业性试验的命令，批准包括工业性试验方法在内的暂时指南，确定进行试验的矿井、范围和周期。

矿井与研制方法的研究所一起编制进行回采作业或准备作业的说明书，其中包括新方法的工艺和初始参数以及进行这些作业时的安全保障措施。说明书要征得东部煤炭工业安全工作科学研究所和俄罗斯国家矿山技术监督局地方机关同意，并经企业技术负责人批准。说明书应附上方法应用的暂时指南。

在试验工作委员会的领导下，在研究所设计人员创作者的监督之下，矿井执行方法的工业性试验。

工业性试验结果的报告由东部煤炭工业安全工作科学研究所和防治煤与瓦斯突出委员会审查，企业批准。

（3）方法的应用依据批准的文件进行。区域文件由俄罗斯国家矿山技术监督局地方机关和煤炭公司（企业）批准。

附录 2 在突出临界深度以下的地质破坏带进行采掘作业

（1）每次穿过地质破坏带时，矿井地质矿山测量部门以书面形式向矿井技术负责人提出报告，沿煤层掘进巷道时何时距离地质破坏不小于 50 m，掘进岩石巷道时何时距离地质破坏不小于 25 m。

（2）矿井地质矿山测量部门制订探测钻孔施工方案，并经矿井技术负责人批准。

方案应包括钻孔在空间分布上的必须数量，并可以获得煤层产状要素的全部信息。

（3）探测钻孔施工方案的规定：

探测钻孔长度 30 m、直径 80 mm，从距离地质破坏不小于 30 m 处沿巷道进程向顶底板施工，而且当巷道埋藏深度小于 500 m 时，钻孔超前工作面的最小距离应为 10 m，当巷道埋藏深度大于 500 m 时，钻孔超前工作面的最小距离应为 15 m；在深部矿井，当由于钻具的强烈挤压而不能施工必须长度的探测钻孔时，经东部煤炭工业安全工作科学研究所同意，允许施工探测钻孔以准确确定地质破坏的入口位置。

沿地质破坏掘进准备巷道时，工作面每推进 4~5 m，向地质破坏方向施工巷道侧帮补充钻孔，钻孔长度不小于 10 m、直径 45~80 mm。

在煤层变薄带掘进准备巷道时，工作面每推进 4~5 m，向巷道顶底板方向施工长度不小于 10 m、直径 45~80 mm 的补充钻孔。

岩石巷道接近地质破坏时，从距离地质破坏 25 m 处开始，至少施工 2 个长度 20 m 的探测钻孔，最小超前距 10 m，以排除意外揭露可能的煤层包裹体。

（4）在地质破坏带之外，沿厚煤层的上部或下部分层掘进准备巷道时（在被保护带之外），沿工作面进程方向施工直径 80 mm 的探测钻孔，长度不小于 30 m，最小超前距 10 m。

（5）编制关于地质破坏特征和煤层空间位置的地质预测结论时，必须考虑施工抽放钻孔、超前钻孔和用于其他目的钻孔时得到的信息。

（6）当准备巷道工作面接近地质破坏时，从距离破坏带最近边界 25 m 开始，不管是否存在破坏结构的煤层分层，必须通过检验钻孔进行突出危险性日常预测。而且应规定施工在第 2.3.14 条中规定的补充检验钻孔，用于突出危险性预测和从正前方、顶板方向、底板方向和巷道侧帮方向对煤体工作面附近进行全面探测。

在回采工作面，当出现突出危险性预兆时，在地质破坏带和其邻接的 10 m 区段内，应从新鲜风流侧不小于 30 m 处远距离控制采煤机单向落煤，采面和回风流中不得有人。

（7）当探测钻孔穿过瓦斯富集区时，应规定施工排放钻孔用来释放富集区。

（8）排放钻孔和补充检验钻孔的施工方式应由矿井技术负责人批准。

（9）开拓井田时，必须规定在突出危险煤层中掘进巷道时距离地质破坏不小于 20 m，在突出威胁煤层中不小于 5 m，当不能偏离地质破坏时，沿最短距离穿过地质破坏带。

（10）在编制采掘工程扩展规划时，必须消除在地质破坏带揭穿突出危险煤层的可能性。

（11）施工探测钻孔和抽放钻孔得到的信息（岩芯分析结果，增高的瓦斯涌出量显现，瓦斯煤粉喷出，钻具的夹紧，钻具的顶出等）必须反映在打钻记录簿上，并务必使矿井技术负责人和地质主管了解这一情况。

（12）当准备巷道穿过地质破坏带和揭穿突出危险、突出威胁煤层时，应每天由固定在该工作面的地质人员检查煤层地质的状态。

（13）当施工探测钻孔出现突出危险性预兆或瓦斯动力活性时，暂停打钻直至工作面情况正常。采取补充安全措施后恢复钻孔施工。

（14）工作面离开地质破坏带之后，依据矿井地质部门巷道离开破坏带的结论，根据矿井技术负责人的书面指令，撤销地质破坏补充勘探和在地质破坏带安全作业的补充措施。

（15）在采矿工程平面图上标绘出所有查明的地质破坏及其勘探资料在其他煤层的扩展情况。

附录3　在陡直突出危险煤层采面留矿台阶
最佳尺寸计算方法

　　根据表格确定留矿台阶的尺寸。当埋藏倾角和阶段高度与表格中所示的不同时，采用内插法确定留矿房的尺寸。

　　留矿房的结构（附图3-1）应有1个或几个台阶，每个台阶的错距不小于5.4 m且不大于8.1 m。可接受的台阶数量和其参数应保证推荐的（附表3-1）最小留矿房尺寸。

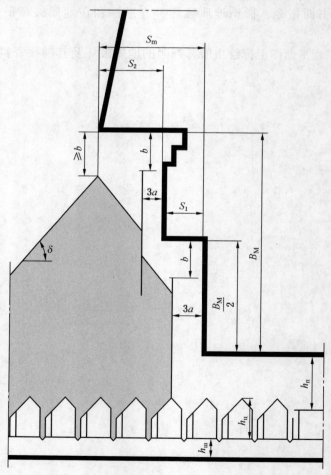

B_M—留矿房高度；S_M—留矿房错距；b—沿倾斜线的通道宽度，b=4 m；
a—支架间距，a=0.9 m；h_{II}—煤柱高度；h_{II}—切眼高度；h_{III}—平巷高度

附图3-1　留矿房台阶结构

附表3-1　在陡直突出危险煤层采面留矿房推荐尺寸

煤层倾角/(°)	阶段高度 100 m							阶段高度 120 m						
	留矿房错距		不同顶板管理方法下的留矿房最小高度/m					留矿房错距		不同顶板管理方法下的留矿房最小高度/m				
	按米计算	按支架计算	碎石支护	全部冒落	平稳下沉	倾向条带充填	水力充填	按米计算	按支架计算	碎石支护	全部冒落	平稳下沉	倾向条带充填	水力充填
45	11.0	12	24	24	24	24	26	12.6	14	26	26	26	26	30
50	12.8	14	18	18	18	18	22	14.4	16	20	20	20	20	24
55	13.7	15	14	14	16	16	16	15.3	17	16	16	18	18	22
60	14.2	16	14	14	14	14	16	15.3	17	14	14	16	16	20
65	14.7	16	12	12	12	14	16	15.9	18	14	14	14	16	18
70	14.8	17	12	12	12	12	14	16.2	18	12	14	14	14	18
75	14.9	17	10	10	12	12	14	16.2	18	12	12	14	14	16

注：当阶段高度100 m时，留矿房最大高度不应超过32 m，当阶段高度120 m时，留矿房最大高度不应超过36 m。

从下部开采的突出危险煤层影响到被保护的设施时，根据《顿涅茨克矿区中心地区在被保护工程下方保障储量有效开采的充填体构筑的工艺方案》选择留矿房台阶的错距。

附录 4　煤与瓦斯突出时的甲烷涌出量确定方法

（1）在测定独头巷道、回采区段、井田翼部或矿井回风流中甲烷浓度和风量的基础上，计算煤与瓦斯突出时突出发生地点的甲烷涌出量。

（2）根据自记仪——AKM 型设备甲烷传感器的曲线图确定甲烷浓度。甲烷传感器的安装根据《矿井瓦斯浓度测量和甲烷含量自动检测仪应用规范》进行。

在传感器附近甲烷浓度不超过 AKM 型设备测量上限的情况下，应利用距突出点最近的甲烷传感器（处于独头巷道或回采区段回风流中）的读数计算甲烷涌出量。在相反的情况下，利用安装在井田翼部或矿井回风流中的传感器记录计算甲烷涌出量。

（3）甲烷传感器安装地点的风量根据风量遥控自记仪的曲线图确定或根据通风记录簿的资料选取。如果突出后通风状态发生改变，则风量改变后应进行风量的补充测量。

（4）突出时甲烷涌出量 $V(\mathrm{m^3})$ 根据下式计算：

$$V = \frac{(\bar{c}Q - c_0 Q_0) t_{\mathrm{B}}}{100}$$

$$c_0 = l_{\mathrm{AB}} \times m_{\mathrm{c}}$$

$$t_{\mathrm{B}} = l_{\mathrm{AB}} \times m_{\mathrm{t}}$$

式中　$\bar{c}$——在时间 $t_{\mathrm{B}}(\mathrm{min})$ 内的甲烷平均浓度，t_{B} 由突出引起甲烷浓度增加时刻开始至甲烷涌出量降低至初始状态，%；

$\quad Q$——突出后甲烷传感器安装地点的风量，$\mathrm{m^3/min}$；

$\quad Q_0$——突出前甲烷传感器安装地点的风量，$\mathrm{m^3/min}$；

$\quad c_0$——突出前甲烷浓度，%；

$\quad m_{\mathrm{c}}$——浓度比例，%/mm；

$\quad l_{\mathrm{AB}}$——线段 AB 的长度，mm；

$\quad m_{\mathrm{t}}$——时间比例，min/mm。

如果突出后风量没有改变，则按下列方式进行计算。在自记仪曲线图上，由对应于突出后浓度开始增长点 B（附图 4-1）作平行于时间轴的直线，与浓度曲线相交于 D 点，测量图形 ABCDE 的面积和线段 AB、AE 的长度。

突出甲烷量按下式计算：

$$\bar{c} = \frac{S_{\mathrm{ABCDE}}}{l_{\mathrm{AE}}} m_{\mathrm{c}}$$

式中　S_{ABCDE}——图形 ABCDE 的面积，$\mathrm{mm^2}$；

$\quad l_{\mathrm{AE}}$——线段 AE 的长度，mm。

如果突出后风量取新值并且随后保持不变，则按以下方法进行计算。在自记仪曲线图上，距离时间轴 l_{AF} 处作平行于时间轴的直线 FG。

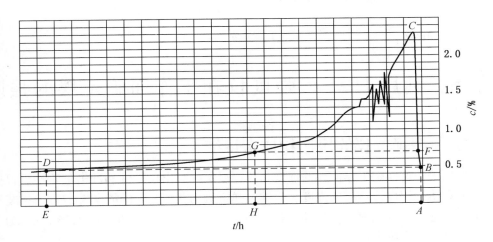

附图 4-1　突出时甲烷涌出量的计算

$$l_{AF} = l_{AB}\left(\frac{Q_0}{Q}\right)$$

根据下式确定平均浓度：

$$c = \left(\frac{S_{ABCGH}}{l_{AH}}\right)m_c$$

式中　S_{ABCGH}——图形 ABCGH 的面积，mm^2；

　　　　l_{AH}——线段 AH 的长度，其中，$t_B = l_{AH} \times m_t$，mm。

在突出后风量多变的情况下，计算个别时间段 t_i 内突出造成的补充涌出量 J_{Bi}：

$$J_{Bi} = 0.01[Q(t_i)c(t_i) - Q_0c_0]$$

式中　$Q(t_i)$——时间 t_i 时的风量，m^3/min；

　　　　$c(t_i)$——时间 t_i 时的甲烷浓度，%。

根据 J_{Bi} 的计算值，构建补充甲烷量随时间的变化曲线，根据补充甲烷涌出量直线和横坐标轴限定的图形面积，确定由于突出而涌出的甲烷量。

附录 5　利用 Π-1 型强度仪在工作面确定煤的强度

1　Π-1 型强度仪的用途和技术特征

该装置用来快速确定工作面煤的强度，预测煤层的突出危险性和冲击危险性。根据钢锥动态贯入煤体的深度评估煤的强度，钢锥由弹簧机构获得一定的能量（27J）。该装置可以在 1 min 内完成 2~3 次测量。仪器重量 5 kg，尺寸为 885 mm×200 mm×175 mm。为了方便携带，强度仪带有皮带。

2　强度仪的结构和作用原理

仪器（附图 5-1）由与滑杆 2 相连的锥体 1、弹簧 3、板起弹簧的摇臂手柄 4、拉索（拉链）5、扳机机构 6、拴钉 7、标尺 8、带枪托的枪身 9 组成。所有金属元件都有防锈涂层。

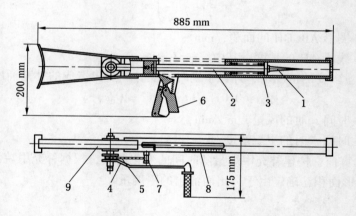

附图 5-1　Π-1 型强度仪的总体外观

强度仪的工作原理如下。当转动手柄 4 时，借助于拉链 5、拴钉 7 和滑杆 2，将锥体 1 拉至最后位置，在此处被扳机机构 6 锁住。此时弹簧 3 处于压缩状态，力为 67.5 kgf。将拴钉 7 从滑杆 2 的孔中掏出来。随后将强度仪压紧必须测定强度的煤层工作面的表面，并按压扳机机构 6。滑杆 2 被放松的弹簧 3 抛出，锥体 1 贯入煤体中。根据标尺 8 确定锥体 1 贯入煤体中的深度。

3　强度确定方法

煤的强度指标用相对单位确定，为了确定煤的强度，在测量地点作 5 次测定，测点相距 5~10 cm。5 次测定的算术平均值作为测量地点的煤层强度。突出危险煤层在多数情况下具有复杂的结构，由几个不同强度的分层组成。所以在确定复杂结构的煤层强度时，应考虑所有厚度不小于 0.05 m 的所有分层，可以根据颜色、光泽、节理、结构或破坏程度区分各分层。根据各分层强度和厚度计算其加权平均值，作为煤层的平均换算强度。

4　强度仪弹簧的校准

强度仪使用时，每年更换 1 次锥体，并做弹簧校准。弹簧校准以及更换弹簧必须在斯科钦斯基矿业研究院国家矿山生产科学中心或东部煤炭工业安全工作科学研究所进行。

附录6　地层声发射的观测组织

声发射信息的传输应通过独立的通信波道进行。每年不少于2次，以及每个波道投入使用时，由斯科钦斯基矿业研究院国家矿山生产科学中心确定通信波道的参数及其运行适合性。预测班的电钳工负责通信线路的完整性监察，生产区（准备区）（通风安全技术区）的交班监察、经过3УA仪器监控的巷道时，每班都应敲击一下地震接收仪安装区域的支架的支柱。值班操作员应在磁带上记录这些信号，并在声发射活性记录簿上标出。

在地面，声发射活性信息记录站由记录间、辅助间和预测站主任室组成。记录间应是一个单独的房间，每三个独立记录通道的房间面积不得小于15 m²。操作员工位置的选择应保证声源处于相对于操作员呈120°的扇形面内，并且声源到操作员的距离应不超过2 m。

专门培训的电钳工每班进行通信波道和3УA仪器的维护。电钳工的数量根据工时测定观测资料确定。

值班操作员应在保持最佳记录水平的磁带上连续纪录声发射信息。在每个波道的开始和结束，换班时，磁带录音机意外停止之后继续记录时，操作员应进行标记，即在磁带上用麦克风录音以下信息：日期，班次，巷道名称，波道编号，自己的姓名和记录开始（结束、继续）时间。记录的信息应在地震预测班保留不少于24 h。除此之外，在磁带上应记录所有的预测变化和停工、复工指令。在监测巷道内发生的全部事故的瓦斯动力现象和动力现象的磁带和发生前的记录1 d内转送至斯科钦斯基矿业研究院国家矿山生产科学中心鉴定。

操作员每10 min将观测结果记录在活性记录簿上。除了活性值，操作员在记录簿上标出在确定活性10 min间隔内参与的所有声音形式，记录中断的情况、矿山调度员通知、沿煤作业停工和复工的指令、地震接收仪到工作面的距离。结束后，将记录簿移交给斯科钦斯基矿业研究院国家矿山生产科学中心。

出现"危险"预测、通信缺失、进入的信号失真不能保证声发射脉冲可靠识别以及其他等同于通信缺失的非常设情况，操作员应立即通知矿山调度员。收到的信息质量取决于通信波道参数和磁带语音机万用头的磨损度。连续使用半年之后，或者在频率范围250~4000 Hz内磁带录音机穿透的频谱特征的偏差大于6 dB时，更换万用头。磁带的适用周期为4个月。在正常预防修理的情况下，仪器井下部件和磁带录音机的使用周期为2年。

操作员应通过斯科钦斯基矿业研究院国家矿山生产科学中心大纲的专门训练，每年检查职业合格性。当中断工作10 d以上时，操作员应在预测班通过矿井声音形式识别有效性的非常规检查。

预测班负责人每月一次编制月度总结，与预测报表一起寄送至斯科钦斯基矿业研究院国家矿山生产科学中心。地震预测班的工作组织应根据《根据煤层地震声学活性进行突出危险性日常预测的方法建议》进行。

附录7　保护作用评价与计算

为了分析对煤与瓦斯突出危险煤层和威胁煤层已经形成的保护作用，采用根据下式计算的保护作用指标 K：

$$K = 1.67 - 0.67\frac{h}{S}$$

式中　h——层间距，m（h_1——下层先采时，h_2——上层先采时）；

S——被保护带距离参数，m（S_1——下层先采时，S_2——上层先采时）。

当 $K \geqslant 1$ 时，煤层处于被保护带范围内，具有完全的保护作用，可以像非突出煤层一样开采。

当 $0 < K < 1$ 时，煤层处于被保护带之外，但处于卸压带范围内，并具有不充分的保护作用效果。在卸压带中，可以采取保护作用效果检查或与补充的区域措施如抽放瓦斯配合使用进行采掘作业。

当 $K < 0$ 时，上部或下部被开采的煤层处于卸压带范围之外，并没有获得保护作用效果。

在选择地层中煤层开采顺序的最佳方案时，采用保护作用指标 K，计算所有被保护层的保护作用指标总和，根据这些指标中的最大值确定其中保护作用因素最有前途的方案。

附录8 水力压出时预计最大巷道瓦斯涌出量计算

预计最大巷道瓦斯涌出量根据下式计算：

$$J_{\text{г.о}}^{\max} = 0.1 Q_{\text{y}} (V - V_{\text{H}}) J_{\text{CT}}$$

式中 Q_{y}——煤层水力压出时单位瓦斯涌出量指标，m^3/m^3；

V——由水力压出引起的变形煤的体积，m^3；

V_{H}——在最小超前带内的煤的体积（为了计算 $J_{\text{г.о}}^{\max}$ 值，在查明突出危险带之后的水力压出第一个循环，当最下超前带还没有形成时，取 $V_{\text{H}} = 0$），m^3；

J_{CT}——从被巷道暴露的煤体侧表面涌出的瓦斯量，m^3/min。

煤层水力压出时单位瓦斯涌出量指标：

$$Q_{\text{y}} = 1.1 \alpha a_0 \gamma K_{\text{p}} K_{\text{w}}$$

式中 α——考虑了吸附瓦斯份额的系数，煤层破坏时吸附瓦斯可以转化为游离瓦斯并瞬间泄压；

a_0——朗格缪尔常数，m^3/t；

γ——煤的密度，t/m^3；

K_{p}——考虑了水力压出过程中煤层渗透性质变化的系数；

K_{w}——考虑了煤的瓦斯排放量与其水分关系的系数。

由水力压出引起的变形煤的体积根据下式计算：

$$V = S_{\text{y}} l_{\text{г}}$$

式中 S_{y}——在处理带煤层的截面积，m^2；

$l_{\text{г}}$——密封深度，m。

最小超前带内煤的体积根据下式确定：

$$V_{\text{H}} = S_{\text{y}} l_{\text{H.O}}$$

式中 $l_{\text{H.O}}$——最小超前距，m。

朗格缪尔常数根据下式计算：

$$a_0 = x \left(1 + \frac{1}{b_0 P_0} \right)$$

式中 x——煤层原始瓦斯含量，m^3/t；

b_0——吸附常数，$1/\text{MPa}$；

P_0——煤层瓦斯压力，MPa。

考虑了水力压出过程中煤层渗透性质变化的系数根据下式确定：

$$K_{\text{p}} = b_0 \left(\frac{P_0}{1 + b_0 P_0} + \frac{P_1}{1 + b_0 P_1} \right)$$

式中 P_1——水力压出完成后煤层中的瓦斯压力，MPa（取 $P_1 = 0.1\ \text{MPa}$）。

考虑了煤的瓦斯排放量与其水分关系的系数根据下式确定：

$$K_{\text{w}} = 1 - e^{\frac{W_{\text{m}} - W}{W_{\text{m}}}}$$

式中　W_{m}——煤的最大含水量（取 $W_{\text{m}} = 8\%$）；

　　　W——润湿前巷道周围煤的含水量，%。

在表达式（4-5）和式（4-6）中的吸附常数根据下式计算：

$$b_0 = 3.6 - 0.03V_{\text{daf}}$$

式中　V_{daf}——挥发分，%。

对于库兹涅茨克矿区煤层瓦斯压力的计算公式为：

缓倾斜和陡直煤层封闭型地质破坏以下：

$$P_0 = 0.0092(H - 45)$$

陡直煤层已开采的水平以下：

$$P_0 = 0.007(H - 100)$$

式中　H——准备巷道的掘进深度，m。

处理带中煤层截面积根据下式确定：

$$S_{\text{y}} = m_{\text{ПЛ}}(a + 4)$$

式中　$m_{\text{ПЛ}}$——巷道断面内煤层最大厚度，m；

　　　a——在工作面巷道沿煤层层理的大致平均宽度，m。

附录 9　采掘工作面工艺过程实施顺序的限制

位　置	实 施 作 业	此时不应当兼有的工艺过程
	缓 倾 斜 煤 层	
采面前方的运输平巷和输送机平巷工作面	施工直径 80 mm 及大于 80 mm 的钻孔；向煤层注水进行水力压出	采用采面-平巷连续开采法时，在平巷、小平巷和采面的全部其他作业。 当运输平巷工作面超前回采工作面 100 m 以上时，允许在采面实施防突措施。
	向煤层注水疏松煤层；施工卸压槽	在距离工作面 30 m 范围内，在平巷独头区域的全部其他作业
	实施防突措施和效果检验后，打钻或使用风镐（手镐）落煤	除了平巷掘进和支护作业外的全部其他作业
	实施预测或防突措施效果检验后，掘进机落煤	距离掘进机 30 m 内的全部其他作业。允许掘进机司机和他的两个助手位于掘进机 30 m 范围内
采面前方的平巷	在钻孔距离采面 60 m 以远的区域，施工直径 80 mm 及大于 80 mm 的上行钻孔的最初 20 m 长度	在平巷的独头区域和钻孔至采面工作面方向的 30 m 范围内的全部其他作业
采面下部区域的采煤机机窝	沿煤层施工直径 80 mm 及大于 80 mm 的钻孔；向煤层注水进行水力压出	在机窝、采面、回风平巷未掺新鲜风流段、采面前方运输平巷以及距离机窝 30 m 内的新鲜风流段的全部其他作业。当有运输机平巷时（平行小平巷），在机窝、采面、回风平巷未掺新鲜风流段以及距离机窝 30 m 内的新鲜风流段的全部其他作业
	向煤层注水疏松煤层；施工卸压槽	在机窝、采面前方运输平巷、沿采面距离机窝 30 m 内以及新鲜风流的运输平巷中的全部其他作业。当有运输机平巷时（平行小平巷），在机窝、沿采面距离机窝 30 m 内和运输机平巷中，除了运输机控制台按钮处有人存在外的全部其他作业
采面上部区域的采煤机机窝	沿煤层施工直径 80 mm 及大于 80 mm 的钻孔；向煤层注水进行水力压出	在回风平巷未掺新鲜风流段以及距离措施实施地点 30 m 内的新鲜风流段内的全部其他作业
	向煤层注水疏松煤层；施工卸压槽	在采面、距离注水点或施工卸压槽 30 m 内的回风平巷中的全部其他作业
	实施防突措施和效果检验后，打钻或使用风镐（手镐）落煤	无限制

（续）

位 置	实 施 作 业	此时不应当兼有的工艺过程
采面（机窝除外）	沿煤层施工直径 80 mm 及大于 80 mm 的钻孔；向煤层注水进行水力压出	在采面回风流中、回风平巷未掺新鲜风流段以及距离打钻点或水力压出点 30 m 内的新鲜风流中的全部其他作业
	向煤层注水疏松煤层	距离煤层注水点两侧 30 m 内的全部其他作业
	实施防突措施和效果检验后，宽截深（截深宽度大于 1 m）采煤机落煤	除了采煤机司机和其助手外，沿采面回风流中的全部其他作业和人的存在。使用采煤机仅沿新鲜风流方向落煤
	实施防突措施和效果检验后，窄截深采煤机按梭行方式图落煤	采面回风流中的全部其他作业，除了煤层注水、架设临时和永久支护、移动运输机、机窝落煤、回风平巷掘进和支护，但沿回风流距离采煤机不得小于 30 m
	实施防突措施和效果检验后，窄截深采煤机按单向方式图（沿新鲜风流）落煤	采面回风流中的全部其他作业，除了架设临时和永久支护、移动运输机、煤层注水、机窝落煤、回风平巷掘进和支护，但沿回风流距离采煤机不得小于 30 m。 在采煤机处允许有 1 名采煤机司机和 2 名矿工
	不实施防突措施，采用刨煤机落煤	采面回风流中和回风平巷中至掺新鲜风流点或与集中巷道连接点的全部其他作业。 在司机助手分配在新鲜风流巷道中距离采面出口不小于 10 m 和有生命保障设备的条件下，允许刨煤机落煤时司机助手位于运输机的上部机头

倾斜、急倾斜煤层上行通风时

位 置	实 施 作 业	此时不应当兼有的工艺过程
运输平巷工作面	沿煤层施工直径 80 mm 及大于 80 mm 的钻孔	在平巷工作面、下部联络巷、区间暗井以及采面前方的运输平巷内的回风流路线内的所有其他作业，通过上行钻孔远距离控制煤层注水除外。当运输平巷工作面超前采面工作面 100 m 以上时，允许在采面实施防突措施
	向煤层注水疏松煤层；施工卸压槽	在运输平巷内距离平巷工作面 30 m 内的所有其他作业
	实施防突措施并确定应用效果后，使用风镐打钻或落煤	在平巷工作面内的所有其他作业
	向煤层注水进行水力压出	在平巷工作面、小平巷、采面前方的平巷、采面以及通风平巷至新鲜风流掺入点或集中巷道前的所有其他作业

（续）

位　置	实 施 作 业	此时不应当兼有的工艺过程
采面前方的平巷	在钻孔的最初 20 m 长度内施工直径 80 mm 及大于 80 mm 的上行钻孔	在采面、平巷独头区域、区间暗井和下部联络巷内的所有其他作业，远距离控制煤层注水除外
	由岩石平巷距离煤层 2 m 施工直径 500 mm 及大于 500 mm 的钻孔	在工作面、岩石平巷、下部联络巷工作面、采面以及沿回风流路线至新鲜风流掺入点或集中巷道之前的所有其他作业
区间暗井（上山眼）	向预先掘好的联络眼施工直径 250 mm 的钻孔以便沿钻孔掘进暗井	在区间暗井和下部联络眼落煤
下部联络眼（下部小平巷）	在下部联络眼工作面施工直径 80 mm 及大于 80 mm 的钻孔；由下部联络眼施工直径 80 mm 及大于 80 mm 的上行钻孔的第一个 20 m 高度内；向煤层注水进行水力压出	在采面前方的运输平巷内、区间暗井内、采面内以及通风平巷内至新风掺入点之前或至集中巷道前的所有其他作业，由通风平巷进行的机械充填除外
	在下部联络眼工作面向煤层注水以疏松煤层；形成卸压槽	在下部联络眼工作面和区间暗井的所有其他作业
	通过由下部联络眼施工的上行钻孔向煤层注水	在下部联络眼工作面和距离注水钻孔小于 5 m 的区间暗井内的所有其他作业
	实施防突措施并确定应用效果后，使用风镐（手镐）打钻或落煤	在下部联络眼工作面和最近的区间暗井内的所有其他作业
台阶采面	施工直径 80 mm 及大于 80 mm 的钻孔；向煤层注水进行水力压出	在台阶、上部联络眼和上部暗井内的所有其他作业，实施防突措施除外
	向煤层注水以疏松煤层；形成卸压槽	在被处理台阶内的所有其他作业
采煤机和机械镐采面	施工直径 80 mm 及大于 80 mm 的钻孔	在台阶、采煤机采面、上部机窝或上部暗井内的所有其他作业，实施防突措施除外
	向煤层注水以疏松煤层	在采面被处理区域或被处理台阶内的所有其他作业
	在没有实施防突措施的未被保护带使用采煤机或刨煤机（刮刨机）落煤	在上部和下部小平巷（联络眼）工作面、区间暗井、上部机窝工作面、上部暗井工作面、通风平巷工作面、采面台阶内以及通风平巷内至新风掺入点之前或至集中巷道前的所有其他作业，允许采煤机司机和他的两个助手位于安装压风支管的地点。采煤机工作时，压风支管应处于常开状态
上部联络眼（上部小平巷）	施工直径 80 mm 及大于 80 mm 的钻孔；向煤层注水进行水力压出	在上部联络眼、上部暗井和采煤机采面内的所有其他作业，在采面台阶实施防突措施除外
	向煤层注水以疏松煤层；形成卸压槽	在上部联络眼和采面采煤机区域内的所有其他作业

（续）

位　置	实　施　作　业	此时不应当兼有的工艺过程
上部暗井	在通风平巷，由上部联络眼施工直径 250 mm 及大于 250 mm 的钻孔	在上部联络眼和采面采煤机区域内的所有其他作业
通风平巷工作面	施工直径 80 mm 及大于 80 mm 的钻孔；向煤层注水进行水力压出	在上部机窝、上部暗井、通风平巷和采面采煤机区域内的所有其他作业
	向煤层注水以疏松煤层；形成卸压槽	在平巷独头区域内的所有其他作业，控制机械绞车除外
掩护式机组采煤	不执行防突措施，在特别突出危险区段落煤	掩护支架（机组）下、在通风暗井、通风平巷和通风区间石门内的所有其他作业，掘进安装眼，运送和安装部件，沿回风流路线至新风掺入点之前或至集中巷道前 100 m 内的所有其他作业。在该处应安装信号装置（信号盘），预报掩护支架（机组）落煤作业。允许掩护支架（机组）司机处于主控台附近，司机助手处于掩护支架下距离支架节组不小于 15 m 的新鲜风流中（溜煤眼长度 20 m 的条带区段除外），在其范围内使用刨运机进行掏槽和落煤。经东部煤炭工业安全工作科学研究所同意，确定回采深度和采掘段之间的工艺停顿
	在突出危险煤层的未被保护带内，不实施防突措施落煤	掩护支架（机组）下、在通风暗井和沿回风流路线至新风掺入点之前或至集中巷道前的所有其他作业。允许掩护支架（机组）司机处于主控台附近，司机助手处于掩护支架下距离支架节组不小于 15 m 的新鲜风流中（溜煤眼长度 20 m 的条带区段除外），以及从事准备下一个掩护支架（机组）盘区的人员位于压风支管工作地点附近。同时，只有当生产的掩护支架采面工作面离开安装机窝沿煤层倾向不小于 25 m 后，才允许进行下一个盘区的准备工作。经东部煤炭工业安全工作科学研究所同意，确定回采深度和采掘段之间的工艺停顿
	在突出危险煤层的未被保护带内，实施防突措施落煤	掩护支架（机组）下、在通风暗井内法人使用其他作业。允许进行下一个盘区的准备工作，同时从事下一个盘区准备的人员的工作地点应安装压风支管。允许掩护支架（机组）司机处于主控台附近，司机助手处于掩护支架下距离支架节组不小于 15 m 的新鲜风流中（溜煤眼长度 20 m 的条带区段除外），在其范围内使用刨运机进行掏槽和落煤
	在突出危险煤层的未被保护带内邻近采空区的区段内落煤	根据第 1.2.5 条确定

注：1. 采用本细则未规定的新的防突措施时，经俄罗斯国家矿山技术监督局管理局同意，由企业确定回采工作面和准备工作面工艺过程实施顺序规则的限制。

　　2. 回风流与新鲜风流或者来自其他采区的回风流混合的巷道汇合处认为是新风掺入点。

附录10　在突出危险煤层中作业时远距离控制机器和装置的条件

设备	司机落煤时		远距离控制系统应保证的控制距离/m			
			缓倾斜煤层		急倾斜煤层	
			突出危险煤层，突出威胁煤层中的危险带	特别危险区段	突出危险煤层，突出威胁煤层中的危险带	特别危险区段
旋转式掘进机			30	100	30	150
开切巷道用联合机	便携式控制台位于开切巷道内固定式控制台位于主要巷道中，至与切眼交叉点的距离		50	150	—	—
			15	40	—	—
钻机	施工直径80 mm以上的钻孔，在钻孔的最初20 m内		15	20	30	30
使用水力破煤的打钻设备	施工钻孔的最初20 m、切割卸压槽和不采取防突措施落煤时		30	100	100	100
窄截深采煤机	缓倾斜煤层	便携式控制台位于采面的新鲜风流中	15	30	—	—
		固定式控制台位于运输平巷的新鲜风流中，至采面的距离　连续开采法时	0	25	—	—
		柱式开采法时	0	0	—	—
	急倾斜煤层	便携式控制台位于乏风流的回风巷道中，至采面的距离	—	—	15	15
刨煤装置	控制台位于主要巷道的新鲜风流中，至采面的距离	连续开采法时	15	25	—	—
		柱式开采法时	0	15	—	—
掩护式机组	在预测确定的或执行防突措施和效果检验后确定的非危险带中作业时		控制台位于和采面交会的新鲜风流的溜煤眼的人工隔间内			
	预测危险或没有执行防突措施时		控制台位于和溜煤眼交会的新鲜风流中的运输平巷内			

附　　表

表格1　瓦斯动力现象调查报告

企业＿＿＿

矿井＿＿＿＿＿＿＿＿＿＿＿＿＿＿＿煤层（符号，名称）＿＿＿＿＿＿＿＿＿＿＿＿＿＿＿＿＿＿＿

翼（采区）＿＿＿＿＿＿＿＿＿＿水平＿＿＿＿＿＿＿＿＿＿＿＿＿＿＿＿＿＿＿＿＿＿＿＿＿＿

巷道＿＿

调查委员会组成

主任＿＿

（姓名，职务，单位）

委员会成员：＿＿＿＿＿＿＿＿＿＿＿＿＿＿＿＿＿＿＿＿＿＿＿＿＿＿＿＿＿＿＿＿＿＿＿＿＿＿

＿＿＿

对＿＿＿＿年＿＿月＿＿日＿＿时＿＿分发生的瓦斯动力现象进行调查。

1. 煤层和围岩的地质特征：

煤层厚度＿＿＿＿＿＿m，煤层倾角＿＿＿＿＿°，煤层分层数量＿＿＿＿＿＿＿，挥发分＿＿＿＿＿％

煤的牌号＿＿＿＿＿，原始瓦斯含量＿＿＿＿＿$m^3/t \cdot r$，残余瓦斯含量＿＿＿＿＿$m^3/t \cdot r$

顶板岩石＿＿＿

底板岩石＿＿＿

瓦斯动力现象处地质破坏的存在及其类型＿＿＿＿＿＿＿＿＿＿＿＿＿＿＿＿＿＿＿＿＿＿＿＿＿＿

2. 岩层、煤层瓦斯动力现象危险性等级＿＿＿＿＿＿＿＿＿＿＿＿＿＿＿＿＿＿＿＿＿＿＿＿＿＿

属于危险等级的深度＿＿＿＿＿＿＿＿＿＿＿＿＿＿＿＿＿＿＿＿＿＿＿＿＿＿＿＿＿＿＿＿＿m

以前发生的瓦斯动力现象数量和类型＿＿＿＿＿＿＿＿＿＿＿＿＿＿＿＿＿＿＿＿＿＿＿＿＿＿＿

＿＿＿

＿＿＿

＿＿＿

3. 煤层开采的矿山技术条件：

开采方式＿＿＿＿＿＿＿＿＿＿＿＿＿＿＿＿＿＿＿＿，运输平巷超前距＿＿＿＿＿＿＿＿＿m

工作面形状＿＿＿＿＿＿＿＿＿＿＿＿＿＿＿＿＿，采面长度＿＿＿＿＿＿＿＿＿＿＿＿＿＿m

巷道掘进或回采工艺＿＿＿＿＿＿＿＿＿＿＿＿，顶板管理方法＿＿＿＿＿＿＿＿＿＿＿＿

老顶冒落步距＿＿＿＿＿＿m，瓦斯动力现象至主要巷道的距离＿＿＿＿＿＿＿＿＿＿＿m

到运输平巷的距离＿＿＿＿＿m，采面离开切眼的距离＿＿＿＿＿＿＿＿＿＿＿＿＿＿m

上部水平开采时间＿＿＿＿＿＿＿＿＿＿＿＿＿＿＿＿＿＿＿＿＿＿＿＿＿＿＿＿＿＿＿＿＿

4. 煤层开采的地质力学条件：

影响的煤层（符号，名称）＿＿＿＿＿＿＿＿＿＿＿＿＿＿＿＿＿＿＿＿＿＿＿＿＿＿＿＿＿＿＿

厚度_____m，层间距_____m，煤层间的砂岩含量_____%

影响方式（上保护层，下保护层，矿山压力升高带）_____

矿山压力升高带之外的保护作用距离_____m

在矿山压力升高带内的保护作用距离_____m

保护层超前距_____m，矿山压力升高带来源（煤柱，边缘部分，导线）_____m

煤柱沿走向的尺寸_____m，煤柱沿倾向的尺寸_____m

其他煤层（符号，名称，层间距）的下层先采（上层先采）_____

5. 制定的防止瓦斯动力现象的综合措施，预测方法，其执行情况与结果_____

_____

_____

_____

_____

_____

_____

瓦斯动力现象防止措施，其参数与执行情况_____

_____

_____

_____

_____

_____

瓦斯动力现象防止措施效果检查方法，其执行情况与结果_____

_____

_____

_____

_____

_____

制定的综合措施与巷道条件的适应性_____

_____

_____

采用的装备与瓦斯动力现象防止措施执行情况的适应性_____

_____

6. 瓦斯动力现象之前在工作面进行的作业工序_____

7. 在瓦斯动力现象区段煤层瓦斯动力状态指标_____

_____

8. 瓦斯动力现象简要叙述_____

_____

_____

_____

_____

9. 瓦斯动力现象特征：

抛出的煤（岩）数量_____t，涌出的瓦斯数量_____m³

孔洞形状_____

孔洞深度_____m，孔洞口的宽度_____m，孔洞的最大宽度_____m

孔洞轴向相对于走向线的倾角_____°，煤的抛出距离_____m

抛出煤的边坡角_____°，是否存在细散性粉尘_____

支架和设备的损坏情况_____

通风设备破坏情况_____

瓦斯动力现象预兆_____

10. 委员会结论：

瓦斯动力现象类型_____

瓦斯动力现象原因_____

11. 今后在该煤层进行采矿作业的建议_____

报告编制日期_____年____月____日

委员会主任_____（签名）

委员会成员_____

备注：第4和第11条由俄罗斯东部煤炭工业安全工作科学研究所填写。

本报告是瓦斯动力现象导致的事故原因技术调查材料不可缺少的组成部分。

表格 2 瓦斯动力现象统计簿

矿井_____

企业_____

开始日期_____年　　　　　　结束日期_____年

序号	瓦斯动力现象种类	瓦斯动力现象的日期和时间（时，分）	煤层的符号和名称，翼，水平(距地面深度)，m	巷道名称，瓦斯动力现象地点	瓦斯动力现象强度（煤，t，瓦斯，m³）	瓦斯动力现象前存在的预兆	瓦斯动力现象发生地点煤层结构和地质破坏	瓦斯动力现象前在工作面进行的作业工序	准许的防治瓦斯动力现象措施方案，调查委员会查明的偏离情况

矿井技术负责人_____（签名）　　　　　预测科（组）主任_____（签名）

表格 3 防治煤（岩）与瓦斯突出措施执行簿

矿井_____

企业_____

开始日期_____年　　　　　　结束日期_____年

概况：

1. 煤层（地质符号，名称）_____

2. 煤层厚度_____m

3. 煤层倾角_____。

4. 采区（巷道）名称_____

5. 开采方式（掘进方法）_____

6. 顶板管理方法_____

7. 支架密度_____

8. 回采方法_____

9. 采掘宽度（截割宽度）_____

10. 防突方案和措施的批准日期_____

11. 防突措施描述（含全部参数）_____

_____

_____

备注：措施的修改和补充被批准之后，立即填入先前有效措施最后执行记录后的页面上。

日期	班次	措施执行派工单	实际执行工作单	工程执行草图	执行人姓名和签字	通风安全区班长和监督人员的姓名和签字

表格4

同意　　　　　　　　　　　　　　　　　　　　　　批准

东部煤炭工业安全工作科学研究所代表　　　　　　　　　矿　井　总　工　程　师

_____年_____月_____日　　　　　　　　　_____年_____月_____日

确定揭煤地点煤层突出危险性的报告

矿井，企业 _____

煤层 _____

揭煤巷道 _____

水平 _____

采区 _____

预　测　数　据	1号钻孔	2号钻孔
瓦斯压力 $P_{\text{Г}}/(\text{kg}\cdot\text{cm}^{-2})$		
分层厚度 $(m_1, m_2\cdots)/\text{m}$		
煤层厚度 $m_{\text{ПЛ}}/\text{m}$		
分层硬度系数 $f_1, f_2\cdots$		
煤层最大瓦斯压力 $P_{\max}/(\text{kg}\cdot\text{cm}^{-2})$		
煤的最小硬度系数 $f_{\min}$		
突出危险性指标 $\Pi_{\text{B}}=P_{\max}-14f_{\min}^2$		

预　测　结　果

$P_{\text{Г. max}} =$　　　　　　　　　　$f_{\min} =$　　　　　　　　　　$\Pi_{\text{B}} =$

对于罗斯托夫州的矿井：

$g =$　　　　　　　　　　　$\Delta J =$　　　　　　　　　　　$f =$

结　　论

_____煤层在揭煤具有（不具有）突出危险性，需要采取（不采取）防突措施揭煤

通风安全技术区区长_____（签名）　　瓦斯动力现象防治组组长_____（签名）

表格5　根据局部预测确定突出危险性预兆的记录簿

矿井_____　　工作面_____　　煤层_____

工作面坐标_____　　　　水平_____

开采深度_____　　采区_____　　煤层瓦斯压力_____

序号	观测日期	进尺/m	煤层厚度 $m_{\text{ПЛ}}$，分层厚度 m_i/m	Π-1型强度仪编号	分层强度 $q_i=100-l$	煤层换算强度 q	分层数量 C	$f=aq-b$	$B=m+\gamma(\alpha+\beta_1 C)$	$M=f-b$	观测区段简图、结构柱状、计算	执行人签名

计算：_____（签名）

瓦斯动力现象防治组组长：_____（签名）　　地质工作者：_____（签名）

表格6

同意	批准

斯科钦斯基矿业研究院国家矿业生产科
　　学中心代表

矿　井　总　工　程　师

_____年_____月_____日

_____年_____月_____日

根据局部预测确定煤层突出危险性的报告

矿井/企业 _____

煤层 _____

水平 _____

采区 _____

预　测　结　果

煤层厚度 $m_{ПЛ}$，m：

分层厚度 m_2，m：

煤层的换算强度 q：

考虑破坏程度的煤层综合强度指标 f：

观测巷道的布置深度 h，m：

煤层瓦斯压力 $P_г$，MPa：

作用于煤层的力指标 P_a：

煤层的稳定性指标 $M_П$：

结　　论

_____煤层开采时，应采取局部预测或日常预测的方法，并在危险带执行防突措施。

局部预测的下一次观测应在巷道推进_____m 后进行。

通风安全技术区区长：_____（签名）

瓦斯动力现象防治组组长：_____（签名）

矿井地质工作者：_____（签名）

表格7　根据煤层结构和检查钻孔瓦斯涌出初速度进行准备巷道突出危险性日常预测的记录簿

煤层 _____ 水平 _____ 采区 _____ 巷道 _____

工作面坐标 _____

日期，工作面坐标	工作面断面煤分层特征（由下向上）			突出危险分层强度或分层总和强度 q	检查钻孔编号	钻孔间隔/m	瓦斯涌出初速度/$[L \cdot (min \cdot m)^{-1}]$		关于条带突出危险性的结论和防治瓦斯动力现象的工长签名	防治瓦斯动力现象区队领导签名	备注
	厚度/m	强度 q	突出危险分层厚度或分层总和厚度 m_0/m				钻孔间隔的 g_H	沿钻孔长度的最大值 $g_{H \cdot max}$			

表格 8　下行准备巷道突出危险性自动化预测方法的记录簿

煤层_____　水平_____　采区_____　巷道_____

工作面坐标_____

工作面掘进断面 $S_{пр}$ _____ m^2　　煤的容重 γ _____ t/m^3

原　始　资　料

对煤层开采有意义的瓦斯动力反应持续时间（$t \leqslant 120\ s$）

日期，工作面坐标	工作面断面煤分层特征（由下向上）			爆破作业时间，时/min	甲烷浓度背景值 $C_{ф}$/%	爆破后甲烷浓度值/%					爆破后风量/（$m^3 \cdot min^{-1}$）					风量平均值 $Q_{ср}$/（$m^3 \cdot min^{-1}$）	一个循环工作面进尺 $l_п$/m	爆破时甲烷浓度临界值 $C_{кр}$/%	工作面前方煤层条带有效瓦斯含量 $X_{эф}$/（$m^3 \cdot t^{-1}$）	关于条带突出危险性的结论和防治瓦斯力现象的工长签名	防治瓦斯断动力现象区队领导签名	备注
	厚度/m	突出危险分层强度 q	层厚度或分层总和厚度 m_o/m			C_1	C_2	...	C_n	C_{max}	Q_1	Q_2	...	Q_n								

表格9 根据钻孔瓦斯涌出初速度进行采掘工作面日常预测和勘察观测的记录簿

矿井 _____

煤层，煤层地质符号 _____

突出危险性等级 _____

巷道名称，水平 _____

观测日期	沿工作面长度分布的测量点	煤层厚度/m		间隔（m）上的瓦斯涌出初速度						煤的强度系数 q	煤层结构	煤层特性	条带突出危险性预测	观测员姓名	签名
		工作面上部	工作面下部	1.5		2.5		3.5							
				毛细管编号和记号	g_H	毛细管编号和记号	g_H	毛细管编号和记号	g_H						

表格10 声发射活性记录簿

矿井 _____ 企业 _____

煤层 _____ 采区 _____

开始 _____ 结束 _____

记录本负责填写人 _____

日期、班次、操作员	输送带编号、波道、开始和结束时间	记录时间（确定AE活性的间隔）	10 min的AE活性	1 h的AE活性	声音样本	距离备注	签名

表格11 预测计算记录簿

矿井/企业 _____ 煤层 _____ 采区 _____

开始 _____ 结束 _____

日期	输送带编号、波道、开始和结束时间	记录时间（确定AE活性的间隔）	10 min的AE活性	1 h的AE活性	声音样本	距离备注	签名

表格 12

同意   批准

斯科钦斯基矿业研究院国家矿业生产科   矿 井 总 工 程 师
　　学中心代表
　　_____年_____月_____日   _____年_____月_____日

地震波接收仪安装方法和地点以及滤波频率选择的报告

在_____矿井_____煤层_____采区_____巷道，地震波接收仪采用下列方法安装（附草图）。

巷道每推进_____m，移动一次地震波接收仪。

滤波频率确定如下：高频滤波器_____Hz，高频滤波器_____Hz。当巷道地质条件改变时，经斯科钦斯基矿业研究院国家矿业生产科学中心同意，方可改变滤波频率。

瓦斯动力现象防治组组长：_____（签名）

通风安全技术区区长：_____（签名）

表格 13 根据频谱特性进行突出危险性日常预测的观测记录簿

矿井_____　　　　　突出危险性等级_____

企业_____　　　　　采区、巷道、水平_____

煤层_____

日期	班次	工作面作业类型	作业持续时间		危险性结论	操作员姓名	签名	备注
			开始	结束				

表格 14 水力压出检验和登记记录簿

煤层_____　　　　　水平_____

采区_____　　　　　巷道_____

日期、工作面坐标	特性		水力压出钻孔数量	钻孔长度/m	封孔深度/m	水力压出的压力/$(kg \cdot cm^{-2})$		注入水量/m^3		注水时的最大浓度 V/%	注水速度/$(L \cdot min^{-1})$
	煤层厚度/m	潜在突出危险分层或分层总和的厚度和结构				计算值	实际值	计算值	实际值		

（续）

管网压头损失/(kg·cm⁻²)	水力压出的压力/(kg·cm⁻²)			巷道中的甲烷浓度/%			破坏的煤分层的挤出	超前距/m	安全推进度/m	防治瓦斯动力现象工长签名	防治瓦斯动力现象区队领导签名
	计算值	最大值	最终值	水力压出前	水力压出过程中的最大值	水力压出后					

表格 15　煤层注水工程统计和检验记录簿

煤层_____ 巷道_____ 采区_____

开始_____ 结束_____

注水参数：

钻孔长度_____ m，钻孔直径_____ mm，钻孔倾角_____ °，封孔深度_____ m

单个钻孔的注水量_____ m³，钻孔超前距_____ m

流量表编号_____，压力表编号_____

日期	钻孔编号	钻孔长度/m	封孔深度/m	水表读数/m³		注入水量/m³	压力表读数/(kg·cm⁻²)			注水持续时间/h	安全回采深度/m	施工钻孔和注水时煤层状况	注水工签名	工长签名	备注
				开始	结束		工作	最终	管网压头损失						

备注：修改注水参数时，注明原因和修改日期，并得出准确参数。

表格 16　掘进时工作面附近煤层水力化防突措施效果检验记录簿

煤层_____ 水平_____ 采区_____ 巷道_____

水力化措施_____

日期、工作面坐标	措施实际参数					注水钻孔参数布置与设计资料的一致性（指明存在的偏差）	工作面断面内煤层特征	
	钻孔编号	钻孔长度/m					煤层厚度/m	潜在突出危险分层的结构和厚度/m
		全长/m	效果检验时剩余长度/m	注水压力/(kg·cm⁻²)	钻孔注水量/m³			

（续）

效果检验的测量结果							防治瓦斯动力现象工长签名	防治瓦斯动力现象区队领导签名
主动式电磁辐射			瓦斯涌出初速度					
测量循环编号	第一和第二波道的地磁辐射活性值 N_1/N_2（每个循环30对数据）	对应于每对数据的瓦斯动力危险性指标	突出危险性指标 Π_B	钻孔间隔/m	瓦斯涌出初速度/$[L \cdot (min \cdot m)^{-1}]$	有效性的结论		

表格17　利用甲烷检测仪进行超前孔洞水力冲刷检验和登记的记录簿

煤层＿＿＿＿＿＿　　水平＿＿＿＿＿＿　　采区＿＿＿＿＿＿　　巷道＿＿＿＿＿＿

日期，工作面位置	煤层原始甲烷含量 X/$(m^3 \cdot t^{-1})$	工作面断面内煤层特征		煤的残余甲烷含量 X_{OCT}/$(m^3 \cdot t^{-1})$	煤的容重 γ_y/$(t \cdot m^{-3})$	破坏的煤分层的总厚度 m_{Π}/m	沿破坏的煤分层的层理巷道平均宽度 a/m	巷道轮廓线外被孔洞处理的煤体宽度 b/m	上一组孔洞的剩余长度 l_{OCT}/m
		煤层厚度/m	潜在突出危险分层或分层总和的结构和厚度/m						

重新冲刷的孔洞长度 l/m	巷道风量 Q/$(m^3 \cdot min^{-1})$	时间			曲线图的检验面积 F/cm^2	曲线图的比例	甲烷检测仪操作员签名	防治瓦斯动力现象区队领导签名
		开始水力冲刷 t_H	结束水力冲刷 t_K	计算水力冲刷后甲烷涌出量升高期的时间（t_K+30）				

表格18　防治煤与瓦斯突出局部措施效果检验第二阶段记录簿

煤层＿＿＿＿＿＿＿＿＿＿＿＿＿＿＿＿＿＿　　　　　巷道＿＿＿＿＿＿＿＿＿＿＿＿＿＿＿＿＿＿＿＿＿＿＿＿＿＿

瓦斯涌出量临界值：落煤 $J_{O.y}$ = ＿＿＿＿＿＿＿ m^3/min；煤层暴露面 $J_{ПOB}$ = ＿＿＿＿＿＿＿ m^3/min；

巷道工作面附近空间 $J_{3.П}$ = ＿＿＿＿＿＿＿ m^3/min

日期，时间，工作面坐标	供风量 $Q_{3.П}/$ $(m^3 \cdot min^{-1})$	甲烷浓度/%						瓦斯涌出量/$(m^3 \cdot min^{-1})$			瓦斯动力危险性指标	危险性评价	甲烷检测仪操作员签名	防治瓦斯动力现象区队领导签名
		临界值 C_K	局部通风机处的 $C_{BMП}$	落煤前 $C_Φ$	最大值 C_{max}	落煤后		落煤 $J'_{O.y}$	煤层暴露面 $J'_{ПOB}$	工作面附近空间 $J'_{3.П}$				
						15 min 后 C_{15}	30 min 后 C_{30}							

第二篇

开采具有冲击地压倾向煤层的矿井安全作业细则

（РД 05-328-99）

俄罗斯国家矿山技术监督局 1999 年 11 月 29 日№87 命令批准

俄罗斯国家矿山技术监督局 2000 年 6 月 22 日№36 命令批准于 2000 年 10 月 1 日实施

在本细则中，详细规定了查明具有冲击地压倾向煤层的程序，威胁煤层及时转为危险煤层的程序，冲击地压预测和防治方法，准确表达了冲击地压委员会和矿井冲击地压预测部门的业务规定，以及具有冲击地压倾向煤层的开拓、准备、开采顺序和开采方法的要求。

本细则公布后，由俄罗斯国家矿山技术监督局 1997 年 3 月 20 日№12 命令批准的《冲击地压委员会章程》和 1988 年出版的《开采具有冲击地压倾向煤层的矿井安全作业细则》停止执行。

1 总 则

1.1 根据联邦法规《关于俄罗斯联邦法规〈地下资源法〉的修改和补充》第8条第24款、联邦法规《关于危险生产项目的工业安全》《关于在煤炭开采和利用领域对煤炭工业组织工作人员社会保障特性的国家调整》以及详细规定煤炭企业作业安全的其他法令和标准要求，制定本细则。

1.2 在具有冲击地压倾向煤层的矿井进行采掘作业时，技术方案（管理职能）的准备、通过和实施应考虑到以下专业化科研机构的提案和建议：矿山地质力学和矿山测量科学研究所——全苏矿山地质力学和矿山测量科学研究所跨部门科学中心，根据俄罗斯燃料和动力部长1997年2月22日发出的№63号命令成立，东部煤炭工业安全科学研究所——根据1995年5月16日批准的条例成立。专业化科研机构依据规章和其他的组织管理法令，根据煤炭开采领域单独业务类别相应的许可证和专门的权利主体开展工作。

1.3 根据显现的强度和后果特征，煤矿冲击地压分为矿山冲击、微冲击、震动、弹射、煤层底板破坏的冲击地压和矿山构造冲击（附录1）。

煤层冲击危险性的预兆：采煤机、风镐工作时以及在采掘工作面打钻和炮眼爆破时的震动、弹射和微冲击。随着开采深度的增加，以及在由一个矿井或组织（煤矿组）①开采时遇到以下情况的升高矿山压力的井田区段作业过程中，预兆显现强度增大：开采残留煤柱，对拉工作面和后随工作面作业，向着前探巷道方向作业，在回采工作面影响带中掘进巷道，在煤体边缘下方或者在邻近煤层残留煤柱下，以及在地质破坏影响带中作业。

1.4 具有冲击地压倾向的煤层划分为威胁煤层和危险煤层。

在升高的应力集中条件下具有脆性破坏倾向的煤层（围岩）属于威胁煤层。

在其范围内发生过冲击地压（微冲击）或者预测查明冲击危险性井田阶段（条带）内的煤层，以及井田下部阶段（条带）的同一煤层属于危险煤层。

1.5 组织或矿井与全苏矿山地质力学和矿山测量科学研究所一起按照专门的方法（见附录1），查明冲击地压威胁煤层。

根据全苏矿山地质力学和矿山测量科学研究所的结论，由俄罗斯国家矿山技术监督局地区机关和组织的联合年度命令将煤层（岩层）列为威胁和危险两种。将煤层列为威胁和危险煤层命令的推荐格式见附录1。

---

① 在以后对属于"矿井"和"组织"按以下理解：

矿井——不管其组织法律形式和所有制形式如何，直接在井下进行采煤和巷道掘进作业的组织。

组织——不管其组织法律形式和所有制形式如何，通过现有的股票额、相应的合同或者其他法律依据影响一个或者几个矿井业务单位。

在该井田范围内采掘作业时发生过震动或弹射的煤层，或者在邻近井田内发生过冲击地压的相同煤层，从埋藏深度 150 m 起转为威胁煤层。

在冲击地压威胁煤层，应进行冲击危险性程度预测。及时将煤层列为威胁煤层的责任由矿井技术负责人——总工程师和组织技术负责人承担。

全苏矿山地质力学和矿山测量科学研究所发布的《俄罗斯联邦煤田具有冲击地压倾向煤层目录》中包含了威胁煤层的清单（圣彼得堡：全苏矿山地质力学和矿山测量科学研究所，1996）。

1.6　当震动、弹射、微冲击第一次显现时，应在一昼夜内进行调查。调查由矿井技术负责人——总工程师组织，并邀请冲击地压委员会[1]成员参加。调查结果应包含产生这些现象原因的结论和保证工业安全的建议。调查结果形成报告，由矿井技术负责人——总工程师批准，转交给组织的技术负责人和俄罗斯国家矿山技术监督局地区机关[2]。

对于所有的冲击地压（微冲击）事故编制卡片（附录 3），送交组织的技术负责人、俄罗斯国家矿山技术监督局地区机关以及全苏矿山地质力学和矿山测量科学研究所。

1.7　根据俄罗斯国家矿山技术监督局 1999 年 6 月 8 日 №40 命令批准的《危险生产项目事故原因技术调查程序条例》调查冲击地压。对于冲击地压导致的安全事故，应根据俄罗斯联邦政府 1995 年 6 月 3 日第 №558 命令批准的《在生产中安全事故登记和调查程序条例》进行调查。

根据在遭受冲击地压作用巷道中冲击危险性预测结果，冲击地压原因调查委员会主席有权作出决定，批准消除冲击地压后果的措施。

1.8　生产组织新矿井建设、新水平改造和准备时，应考虑本细则的要求。设计应经过全苏矿山地质力学和矿山测量科学研究所同意。

1.9　开采具有冲击地压倾向煤层矿井的关闭设计应经过全苏矿山地质力学和矿山测量科学研究所同意。

1.10　矿区井田的划分、开采方式和开采顺序的选择应考虑超前地质动力区划[3]（附录 4）的结果，并保证区域内所有储量（包含无冲击危险煤层）有计划开采，没有棱角、凸起部和煤柱。

开采的总方向应规定为由采空区向煤体方向推进。可以采取分水平、盘区或者阶段方法进行井田准备。

1.11　生产矿井中具有冲击地压倾向的煤层，采掘工程扩展远景计划和施工文件应符合本细则的要求。在采掘工程扩展平面图上，应用红线标出矿山压力升高带的范围（附录 5）。平面图由组织的技术负责人批准。

保护层的开采必须根据全苏矿山地质力学和矿山测量科学研究所为每个矿井编制的《远景地质力学简图》[4] 做详细规定。

---

① 冲击地压委员会章程如附录 2 所示。
② 相当于国家安全生产监督管理总局下属的省局、分局。
③ 全苏矿山地质力学和矿山测量科学研究所．地下资源地质动力区划方法指南．列宁格勒，1990.
④ 全苏矿山地质力学和矿山测量科学研究所．开采煤层组时突出和冲击危险煤体状态区域管理的远景地质力学简图方法原理．莫斯科，1989.

改变设计方案应征得设计批准机构以及全苏矿山地质力学和矿山测量科学研究所的同意。

具有强烈破坏程度的矿井，应根据全苏矿山地质力学和矿山测量科学研究所的结论选择保护层。

1.12　在开采冲击地压和煤与瓦斯突出同时危险煤层的矿井，采区说明书由组织的技术负责人批准。根据全苏矿山地质力学和矿山测量科学研究所和东部煤炭工业安全科学研究所的结论，批准具体矿山技术条件下预防措施的工程量。

1.13　冲击危险性预测确定煤体状态危险或者无危险。冲击危险性预测分为区域预测和局部预测。

为了查明地质力学危险带，借助于地震站，在井田或煤田范围内连续进行区域预测。地震站建设的合理性由全苏矿山地质力学和矿山测量科学研究所确定（附录6）。

局部预测用来确定毗连井巷的煤层具体区段的冲击危险性。局部预测由矿井冲击地压预测站完成。预测站的示范章程如附录7所示。

1.14　应实施区域或者局部特征的措施作为防止冲击地压的预防措施。

区域预防措施包括保护层超前开采和向煤层施工钻孔注水。煤层注水应保证可靠密封和很大的润湿半径。

采用以下冲击地压防治措施作为局部措施：

在危险等级的情况下，施工大直径卸压钻孔，各种方式的煤层注水，药壶爆破；

冲击地压综合防治措施（大直径钻孔药壶爆破、药壶爆破带煤层注水），其参数由矿井采用经验方法根据有效性检查结果准确确定。经俄罗斯国家矿山技术监督局地区机关同意后，根据全苏矿山地质力学和矿山测量科学研究所的结论，组织的技术负责人批准冲击地压综合防治措施的参数。

对于尺寸小于 $0.4l$ 的煤柱，禁止采用水力化处理方法，这里 l 为根据诺模图（图1-1）确定的支承压力带宽度。

1.15　使用冲击危险性局部预测方法检查预防性防冲措施的效果（附录8）。

1.16　根据补充研究和全苏矿山地质力学和矿山测量科学研究所的结论，可以对本细则规定的防冲措施参数和冲击危险性预测周期进行修改。

包含防冲措施参数和冲击危险性预测参数的施工文件（说明书）由矿井技术负责人——总工程师批准。

1.17　在开采具有冲击地压倾向煤层的矿井，应保证执行冲击危险性预测、实施预防措施和其效果检查职能的工作人员配备的完整性。

冲击地压预测和预防的主管采矿工程师职位应纳入组织的技术领导成员。其职责是协调矿井所采用的冲击地压预防措施，以及检查冲击地压预测和预防工作的实施。

冲击地压预测和防治的主管采矿工程师根据组织的技术负责人批准的职务细则开展自己的工作，并授予发出强制性指令的权利，保证本细则的要求在矿井执行。

在与具有冲击地压倾向煤层开采活动有关的矿井和组织中，应制定安全工作管理体系。其主要单元和功能如图1-2所示。

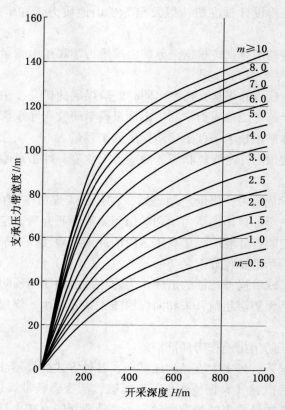

图 1-1　根据开采深度 (H) 和煤层或者开采分层厚度 (m) 确定支承压力带宽度的诺模图

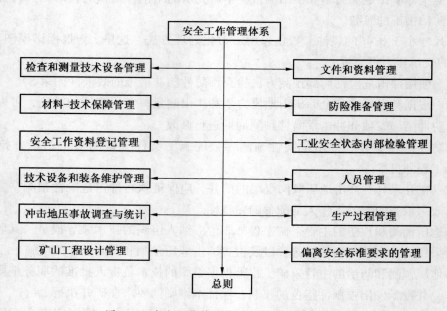

图 1-2　安全工作管理体系的主要单元和功能

工作的总方针规定有：确定组织在预防冲击地压方面的政策、目的、任务和预防方法；确定区队和科室的职能和任务、职务权利和人员责任；冲击地压预防工作计划的制订和批准；总的工作组织以及区队和科室、负责人员和工作人员互相配合的保障；检查政策实施和管理体系运行效果；分析安全工作状态和管理体系效果；政策修正与制订完善管理体系的措施。

采掘工程设计管理规定有：计划、设计和文件；区队和科室组织技术相互关系；输入的设计资料的准备；输出的设计资料与设计目的和任务的一致性检查；设计（制订的文件）符合工业安全要求的分析；设计（制订的文件）的检查；在设计实施（文件使用）过程中，必须更改的设计（文件）的批准。

文件和资料的管理包括：资料和文件的批准与发行；所使用资料和文件的更改；过时资料和文件的回收和保存。

生产过程管理规定有：在巷道中进行冲击危险性预测；确定作业程序和工艺过程安全参数；在作业过程中检查冲击地压预兆；实施预防措施；检查预防措施效果；随着采掘工程的扩展，分析潜在冲击危险性的变化。

检查和测量技术设备的管理包括：检验、校准和维修工作的计划和实施；检查技术设备的配置和使用的正确性以及它们的完好状态；在技术设备不正确使用或者故障的情况下使用校正操作；技术设备使用经验的分析，提高其效率和保证正确使用建议的准备。

与冲击地压有关的安全事件和事故的调查和统计规定有：安全事件和事故调查的组织和保障；安全事件和事故的统计；安全事件和事故的原因与情节的资料分析；预防冲击地压复发措施的计划和实施。

防险准备管理要求：事故消除计划的制订与协调；全体人员定期学习和演习冲击地压发生时的正确行动；保证技术设备和材料到位并可以操作使用；组建军事化矿山救护站，训练其全体人员，保证必需的资源；与军事化矿山救护队进行联合训练和演习。

违反安全标准规范的管理包括：查明对工业安全标准规范的违反和现行偏离工业安全标准规范的行为；分析可能违反和偏离工业安全标准规范的行为；制订消除和不准许违反工业安全标准规范的措施；实施消除和不准许违反工业安全标准规范的措施。

技术设备和装备的保养管理包含维修组织工作计划和维修、质量检查工作实施以及维修的及时性、改进维修措施的制订和实施。

安全工作的资料登记管理包括：信息和资料的文件办理；信息和资料的收集、统计、登记和保存；信息和资料的定期分析；制订提高管理体系运转效率的建议。

工业安全内部检查管理包括：确定检查的组织和实施负责人，内部检查计划，确定它们的任务，进行检查，报告准备和检查结果登记；通过消除已查出的违章行为的方案，检查结果分析，准备管理体系整体和其单元运行效果的结论；准备提高管理体系效果的建议。

材料技术保障管理规定有：确定必需的技术设备、装备和材料的需求量；确定供货商（制造厂），准备供应合同；采购、储存、安装和运行（使用）的计划和检查；已采购的技术设备、装备和材料的质量评价；与供货商（制造厂）关于技术设备、装备和材料的质量问题和运行（使用）的互相配合；评价技术设备、装备和材料的储存、运行和使用的技术以及其他条件的遵守情况；保证技术设备、装备和材料的完好、准确运行及使用的校正行为。

人员管理包括：干部选配；安全工作人员的学习、进修和业务能力的提高；确定在安全保证方面工作人员的成绩标准；工作人员的物质和其他鼓励。

1.18　根据现行法律，雇主（矿井经理）承担保证开采冲击地压危险或者威胁煤层的煤矿安全作业条件的责任，在矿井建立工业安全管理体系，并保证工业安全管理体系的有效运行。

矿井技术负责人——总工程师在职务工作细则和矿井命令确定的职权范围内，根据本细则实施保证具有冲击地压倾向煤层的安全作业条件的技术负责人和组织负责人。

矿井经理（总工程师）的劳动保护和安全技术副职在职务工作细则确定的职权范围内，组织检查对本细则的遵守情况，分析安全技术条件（其中包括冲击地压部分），保证完成矿井劳动保护和安全技术部门章程规定的其他职能。

矿井经理的生产副职保证交接班制度的遵守和作业调度部门的运行，每周检查采区的安全技术条件。

班长每班检查安全技术条件，其中包括本细则关于冲击危险性预测和预防措施要求的实施情况，以及工作面的允许推进度，亲自监督班中的复杂和危险作业。

矿井生产采区的负责人组织和保证本细则的要求在矿井的实施，负责作业安全检查和有效领导，对采区的安全技术条件承担个人责任。

1.19　在生产和准备采区以及预测部门，应绘制与矿山测量点或者标准点连测的比例为1∶2000的回采和准备巷道推进平面图（草图），标注已完成的冲击危险性预测、预防措施、预防措施效果检查、矿山压力升高带的几何参数。将工作面的实际位置标注到平面图（草图）上：在生产和准备采区，下一班的开始位置，即进行冲击危险性预测或者实施预测措施并进行效果检查之后的位置；在预测部门，实施预测或者冲击地压预测措施并进行效果检查之后的位置。

2 井田的开拓和准备

2.1　岩系中的危险煤层开拓作业开始之前，根据地质动力区划，应该查明构造单元和地质破坏几何参数。地质动力区划由具有俄罗斯国家矿山技术监督局相应许可证的全苏矿山地质力学和矿山测量科学研究所或其他机构根据附录4完成。

2.2　应采用岩石巷道或在被保护带中掘进的巷道揭穿具有冲击地压倾向的煤层，被保护带的绘制如附录5所示。

2.3　从未来的采空区方向算起，主要煤层巷道的保护煤柱宽度应不小于 l（如图1-1所示）。

准许使用可压缩煤柱支护煤层准备巷道，煤柱宽度 $l_\text{ц}$ 根据下式确定：

$$l_\text{ц} = (m + 1)$$

式中　m——煤层（分层）厚度，m。

根据全苏矿山地质力学和矿山测量科学研究所的结论，通过采取专门措施（施工大直径钻孔并在其中充填木支柱等），在煤柱的形成阶段增加压缩性元件，允许采用宽度不大于 $0.1l$ 的煤柱。

只有将平巷附近宽度为 Π 的煤层区段转化为无冲击危险状态后，才可以掘进圈定煤柱的巷道：

$$\Pi = C_1 + C_2 + n$$

式中　C_1、C_2 和 n——分别对应煤柱宽度、掘进巷道宽度（图2-1）和根据诺模图（图2-2）确定的保护带宽度。

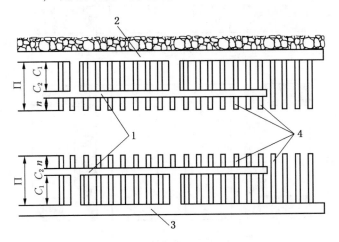

1—掘进巷道；2、3—通风和运输平巷；4—大直径钻孔

图2-1　将圈定煤柱的巷道转化为无冲击危险状态的方案

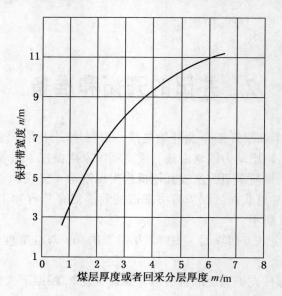

图 2-2　确定煤层边缘区域保护带宽度的诺模图

2.4　征得俄罗斯国家矿山技术监督局地区机关同意之后，由组织的技术负责人根据全苏矿山地质力学和矿山测量科学研究所的结论批准煤柱可压缩性元件在具体条件下的使用参数和方法，以及煤柱和人工材料条带混合使用的参数和方法。

当混合使用煤柱和人工材料条带时，掘进宽通道的双侧垛石巷道，煤柱和巷道之间的垛石带宽度为 3 m，但不小于 3 m。在巷道连接处，沿煤柱的全部宽度构建垛石带。煤柱和人工材料条带之间应留设宽度不小于 1 m 的自由空间（图 2-3）。

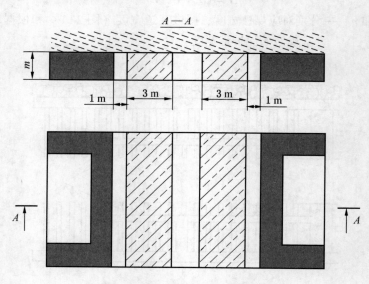

图 2-3　垛石带和煤柱的混合使用

2.5　在分层开采的厚煤层中，根据第一分层的厚度确定支承压力带宽度 l。后续各分层的煤柱总宽度增加到 1.5m（图 2-4）。

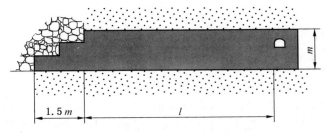

图 2-4　厚煤层中巷道附近煤柱宽度的确定

　　平行巷道之间的煤柱宽度应不小于 0.5l。如果在第一条巷道掘进之后（期间），使用大直径钻孔将未来煤柱区段转化为无冲击危险状态，准许保留宽度小于 0.5l 的煤柱。

　　2.6　服务期限大于 5 年的硐室不应布置在具有冲击地压倾向的煤层中。

　　只有将硐室及其四周 2n 范围内的煤层区段转化为无冲击危险状态后，准许在具有冲击地压倾向的煤层中掘进和安装服务期限不大于 5 年的硐室。

　　2.7　在侵入体蔓延地带开拓和准备井田、新水平和采区时，应在侵入体影响带之外掘进煤层主要巷道和准备巷道，侵入体影响带宽度为其厚度的一半。

3　煤层组开采顺序

3.1　开采煤层组时，首先应开采无危险的保护层。如果所有的煤层都为威胁或者危险煤层，则应首先开采危险性较小并且根据《远景地质力学简图》的要求能够保证最大保护作用效果的煤层。

3.2　当开采具有冲击地压倾向的厚煤层时，第一开采分层是其余分层的保护层。分层的开采顺序应是下行的。在采空区充填的情况下，准许采取分层上行开采顺序。

第一分层的开采应遵守威胁和危险薄及中厚煤层的规定。

3.3　保护层应不留煤柱开采。在特殊情况下，如果残留煤柱无法避免，例如在地质破坏带（煤层尖灭、煤层变薄），应编制规定安全补充措施的作业说明书，并经组织的技术负责人批准，将标注被保护带和矿山压力升高带的采矿工程平面图的复件交给生产采区负责人。

根据附录 5 将残留煤柱的矿山压力升高带标注在采矿工程平面图上。

3.4　冲击危险煤层下层先采是否可行由层间距厚度、顶板控制方法和下部开采煤层的厚度决定。在顶板全部冒落的情况下，当使用薄及中厚煤层进行下层先采时，最小层间距应不小于下部开采煤层厚度的 6 倍。在个别情况下，根据全苏矿山地质力学和矿山测量科学研究所的结论，准许在较小的层间距厚度条件下进行开采。

当采用充填法开采下部开采煤层时或者用上部水平运来的岩石充填采空区时，如果层间距厚度不小于下部开采煤层厚度的 3 倍，可以采用下层先采。

3.5　在被保护带区域，根据附录 5 确定其边界，自其形成 5 年内，危险和威胁煤层按无危险煤层进行开采，地质破坏带和侵入带除外。在最后的情况（地质破坏带和侵入带）下，以及被保护带形成满 5 年之后，保护作用效果的结论由全苏矿山地质力学和矿山测量科学研究所根据冲击危险性试验评价作出。

3.6　当开采危险煤层的邻近层时，在危险煤层顶板中赋存有厚度大于 10 m 和强度大于 250 MPa 的层状侵入体情况下，当保护层开采超前距不小于 2 倍层间距厚度时形成被保护带。

4 开 采 方 法

4.1 在具有冲击地压倾向的煤层中，禁止采用房式和房柱式开采方法。

4.2 准许短回采工作面使用水力化采煤。同时作业设计应征得全苏矿山地质力学和矿山测量科学研究所的同意。根据矿山试验和冲击危险性评价准确确定开采方法参数，并经矿井技术负责人——总工程师批准。

4.3 开采具有冲击地压倾向的煤层时，应采用阶段（条带）下行开采顺序和最少数量的前探巷道。否则，根据全苏矿山地质力学和矿山测量科学研究所的结论可以采用上行开采顺序。

禁止阶段（条带）开采同时采用下行和上行顺序。

在缓倾斜、倾斜和急倾斜煤层中，采用下行开采顺序时同时开采的阶段（条带）的超前距应不超过 10 m，在陡直煤层中为 25 m 或者应不小于 $2l$。在阶段（条带）单独开采的情况下，其超前距没有限制。

开采具有自燃倾向的含瓦斯冲击危险缓倾斜（18°以下）厚煤层时，根据全苏矿山地质力学和矿山测量科学研究所的结论冲击地压委员会的建议，并经组织技术负责人批准，准许在盘区内使用条带上行开采顺序，其中包括区段上行开采顺序。

4.4 开采具有冲击地压倾向的煤层时，在回采工作面前方的准备巷道掘进和维护困难并且需要不止一次重新支护的情况下，应该调换为不要求掘进这些巷道的开采方法。当煤层分亚阶段或台阶开采时，应规定将巷道维护在采空区边界处。

4.5 在具有冲击地压倾向的煤层中，阶段（条带）的开采禁止采用相向工作面或后随工作面。

准许使用背向回采工作面进行区段（条带）开采。在这种情况下，在危险煤层中一个工作面距离另一个工作面的长度达到阶段倾斜高度之前，应规定其中任一工作面爆破作业时这两个工作面人员都应撤出。

在根据专门的说明书开采宽度为 l 的残留煤柱的条件下，冲击地压委员会可以建议沿煤层走向向采空区方向进行回采作业。

4.6 设计开采具有冲击地压倾向煤层的新矿井时，必须规定工作面沿倾向推进使用机械化综合支架、掩护支架和掩护支架组的开采方法，在采空区中不留煤柱。

当煤柱宽度等于或小于 l 时，禁止回采工作面沿煤层仰斜向采空区方向推进。

沿煤层走向方向采空区边界的宽度为 l 的残留煤柱的后续开采或者根据本细则第 9.5 条的要求将煤柱转化为无冲击危险状态，冲击地压委员会可以建议在煤层厚度小于 3.5 m 和煤层倾角小于 18°的情况下使用回采工作面沿仰斜方向推进的开采方法。

在煤层倾角小于 18°的条件下，准许使用回采工作面沿仰斜方向向原始煤体推进的开采方法。

4.7　在开采背斜褶皱和向斜褶皱的转折部位时，应满足下列条件：

在内角 60°以下的对称褶皱中，必须同时进行回采作业，同时准许一翼超前另一翼不大于 20 m。

在锐角非对称向斜褶皱中，陡直翼中的回采作业超前距应不大于 20 m。

在锐角非对称背斜褶皱中，缓倾斜翼中的回采作业超前距应大于 20 m。

内角 60°以上的背斜和向斜褶皱的翼部准许独立开采。

4.8　在上山（下山）报废的阶段准备情况下，应使用上山（下山）区的单侧开采顺序。

在盘区上山（下山）布置在底板岩石或者沿无危险煤层布置的条件下，准许使用上山（下山）区的双侧开采顺序。

5　井田与煤层区段冲击危险性预测和
预防措施效果检查

5.1　根据附录 6 所示的要求进行区域预测。

5.2　煤层区段危险性程度分为 2 个等级：危险和无危险。

危险等级对应于在其范围内可能发生冲击地压煤层区段状态。在这样的区段中，巷道应转化为无冲击危险状态。在巷道转化为无冲击危险状态之前，禁止与预防处理无关人员的通行和存在。

无危险等级对应于无冲击危险状态，不要求实施预防防冲措施，但第 6.1 条中规定的情况除外。同时保留有根据本细则的要求进行冲击危险性周期性预测的必要性。

5.3　依据诺模图（图 5-1），根据施工直径 43 mm 钻孔时的钻屑量的变化确定烟煤煤层区段的冲击危险性等级和冲击地压预防措施应用效果，而对于无烟煤煤层——依据诺模图（图 5-2）确定。

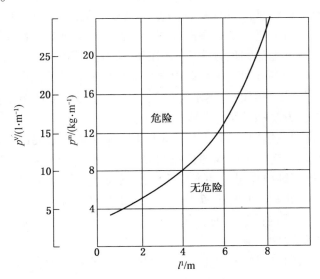

l^1—至钻孔孔口的距离，m；m—煤层（开采分层）厚度，m；

p^v—每米钻孔的钻屑体积，L/m；p^m—每米钻孔的钻屑质量，kg/m

图 5-1　根据钻屑量确定烟煤煤层冲击危险性等级的诺模图

得到的钻屑量预测值与危险-无危险界线重合的煤层区段属于危险等级。对于冲击危险性预测和所用措施效果评价的钻孔，其施工深度应等于 $n+b$，这里 n 为保护带宽度，m；b 为工作面循环进尺，m。

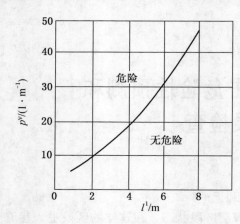

图 5-2 根据钻屑量确定无烟煤煤层冲击危险性等级的诺模图

当出现强烈的地震声学脉冲并伴随着打钻工具的挤压时，以及得到的钻屑量超过或与危险-无危险界线重合时，应停止钻孔施工，这样的区段属于危险等级。

在任意厚度的煤层，根据钻屑量进行冲击危险性预测和预防措施效果检查，应沿最坚硬的分层施工钻孔。在检查卸压钻孔应用效果时，预测钻孔至卸压钻孔的距离不小于卸压钻孔直径的 2 倍。

5.4 确定为无危险等级后，矿井技术负责人——总工程师批准进行采掘作业。当确定为危险等级后，应采取冲击地压局部防治措施（第 1.14 条）煤层区段转化为无冲击危险状态。煤层区段转化为无冲击危险状态后，进行预防措施应用效果检查。实施冲击地压局部防治措施的煤层区段确定为无危险等级后，矿井技术负责人——总工程师批准进行生产或者其他作业。

5.5 试验确定具体条件下的冲击危险性准则后，根据冲击地压委员会的建议，可以采用地球物理快速方法进行煤层区段冲击危险性预测和预防措施效果检查。地球物理快速方法参数的试验确定由全苏矿山地质力学和矿山测量科学研究所的专家或者具有俄罗斯国家矿山技术监督局相应许可证的其他机构的专家完成（见附录8）。在保证上述机构监督和业务指导的条件下，可以吸收矿井预测部门的工作人员参加确定准则的试验。

机构研究部门制订的地球物理方法应用指南应征得全苏矿山地质力学和矿山测量科学研究所的同意，并由组织和俄罗斯国家矿山技术监督局地区机关的联合命令批准实施。

5.6 在褐煤煤层，根据煤的自然水分的变化进行煤层区段冲击危险性等级的确定和所用措施的效果检查，方法和准则如附录8所示。

5.7 在具有冲击地压倾向及同时具有冲击地压和煤与瓦斯突出倾向的煤层中，为了确定动力危险性的类别，建议进行煤的相-位物理状态评价（见附录1）。

5.8 具有冲击地压倾向煤层的冲击危险性预测周期应征得全苏矿山地质力学和矿山测量科学研究所同意，并经矿井技术负责人——总工程师批准。

井筒揭穿冲击地压倾向的煤层时，从距离煤层 10 m 处施工直径 43 mm 的预测钻孔，根据钻屑量进行冲击危险性预测。

在具有冲击地压倾向煤层的回采工作面，回采作业开始之前，第一次冲击危险性检查直接在切眼和邻接巷道中进行。在以后的冲击危险性预测中，每过一定的间隔进行一次，该间隔由矿井技术负责人——总工程师根据基本顶冒落步距确定，但不得大于 25 m。

在准备工作面，第一次冲击危险性的确定应在揭穿煤层之后或者在标定坐标的区段进行。在处于回采作业影响带之外的和以前形成的采空区影响带之外的掘进巷道中，检查测量之间的间隔应不大于 75 m。在回采作业影响带中和以前形成的采空区影响带中，或者在复杂条件下，预测周期应征得全苏矿山地质力学和矿山测量科学研究所同意，由矿井技术负责人——总工程师根据矿山技术条件确定。

巷道重新支护和报废之前，应确定重新支护（报废）区段的冲击危险性等级。

在具有冲击地压倾向煤层的主要巷道中，每年必须预测冲击危险性。规定预测周期的巷道清单由矿井技术负责人——总工程师批准。

在第9章规定的特别复杂条件下，在矿山压力升高带（见附录5）中进行采掘作业时，在煤层的破坏带（两侧50 m内）和在上一次测量结果确定为危险等级的情况下，工作面每推进2 m，在回采和准备巷道中进行1次检查。

预测结果填入记录簿中（见附录8）。

5.9 采用煤层区段冲击危险性预测的方法和准则（第5.2条、第5.4条、第5.5条），进行预防冲击地压区域措施和局部措施的效果检查。使用药壶爆破和卸压钻孔作为预防措施时，通过施工直径43 mm的钻孔对其应用效果进行检查。采用煤层区段的水力化处理作为预防冲击地压局部措施时，通过测量煤样水分的变化，根据准则（见附录8）判断其实施效果。

检查包括：

每一工作面局部措施有效参数的试验确定，影响区段冲击危险性的矿山技术条件每次变化时有效参数的再次确定。

在煤层被处理区段实施后，在已制定的参数条件下检查局部措施的效果。

局部措施效果检查点的布置如附录8规定所示，检查结果填入记录簿中。

在生产巷道中，在长度不大于$0.2l$的危险区段处理后，每次都要进行效果检验，直至这样的区段全部处理完毕。

5.10 在巷道工作面附近安装有黑板，将生产中的回采和准备区段的钻孔钻屑量冲击危险性预测结果和预防措施检查结果在其上面标出，注明日期、班次、预测部门技师姓名、预测和效果检查数据、工作面进尺的安全深度和执行预测或效果检查时工作面至测点的坐标。

6　巷道转化为无冲击危险状态

6.1　在具有冲击地压倾向的煤层中，通过在煤层边缘形成保护带 n，将巷道转化为无冲击危险状态，根据诺模图确定在极薄、薄和中厚煤层中的保护带参数。在沿厚度 5 m 以上的煤层掘进的准备巷道中，取巷道高度的 2 倍作为 m 值。

在危险等级及将来进行采掘作业时必然导致冲击危险性升高的危险煤层的无危险等级区段，应预先采取冲击地压预防局部措施。

在无危险等级情况下不需要采取措施。

6.2　在矿山压力升高带中（见附录 5）为危险等级的情况下，以及在进行回采作业时通风平巷附近不留煤柱的回采工作面的长度为 $0.5l$ 的上部区段，保护带的宽度应取 $1.3n$。

6.3　通过施工大直径钻孔、药壶爆破、煤层边缘部分的水力化处理以及这些方法的综合，建立保护带。根据附录 9 的建议，选择预防性防冲措施的类型及其参数。

应从危险区段边界的一侧向另一侧推进，使生产巷道沿一个方向转化为无冲击危险状态。

钻孔长度应等于保护带与 1 个循环的回采煤带的总宽度，如果不是在每个循环执行措施时使巷道变为非冲击危险状态，则钻孔长度应等于保护带与几个循环的回采煤带的总宽度。

在将煤层转化为无冲击危险状态的工业试验过程中，根据全苏矿山地质力学和矿山测量科学研究所的结论，冲击地压委员会可以更加准确确定具体条件下的保护带参数和预防措施的类型。

6.4　如果钻孔长度不超过 10 m，药壶爆破使巷道转化为无冲击危险状态最为有效。

药壶爆破时，炸药量根据装填不大于钻孔长度的一半计算选择。未装药的钻孔部分应用炮泥充填，钻孔直径取等于 43 mm。

药壶爆破时，炸药量根据不装满钻孔长度的一半计算确定。钻孔未被炸药占用的部分应用炮泥填满。当钻孔组之间的延时间隔不小于 150 ms 时，准许不大于 5 个钻孔的一组钻孔同时进行药壶爆破。钻孔的爆破顺序应规定危险区段的处理向一个方向进行。

进行药壶爆破时，应执行《爆破作业安全统一规范》（1992 年）的要求。

6.5　根据示意图（图 6-1）布置卸压钻孔，将巷道转化为无冲击危险状态。对于这种情况，最小超前距不小于 $0.7n$。

进行回采作业时，应根据示意图（图 6-2），由超前回采工作面的准备巷道中施工卸压钻孔。工作面推进度应保证最小超前距不小于 $0.5l$。

在一个区段内，2 台及 2 台以上钻机同时工作时，在其安装地点应从最大载荷带向最小载荷带将煤层边缘部分转化为无危险状态，不论危险性等级如何，排除相向作业，并保证有安全出口。

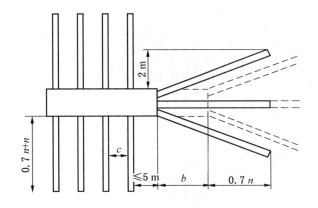

n—保护带宽度；*b*—工作面准许推进度

图 6-1　在准备巷道和开拓巷道中的钻孔施工示意图

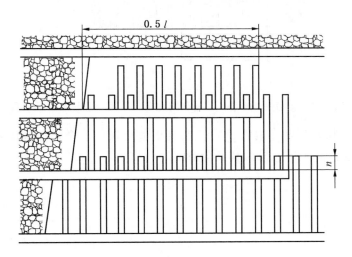

图 6-2　回采作业时钻孔施工示意图

借助于大直径钻孔和药壶爆破将巷道转化为无冲击危险状态的综合方法如图 6-3 所示。钻孔间距 C 根据附录 9 确定。采面工作面的最小超前距应不小于 *n*，而准备巷道的被处理区段长度应不小于 0.5*l*。

通过施工卸压钻孔将开拓巷道和准备巷道转化为无冲击危险状态，为了改善其支护条件，建议使用木支柱将孔口 4 m 深度塞住。

6.6　进行回采作业时，根据矿山技术状况实施煤层润湿的方法有：

（1）通过平行于回采工作面的顺层钻孔（钻孔底部距离平巷不小于 1.5*n*）。

（2）通过由回采工作面施工的钻孔。

（3）综合方法。

通过由岩石平巷或由邻近层掘进与煤层层理成一定角度的钻孔。

当在冲击危险煤层中存在煤的松软夹层时，准许使用超前孔洞水力冲刷，作为冲击地压和煤与瓦斯突出防治措施。

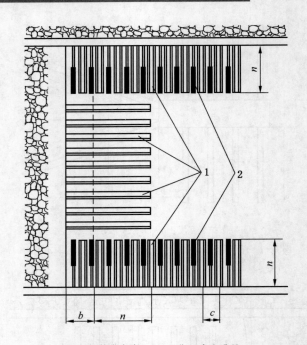

n—保护带宽度；b—工作面准许进尺

图 6-3　在回采巷道将煤层边缘转化为无冲击危险状态的示意图

在《俄罗斯联邦矿井煤（岩石）与瓦斯突出危险煤层安全作业细则》中，规定了孔洞水力冲刷时的参数、工艺、检验和安全措施。

7　巷道掘进和支护

7.1　危险煤层中的准备巷道应在回采工作面支承压力影响带之外使用打眼放炮方法掘进，或者从不小于 15 m 处远距离开停掘进机进行掘进。在无危险等级区段允许使用风镐掘进。

当在巷道工作面出现微冲击并且确定为危险等级时，必须将煤层超前转化为无冲击危险状态，控制范围：巷道每侧的宽度为 n，工作面前方的宽度为 $0.7n+b$（b 为实施局部措施之时工作面的推进度）。

在倾斜、急倾斜和陡直煤层中，水平巷道的下帮保护带宽度应不小于 $0.7n$。

在保护带内准备工作面所有推进循环以及在保护带开采后的 2 个循环范围内查明为无危险等级之后（图 7-1），认为煤层区段已转化为无冲击危险状态。

在具有冲击地压倾向的陡直煤层中，倾斜准备巷道应由上向下掘进。

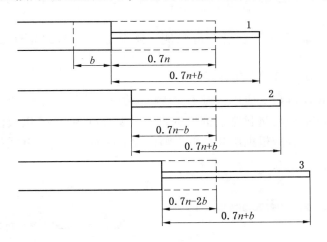

1、2、3—冲击危险性预测钻孔

图 7-1　不采取冲击地压防治措施的普通掘进方式的过渡方案

7.2　当相向工作面贯通巷道时或者接近现有巷道时，应在距离不小于 $0.3l$ 处停止工作面。在危险等级的情况下，从距离 $0.2l$ 处将工作面之间的煤柱全部转化为无冲击危险状态。在无危险等级的情况下，准许不转化为无冲击危险状态，但工作面每推进不大于 3 m 应进行一次冲击危险性预测。

7.3　沿石英砂岩或者其他冲击危险岩石掘进的深度大于 800 m 的巷道禁止相互靠近的距离小于大断面巷道宽度的 4 倍。

巷道贯通应按近似直角进行。

7.4　在具有冲击地压倾向的煤层中，应采用可压缩金属拱形支架，并对加固空间进行密接背板和精细充填。

在服务期 2 年以下的巷道中，如果预期其冲击危险性不会增大，在获得全苏矿山地质力学和矿山测量科学研究所肯定结论的情况下，允许采用木支架和可压缩锚杆支架。

在采面前方的巷道必须重新支护的情况下，当回采工作面接近距离达到 l 之前，工程应结束。

7.5　在具有冲击地压倾向煤层的区段为危险等级的情况下，当井筒揭穿煤层时，应将井筒直径及其四周 n 范围内的煤层转化为无冲击危险状态。

7.6　在被保护带之外，在石门揭穿具有冲击地压倾向煤层的地点，建议建造可压缩金属环形支架，并对巷道顶板和侧帮进行密接背板和充填。

7.7　具有冲击地压倾向煤层巷道的断面、支架的类型和参数应按照确保在整个使用周期内不需要重新支护来计算。在巷道必须重新支护的情况下，这些工程应在相互间距不小于 20 m 的区段内进行。

如果巷道重新支护和卸压钻孔施工同时进行时，在危险等级的情况下，巷道重新支护点和卸压钻孔施工点之间的距离应不小于 l，而在无危险区段，巷道重新支护点和卸压钻孔施工点之间的距离应不小于 20 m。

7.8　对于在危险煤层附近，以前残留有煤柱的巷道，应采取下列方法之一使其转化为无冲击危险状态：

（1）在危险等级的情况下，沿巷道两侧，使全部平面内的煤柱转化为无冲击危险状态。

（2）开采上保护层或下保护层。

为了避免局部措施的再次应用，对于被煤柱保护的长期生产（主要）巷道，建议根据全苏矿山地质力学和矿山测量科学研究所的推荐（见附录 9），向煤层注入增塑剂使其转化为无冲击危险煤层，并应根据矿井总工程师批准的说明书执行这些措施。

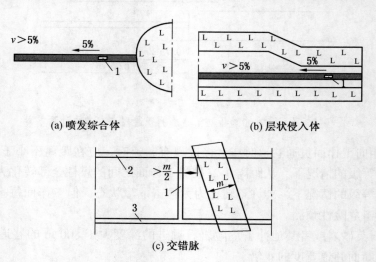

（a）喷发综合体　　　　　　　　　（b）层状侵入体

（c）交错脉

1—切眼；2—通风平巷；3—运输平巷；m—交错脉的厚度

图 7-2　取决于侵入体形式和挥发分含量的切眼布置方式

7.9   在侵入体延伸地点掘进巷道时，为了防止煤和岩石弹射，必须制定冲击地压委员会推荐的、考虑了全苏矿山地质力学和矿山测量科学研究所结论的专门综合措施。

7.10   对于冲击危险煤层中的准备巷道，在其直接顶板或者底板中埋藏有厚度 5 m 以上的层状侵入体的情况下，掘进时对围岩（侵入体）不要挑顶、卧底或者尽可能少地挑顶、卧底。各种用途的硐室和甩车道必须布置在沉积岩中。切眼必须布置在挥发分最小含量（$V^r > 5\%$）的区段，而回采作业向着远离侵入体影响带的方向进行（图 7-2）。

8 回 采 作 业

8.1 在具有冲击地压倾向的煤层中，顶板控制方法必须采用全部冒落法、局部冒落法或充填法。当坚硬顶板悬顶时，必须采取强制冒落措施。

在极薄煤层中，准许采用缓慢下沉法控制顶板（木垛支护）。

在获得全苏矿山地质力学和矿山测量科学研究所肯定结论的情况下，根据冲击地压委员会的建议，允许采用其他顶板控制方法。

8.2 在具有冲击地压倾向的煤层中，回采工作面应为直线。刨煤机开采煤层时，准许回采工作面为曲线形状（向煤体方向内凹）。在陡直和急倾斜煤层中，当带错距的最大可能台阶高度不大于 3 m 时，作为例外，准许使用倒台阶工作面形状。

8.3 当在靠紧回采工作面的巷道中查出危险等级时，回采作业前，应在距离不小于 l 处将巷道转化为无冲击危险状态。

在距离采面小于 $0.5l$ 的区段，巷道转化为无危险状态应在回采工作面停工的情况下实施。

8.4 在冲击地压危险煤层中进行回采作业时，在危险等级的情况下，应将煤层边缘宽度不小于 $n+b$ 的部分转换为无冲击危险状态。

在具有散落倾向的陡直和急倾斜煤层中，保护带宽度应不小于 $0.7n$。

在保护带范围内（图 7-1）回采工作面的全部推进循环以及在保护带开采之后的两个循环内确定为无危险等级后，转换为无预防措施的作业方式。

在具有冲击地压倾向的煤层中，在停工 3 d 以上的工作面恢复回采作业之前，必须进行冲击危险性预测。

8.5 水力采煤应通过可变宽度的小巷进行，其尺寸由冲击地压委员会根据全苏矿山地质力学和矿山测量科学研究所的结论推荐。

8.6 在回采工作面，保护带的宽度取决于基本顶的冒落步距、回采方法、截深宽度、采煤机器的推进速度，并应不小于：

（1）截深宽度 0.8 m 以下的机器（刨煤机、采煤机）回采时为 $0.7n$（n 根据诺模图确定）。

（2）截深宽度 0.8~2 m 的打眼爆破、风镐落煤、机器回采和掏槽时为 n。

（3）截深宽度 2 m 以上的打眼爆破、机器回采和掏槽时为 $1.3n$。

8.7 具有冲击地压倾向煤层中的不可采厚度的区段范围应在采掘工程平面图上标出。

8.8 当危险煤层的回采工作面接近连续性断裂的构造破坏或褶曲轴至 $0.5l+Y$ 时（Y 为根据矿井地质部门的资料具有低的煤层坚固性系数的破坏带宽度），应该编制该区段的回采说明书，并由矿井技术负责人——总井工程师批准，在其中应规定第 6.3 条和附录 9 推荐的冲击地压预防措施中的一种。

当断裂破坏的断距大于煤层厚度时，每一盘的破坏带宽度的平均值为 $Y = 2\sqrt{N}$（N 为位移的法向落差）。

在巷道周围宽度不小于 n 的范围内为无危险等级的情况下，沿断裂破坏和褶曲轴掘进前探倾斜巷道时，准许在破坏带中不采取预防措施。

8.9　无煤柱开采具有冲击地压倾向、带小落差断裂破坏①的煤层时，顶板控制和采面支护说明书应规定：

（1）在最小冒落步距的情况下，采用全部冒落法放顶。

（2）增大放顶支架（托柱、丛柱、垛）和工作面支架的密度，顶板完全支紧。

（3）在断裂面附近，安装附加的放顶支架。

8.10　倒台阶工作面的采面通过落差 5 m 以下的断裂破坏时，位于破坏上方的台阶不得超前下部台阶 8 m（图 8-1a）。

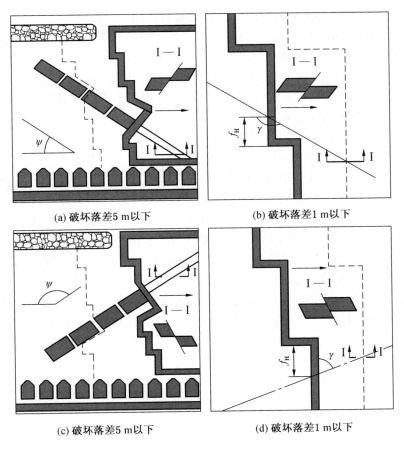

(a) 破坏落差 5 m 以下　　(b) 破坏落差 1 m 以下

(c) 破坏落差 5 m 以下　　(d) 破坏落差 1 m 以下

图 8-1　在陡直煤层中断裂破坏的通过方式

---

①　本细则中小落差破坏指的是落差大于煤层（分层）厚度的一半，但不大于 10 m——放顶支架滞后工作面煤壁的最小距离（俄罗斯联邦煤田地质工作细则. 1993. 第 17 页）。

只有当位于上方的台阶揭露破坏之后，通过破坏时准许掘进绕道（图8-1c）。

8.11　应使用无煤柱连续工作面通过落差小于1 m的断裂破坏，而且禁止采掉破坏地点的台阶角煤。

当破坏向工作面方向倾斜时，如果台阶底部到破坏错动面的距离f_H不小于20 m（当$\gamma = 25° \sim 49°$时）和10 m（当$\gamma = 50° \sim 75°$时）（图8-1b），则每个台阶与下部的台阶成双出现。

当破坏的倾斜远离工作面方向时，如果台阶底部到破坏错动面的距离f_H不小于12 m（当$\gamma = 25° \sim 49°$时）和10 m（当$\gamma = 50° \sim 75°$时）（图8-1d），则每个台阶与上部的台阶成双出现。

8.12　当回采工作面推进方向与断裂破坏呈锐角ψ时（图8-1a），对煤层开采最为有利。

8.13　在煤层缺失的同向逆断层和正断层附近，两盘的错距达到10 m以上，准许沿着错动面的方向进行回采作业，而不认为工作面遇到断裂破坏。

8.14　在具有煤层散落倾向的陡直和急倾斜煤层中，在倒台阶工作面的情况下，应采取防止煤的突然散落或者冒落的补充措施，其主要措施有：

（1）每个回采循环对所有的台阶以煤层润湿的方式进行，根据全苏矿山地质力学和矿山测量科学研究所的结论和冲击地压委员会的建议选择注水方式和参数。

（2）排除由下向上开采台阶。

（3）加强悬垂煤体的支护，特别是台阶角煤。

（4）由上向下掘进准备巷道。

（5）回采工作面全长和联络巷排除甲烷局部积聚。

（6）回采工作面最大可能向煤体倾斜。

8.15　在具有冲击地压倾向和顶板大面积悬顶倾向的陡直和急倾斜煤层中，准许使用综合开采法，在这种情况下，阶段分为2个亚阶段。上部亚阶段使用短采面开采，下部亚阶段使用的采面按规定距离开切眼，并保留技术煤柱。其后续回采采取利用矿山压力能量的无人方法进行（钢绳锯煤机等）。

综合开采法的参数由冲击地压委员会根据全苏矿山地质力学和矿山测量科学研究所的结论推荐，并经组织技术负责人（矿井技术负责人——总工程师）批准。

9 特别复杂条件下的作业

9.1 在具有冲击地压倾向煤层中，向采空区方向、前探巷道方向进行作业，在矿山压力升高带和地质破坏影响带中开采煤柱时（图9-1），巷道重新支护，清除冲击地压后果，以及将煤体转化为无冲击危险状态的作业，均属于特别复杂条件。

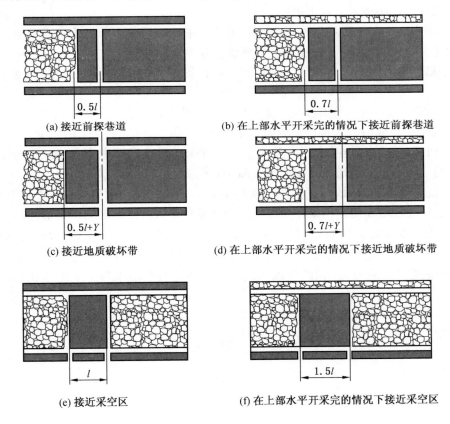

(a) 接近前探巷道   (b) 在上部水平开采完的情况下接近前探巷道

(c) 接近地质破坏带   (d) 在上部水平开采完的情况下接近地质破坏带

(e) 接近采空区   (f) 在上部水平开采完的情况下接近采空区

Y—地质破坏影响带

图9-1 确定危险地范围的示意图

预定开采危险煤层的特别危险区段，应在它们中的高冲击危险性程度出现之前，将其预先转化为无冲击危险状态。

9.2 开采具有冲击地压倾向煤层中的煤柱，以及在超过额定钻屑量3倍的条带中的作业，应按照由组织技术负责人批准的专门说明书进行。

在说明书中必须考虑下列情况：

（1）上保护层或者下保护层。

（2）当煤柱宽度在所有方向的宽度都小于 0.5l 时，只有在其全部平面内预防处理后，才可以进行回采。

（3）当煤柱宽度大于 0.5l 时，仅在危险等级的情况下，需要预先将准备巷道转化为无冲击危险状态的宽度为 n，而回采巷道预先转化为无冲击危险状态的宽度为 $n+b$。

（4）平巷附近煤柱中的回采作业一般应由以前掘好的联络眼向煤层走向方向推进。

（5）煤柱回采着向远离采空区的方向进行。

（6）在采用打眼爆破方法的情况下，应该规定炸药瞬发爆破或者瞬时延发爆破。

（7）禁止洞采法开采煤柱，水采方法除外。

（8）禁止与巷道中实施防冲措施无关人员通过和滞留。

除此之外，还必须采取以下措施：

（1）采用回采工作面无人的方法回采煤柱（采用钢绳锯煤机、水力落煤、远距离截槽、当倾角大于 45°时利用矿山压力破煤落煤，等等）。

（2）从距离不小于 15 m 的地方远距离控制设备施工钻孔，将煤柱转化为无冲击危险性状态。

（3）将煤柱范围内的巷道转化为无冲击危险性状态应与它们的掘进同时进行。

（4）在爆破作业时，人员撤退到岩石中掘进的巷道。

9.3　回采工作面通过矿山压力升高带应由冲击地压委员会审查。应从平行于矿山压力升高带的边界掘进的巷道中，将应力升高带转化为无冲击危险状态。

9.4　当危险煤层的回采工作面接近采空区时，自回采工作面到采空区距离为 l 起，不管其冲击危险性程度如何，回采作业应按组织技术负责人批准的专门说明书进行。

9.5　具有冲击地压倾向煤层的回采工作面接近前探巷道的距离至 0.7l 时，应编制预先处理说明书，并经组织技术负责人批准，区段处理宽度为由前探巷道向回采工作面方向 0.4l，前探巷道另一侧为 n。预防措施实施之前，在这些巷道中禁止采掘作业、人员滞留和通行。

10　预防巷道底板破坏的冲击地压

开采底板岩石具有冲击地压倾向的煤层时，应该采取在巷道附近排除留设煤柱的开采方法。

在煤体中掘进的巷道宽度应该小于 $1.5m$ 或者大于 $4m$（m 为具有以冲击地压形式破坏的岩石分层厚度）。

在巷道两侧煤层松动宽度不小于 $1.5m$ 的条件下，或者采用爆破作业、煤层注水方式将冲击危险岩石分层破坏，允许掘进任意宽度的巷道。

对于沃尔库塔煤田的条件，准备巷道底板动力破坏的冲击地压的预测和防治措施根据附录 10 实施。

11 具有冲击地压倾向煤层矿井间的防火、防水和黏土支撑煤柱的留设

11.1 相邻矿井间的煤柱宽度应不小于 l（并且不小于安全规范的规定）。

在陡直煤层的条件下，特别是在沿走向延伸的煤柱中，应采取措施，依靠补充支护，当煤柱边缘破坏时将煤挡住和移走。

11.2 防火煤柱的宽度以及留设的预防水和黏土向巷道决口的煤柱宽度根据安全规范选择。接近煤柱、圈定煤柱以及在煤柱影响区内邻近层中的作业，应考虑到本细则的要求。

12　巷道转化为无冲击危险状态时的安全措施

12.1　巷道转化为无冲击危险状态应按照说明书实施。说明书根据《爆破作业统一安全规范》（1992 年）和本细则的要求编制，并由矿井技术负责人——总工程师批准。

将掘进巷道转化为无冲击危险状态应朝着最大载荷区段的相反方向进行。

从事将巷道转化为无冲击危险状态的工人应熟悉安全技术的补充要求，并签字。在查出为危险等级的巷道，除了从事实施冲击地压预防措施的人员外，禁止其他人员滞留和通过。

12.2　药壶爆破在煤矿中按不同的方案实施：工业的、工业试制的、试验的。药壶爆破的工业方案应根据矿井技术负责人——总工程师批准的说明书进行。符合安全工作要求的新装药方案、新起爆图和爆破顺序应用的试验和工业试制药壶爆破，根据矿井技术负责人——总工程师批准的一次性有效的说明书实施。

在危险等级的区段，应采取带清洗的钻孔施工方式，以降低地震活性和保证更充分地排除钻粉。

当干式施工炮眼时，必须仔细清除钻粉，以防止装药时在药卷之间形成阻塞，保证所有药包的彻底爆炸。

为了提高瓦斯和粉尘危险矿井的作业效率和安全性，应使用充水细管或水力填塞作为内封炮泥；而且炮眼口必须用长度 1 m 的黏土封泥填满。

为了防止拒爆，药壶爆破时准许使用带 2 个电雷管的药卷起爆药包，2 个电雷管与电源并联。

为了降低药壶爆破时的爆炸地震作用，必须使用瞬时延发爆破，减少同时爆炸的炸药量，改变爆炸波峰面的运动方向。

同时爆炸时，炮眼数量应不大于 4 个，而总的装药量不大于 15 kg。

在危险等级的情况下，当炮眼孔壁严重破坏时，应采用水炮泥通过自由浇注进入下行炮眼和在余压的作用下向上行炮眼压注水进行药壶爆破。压注水进行药壶爆破时，应用水力封孔器封孔。

当药壶爆破与卸压钻孔组合使用时，必须规定防止甲烷或者煤尘燃烧和爆炸的措施，在炸药爆炸前，必须进行煤层抽放。

在具有散落倾向的急倾斜煤层中，以及在距离井底车场巷道、爆炸材料仓库、中央排水仓、中央井下变电所小于 100 m 的半径内，禁止使用药壶爆炸。

在具有冲击地压倾向的煤层中，在回采工作面和准备工作面进行爆破作业之前，开采煤柱时人员应远离爆破地点至安全距离，但不小于 200 m，并处于新鲜风流中。最后一次爆破经过 30 min 之后，人员方可出现在工作面。

12.3　在危险等级区段施工卸压钻孔时，应从不小于 15 m 的距离处启动和关停打钻设备，而且，钻机的控制台应位于已转化为无冲击危险状态的巷道区段。

在陡直煤层中施工卸压钻孔时，应规定限制钻孔内煤垮落的措施（转化为小直径钻孔或在孔口安设护板）。

12.4　实施煤层注水作业的人员应远离注水钻孔不少于 30 m，并且处于已转化为无冲击危险状态的巷道的新鲜风流侧。

12.5　所有的冲击地压防治措施应由负责实施这些工作的人员出席审批。负责实施冲击地压防治措施的人员由矿井相应的生产（掘进）区、通风安全技术区及冲击地压预测和防治部门的领导任命。

将卸压钻孔施工、煤层水力化处理、药壶爆破以及其他实施的预防措施的结果形成记录文件，并标明实际参数。记录文件由生产（掘进）区领导和负责措施实施的人员签字，并保存在生产区。

实施的预防措施的实际参数记入冲击地压预测和防治工长的派工单中以及记录簿中（见附录 8）。

13 转换为本细则规定状态的程序

13.1 当在矿井中查明具有冲击地压倾向的煤层时，根据本细则修改井巷工程扩展远景和年度计划以及事故消除计划。

13.2 在具有冲击地压倾向的煤层中，采掘新方法、新设备的矿山试验工作和工业性试验根据全苏矿山地质力学和矿山测量科学研究所的结论和冲击地压委员会的建议进行。

附录1　煤层和岩石冲击危险性预测方法

1　主要概念和定义

冲击地压——处于极限应力状态的煤柱、煤体边缘和围岩的脆性破坏，其表现形式为煤炭（岩石）向巷道中的抛出或压出，并导致支架损坏、机器和装备移动、破坏技术工艺过程。

冲击突然发生并伴有剧烈声响、矿体震动、大量粉尘的形成和空气波。在含瓦斯煤层中，冲击导致瓦斯涌出量增大，而在陡直煤层中可能引起煤的冒顶或者撒落。

微冲击——煤（岩）向巷道中散落，不破坏工艺过程，并伴有剧烈声响、矿体震动、粉尘形成，而在含瓦斯煤层中伴有瓦斯涌出。

震动——在岩体深部煤层（岩石）的破坏，但不向巷道中抛出，伴随有声响、岩体震动、形成粉尘，而在含瓦斯煤层中伴有瓦斯涌出。

弹射——在岩体暴露区段的煤（岩石）块的破坏和弹落，并伴有剧烈声响。

巷道底板（顶板）岩石破坏的冲击地压——在弯曲压缩条件下超过其极限强度，巷道底板（顶板）岩石分层的脆性破坏。伴随有充满巷道被破坏材料、机械和装备的损坏、强大的声响、震动和粉尘，而在含瓦斯煤层中瓦斯涌出量升高。

矿山构造冲击——由来自于矿山岩体震动变形的地震波能量的作用引起，其中包括人工地震，并在一个矿井或矿井群的几个采区表现出冲击地压。矿山构造冲击伴随有强大的岩体震动，剧烈声响，粉尘的形成和空气冲击波。

威胁煤层——具有高弹性性能和在增高的应力集中条件下脆性破坏倾向的煤层。威胁的烟煤和无烟煤煤层通常赋存在强度大于 80 MPa 的围岩（砂岩）中，此类岩石具有在回采工作面大面积悬挂的倾向。当存在松软围岩时，厚的褐煤煤层可能是冲击威胁。

危险煤层——具有威胁煤层的全部征兆、在井田的这个水平（条带）发生过冲击地压、微冲击或者被查明具有危险等级区段的煤层。

煤柱——被个别巷道、采空区或地质破坏至少从 2 个对立方向圈定的危险、威胁或无危险煤层的区段，其最小尺寸在层理平面上不超过支承压力带的数值。

前探巷道——连接回采区段回风和运输水平的巷道，以及要进入生产回采工作面的支承压力带的主要煤层巷道。

煤层冲击地压倾向性评价——通常是在分析地勘阶段埋藏深度，力学性质，煤层和围岩的厚度及构造变动等性能指标，预先预测该井田在生产作业过程中冲击地压发生的可能性。

区域预测——在全部煤田范围内，查明与井田尺寸可以相比较的大面积内的地质力学危险带，并借助于地震站连续不断地完成区域预测。

冲击危险性局部预测（煤层区段冲击危险性预测）——确定具体区段（工作面、煤柱、巷道）煤体边缘部分应力强度升高的相对值。

煤层区段分成 2 个等级：危险和无危险。

支承压力带 l——巷道（回采、准备）周围的煤层边缘部分，在其范围内应力水平高于原始岩体区。

保护带 n——采用局部防冲措施，解除煤层边缘部分的应力，保证煤的力学性质的改变和安全作业。

保护层的局部开采——煤层有限区段的首先开采，目的是在邻近冲击危险煤层的个别区段中建立安全作业条件。

保护层——其开采能够保证被保护层中冲击地压作业安全性或者形成部分卸压、减轻被保护层中其他防治冲击地压措施应用的煤层（岩石分层）。

卸压带——保护层回采巷道影响区域的部分，在其范围内，垂直于层理的应力小于原始岩体中的相应应力。

被保护带——卸压区区域的部分，在其范围内，开采冲击危险被保护层时不发生动力现象。

保护角 δ_1、δ_2、δ_3、δ_i——划分下部先采或者上部先采煤层的无危险和危险区段的角度。

压力角 φ_1、φ_2 和 φ_i——圈定下部先采煤层中危险区段的角度。

临界厚度 m_0——由保护层厚度进一步减小将导致压力角的增大和被保护带减小的保护层厚度。

矿山压力升高带——经受升高应力的煤层和围岩部分，升高应力由在邻近煤层中分布的煤层边缘部分、个别残留煤柱和其他集中体传递而来。

地质破坏影响带——邻接地质破坏煤层（围岩）的局部区段，在其范围内岩体的力学性质和应力状态发生改变。

地质动力区划——可以查明单元结构、评价和预测应力状态和瓦斯流体力学状态的岩体诊断方法。

2　主要地质和矿山技术因素的确定

煤层的冲击危险性由下列地质因素决定：

（1）埋藏深度大。

（2）在顶板中存在坚硬砂岩的厚分层。

（3）取决于煤的强度和相位物理性质的煤层边缘部分弹性变形和脆性破坏的倾向性。

（4）在与煤层接触的直接顶板和直接底板中，没有弱的可塑的岩石分层。

（5）煤田地质构造和煤层破坏程度的特征。

根据地质勘探机构完成的煤田（井田）详查勘探，作出煤层冲击倾向性的初步预测。

在初步阶段，如果岩芯产出率为 85%～100%，煤层坚硬（硬度系数 $f \geqslant 1$），以超过 80% 的暗淡和半暗的岩相差异为代表，则煤层被认为具有冲击地压倾向。具有冲击地压倾向煤层的特点是：均质性，整体性，一般不含弱分层。

主要地质因素对烟煤和无烟煤煤层冲击倾向性的影响根据综合判据评价：

$$P = P_1 + P_2 + P_3$$

式中　P_1、P_2、P_3——级点，根据附表1-1确定。

附表1-1

煤层赋存深度/m	P_1	厚度10 m的顶板岩石的强度/MPa	P_2	基本顶的厚度/m	P_3
150	1.0	80~100	1.0	10	1.0
200	2.5	150	1.5	15	1.5
250	3.0	200	2.0	20	2.0
300	3.5	250	2.5	25	2.5
350	4.0	300	3.0	30	3.0
400	4.5			35	3.5
450	5.0			40	4.0
500	5.5			45	4.5
≥550	6.0			50	5.0
				55	5.5
				60	6.0

当$P \geqslant 3$时，烟煤和无烟煤煤层属于冲击地压威胁。

当$P = 3$时，煤层最小埋藏深度为150 m，基本顶岩石的单向抗压强度为80 MPa，基本顶整体分层的厚度为10 m。

当采煤机、风镐工作时以及钻孔施工和爆破时，煤层冲击危险性的显现为采掘工作面的震动、弹射和微冲击。

3　煤层冲击地压倾向性的确定

在井田或者其个别采区详细地质勘探之前完成的地质勘探和设计阶段，根据冲击危险性系数K评价煤层的潜在冲击危险性。

冲击危险性系数由下式得到：

$$K = \frac{\varepsilon_y}{\varepsilon_\Pi} \times 100\%$$

式中　ε_y——借助于旋设备，当人工形成的载荷达到破坏强度的75%~80%时，煤层边缘部分的弹性相对应变；

　　　ε_Π——总相对应变。

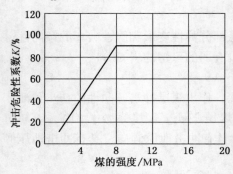

附图1-1　冲击危险性系数K与煤的强度关系曲线

对于库兹涅茨克矿区的条件，系数K值取决于曲线图（附图1-1）中煤的强度。

当$K \geqslant 70\%$时，认为煤层具有潜在冲击危险。在这种情况下，当编制设计和作业文件以及在该煤层进行作业时，必须规定本细则要求的针对冲击地压危险煤层的措施，根据本细则第1.5条的要求，进一步确定煤层的冲击危险性程度。

由不同岩石类型的几个分层组成的煤层，可以相对用2类分层表示：松软的和坚硬的。根据普氏等级表强度小于等于0.6的分层属于软分层，而强度大于 0.6 的属于硬分层。

根据分层厚度的加权平均确定每种分层的强度。煤层的整体强度根据下式确定：

$$f = \frac{f_{\text{кр}}}{1 + \left(\dfrac{f_{\text{кр}}}{f_{\text{сл}} - 1}\right) \times \dfrac{m_{\text{сл}}}{m}}$$

式中　$f_{\text{кр}}$ 和 $f_{\text{сл}}$——分别为硬煤和软煤分层的强度；

m——煤层厚度；

$m_{\text{сл}}$——软煤分层厚度。

在确定冲击危险性系数时，煤的强度根据公式 $\sigma = 100 \times f$ 计算。

由不同强度的分层组成的煤层的冲击危险性系数，可以直接根据下式确定：

$$K_{\Pi} = \frac{K_{\text{кр}}}{1 + \left(\dfrac{K_{\text{кр}}}{K_{\text{сл}} - 1}\right) \times \dfrac{m_{\text{сл}}}{m}}$$

式中　$K_{\text{кр}}$ 和 $K_{\text{сл}}$——分别为硬分层和软分层的冲击危险性系数。

为了确定煤层冲击地压倾向，可以使用以极限后弹性变形功与极限前弹性变形功的比值表示破坏强度指标 $K_{\text{и}}$。这样的确定工作由全苏矿山地质力学和矿山测量科学研究所或者具有俄罗斯国家矿山技术监督局相应许可证和必须设备的其他机构进行。为此目的，在矿井条件下，借助于液压千斤顶，在尺寸不小于 40 cm×40 cm×80 cm 的大型试件上获得煤层强度的完整曲线图（附图 1-2）。在曲线图上，由拐点 A 作平行于弹性段 OE 的直线 AD，并作垂线 AC。

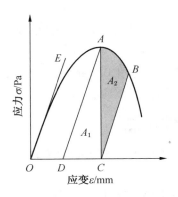

附图 1-2　煤层破坏强度的完整曲线图

由 C 点作平行于 OE 的直线 CB，与曲线相交于 B 点。面积比值 $\dfrac{A_2}{A_1} = K_{\text{и}}$ 为煤层冲击地压倾向指标。如果 $K_{\text{и}} = 1$，则煤层具有可塑变形倾向，当 $K_{\text{и}} = 0$ 时，发生最理想的脆性破坏。当 $K_{\text{и}} < 0.9$ 时，煤层具有冲击地压倾向。

在不同强度煤层分层或被坚固的岩石夹层分开的结构复杂煤层中，个别区段的冲击危险性预测应根据最坚固的煤层分层进行。当煤层分层和岩石分层的强度相差 4 倍以上以及岩石夹层厚度总和占煤层总厚度的 40% 时，这样的区段无冲击危险。

4　根据煤的相位物理性质查明同时具有冲击地压和煤与瓦斯突出倾向的煤层

4.1　根据煤的相位物理性质的信息，查明煤层冲击地压和突出的倾向性。

4.2　在煤田勘探、矿井建设和生产阶段，根据煤的相位物理性质的信息，采用以下 4 个指标确定煤层的冲击地压和突出的倾向性：

（1）结构指标（G_{Mr}），反映吸附空隙容积在总空隙率中的份额。

（2）最大吸水量（W_{Mr}），等于物理化合水分的最大值，煤的空隙空间的吸附体积能够容纳和保持它；它对应于空隙空间吸附体积的完全水饱和。

（3）饱和水量（W_{Π}），等于水分的最大值，在空隙空间的全部（吸附和渗透）体积内容纳和保持它。

（4）煤的自然水分（W_E），等于试验区段煤中包含的实际水分值。

4.3　当 $G_{Mr} > 0.5$ 时，无烟煤和烟煤煤层具有冲击地压倾向，当 $G_{Mr} < 0.5$ 时，具有煤与瓦斯突出倾向。

4.4　当 $W_E > W_{Mr}$ 时，无烟煤和烟煤煤层没有冲击地压和突出危险，在相反关系的情况下，当存在决定动力现象发生的其他因素时，可能出现动力危险性。

4.5　当 $W_E < 0.85 W_{\Pi}$ 时，褐煤煤层具有冲击地压倾向。

4.6　通过采煤层暴露面的开槽煤样或来自于钻孔和炮眼的煤样，确定煤的相位物理性质。鉴定和实验分析方法如《根据其相位物理性质预测煤层动力现象方法规范》所示。

4.7　在复杂结构的煤层中，为了确定冲击地压倾向性，由坚硬煤分层采样，突出倾向性由松软揉皱的煤分层取样。

如果煤层厚度的 70% 以上由满足冲击危险性条件的煤层分层组成，则其属于冲击地压威胁煤层（附录 1 第 2 条）。

在这样的煤层中，即使存在一个厚度 0.1 m 以上、满足突出危险性条件的分层，该煤层就同时具有冲击地压和煤与瓦斯突出倾向。

5　岩石的冲击危险性预测

在煤田，首先必须预测埋藏深度大于 500 m 的单轴压缩强度极限大于 80 MPa 的围岩的冲击地压倾向。

如果具有下列征兆之一，则岩层具有冲击地压倾向：

（1）岩石中含有石英。

（2）以不大于 50 mm/min 的速度进行岩芯取样打钻，岩芯分裂成厚度小于 1/3 直径的凸凹透镜状的圆片。

（3）岩石压缩强度极限与拉伸强度极限之比大于 25。

根据岩石组分、岩芯圆片及压缩强度极限与拉伸强度极限比值的预测，建议在井田地质勘探和建设阶段进行。

为了使根据岩芯进行的初步预测结果更加准确，在矿井井巷工程扩展的情况下，建议使用直接在巷道中进行的、基于依靠刚性压模挤入评价岩体边缘区域脆性岩层的冲击危险性预测方法。

进行脆性评价时使用液压钻孔仪 БП-18，脆性评价方法如下。凿岩机施工直径 60 mm 的钻孔。采用具有与岩石紧密接触的特殊钻头，将每个钻孔的底部在无水进入的情况下磨光。钻孔最小深度 0.4 m。БП-18 仪器安装在钻孔中，借助于液压机械打上楔子稳固，记录压力表和千分表的初始指标。将压模推入直至岩石破坏。

在破坏过程中需要测量的参数有：在破坏开始和结束时刻对应于液压系统里的最大压力 P_1 和最小压力 P_2，破坏时刻压模的推入深度 h_1，破坏后岩石中的印痕深度 h_2。

根据公式 $K_{xp} = \dfrac{P_1 h_1}{P_2 h_2}$ 计算脆性系数，确定脆性系数最少须进行 10 次测量和计算。

当 $K_{xp} \geqslant 3$ 时，岩石具有冲击地压倾向；当 $K_{xp} < 3$ 时，岩石无冲击地压倾向。

附录2　冲击地压委员会章程

1　总则

1.1　根据№168命令《煤矿安全规程》① 生效的《开采具有冲击地压倾向煤层矿井安全作业细则》（以下简称细则）的要求，在采煤生产企业（股份公司，联合会，（垄断性）联合企业，公司或者矿井组管理机构)② 成立冲击地压地区（矿区）委员会。委员会根据本章程和本细则运转。

1.2　地区（矿区）委员会（以下简称委员会）组成人员每年由企业命令批准。在必要的情况下，委员会组成人员包括独立煤矿（不管其所有制形式如何）的专业人员。

推荐的委员会成员人数不大于10~12人。企业技术经理（技术负责人、总工程师）为委员会主席。副技术经理任命为委员会副主席。

企业主管专业人员、俄罗斯国家矿山技术监督局地区机关主管专业人员、全苏矿山地质力学和矿山测量科学研究所的专家、矿区技术和设计研究所的行业专家以及委员会主席提议的其他专家任命为委员会成员。

在任何情况下，当矿井存在同时具有冲击地压和煤与瓦斯突出倾向的煤层时，东部煤炭工业安全工作科学研究所的有关专家加入委员会。

1.3　年度计划由委员会会议通过，委员会主席批准，根据年度计划开展委员会工作。

1.4　在特别复杂矿山地质和矿山技术条件下、在具体的采掘作业条件下以及在本细则没有规定的情况下，委员会提出保障安全作业的建议。

委员会的决议具有建议性质，形成纪要文件，由委员会主席和秘书签名。

当不同意通过的决议时，委员会成员书面提交单独意见，附在纪要中，并在纪要中做出相应的记录。

1.5　委员会通过的在具有冲击地压倾向煤层中保障安全作业问题的建议经相应的俄罗斯国家矿山技术监督局地区机关同意后实施。

委员会关于本细则没有规定的问题或者要求采取特殊方案的建议在俄罗斯国家矿山技术监督局研究审查后实施。

冲击地压委员会研究的问题由矿井领导或者企业技术管理处提出。对于个别问题的决策，可以邀请矿井总工程师、总测量师、总工艺师以及冲击地压预测和防治部门的负责人参加委员会会议。

冲击地压委员会审查问题的材料准备和整理由企业技术管理处负责。

---

① 由于《煤矿安全细则》（ПБ 05-618-03）正式公布后生效，《煤矿安全细则》（ПБ 05-94-95）失去效力（俄罗斯国家矿山技术监督局2003年7月30日№168命令）。

② 以后简称企业。

2　委员会的任务和职责

2.1　冲击地压委员会的主要任务有：

（1）提出保障具有冲击地压倾向煤层在特别复杂矿山地质和矿山技术条件下、在具体的采掘条件下安全作业的建议。

（2）在冲击地压预测和防治方面实施统一的技术政策。

（3）检查地区（矿区）矿井完成的冲击地压预测和防治问题的科学研究、设计和矿山试验工作。

2.2　为了完成上述任务，冲击地压委员会承担以下职责：

（1）每年审查煤田的煤层或者个别煤层，将其列为冲击地压威胁煤层和危险煤层。

（2）研究审查揭煤方法、开拓系统、开采方法以及煤系煤层的开采顺序。

（3）研究审查进行采掘作业的工艺问题。

（4）研究审查冲击地压预测和防治部门的组织问题。

（5）研究审查根据科学研究和试验设计工作成果制订的、旨在保障在冲击危险条件下采掘作业安全性的冲击地压预防问题的指南和方法，以便确定在矿井进行的矿山试验工作和工业试验的合理性，以及确定必需的安全措施。

（6）研究审查冲击地压预测和预防新方法的矿山试验工作和工业试验的成果，以及相应的矿山试验工作实施的总结报告。

（7）当保证冲击地压危险和威胁煤层安全作业的新规范文件开始生效时，对企业给予方法帮助。

（8）制定年度和远景规划的建议以及矿井采掘工程实施的建议。

（9）讨论保证冲击危险煤层安全作业的规范文件的设计。

（10）定期听取矿井技术负责人关于在冲击地压危险和威胁煤层中作业安全情况的报告。

（11）每年研究地区（矿区）矿井发生的冲击地压的情况和分析原因。

（12）准备和举办冲击地压问题科学技术会议和进修班。

3　权利和责任

3.1　委员会的权利：

（1）邀请矿井总工程师、总测量师、总工艺师、冲击危险性预测部门负责人、冲击地压专业人员参加委员会工作。

（2）分析地区（矿区）矿井发生的冲击地压的原因。

（3）审查企业和矿井的冲击地压预测和预防的工作情况。

（4）在违反冲击危险煤层安全开采规范文件要求的情况下，提出停止采掘作业的建议。

（5）在必要的情况下，吸收从事冲击地压防治问题机构的专家参与委员会工作。

（6）从矿井负责人那获得冲击地压预测和防治问题的必要资料。

（7）向企业（独立矿井）领导提出对解决冲击地压防治问题作出重要贡献的企业、

矿井、科研机构、俄罗斯国家矿山技术监督局地区机关工作人员进行奖励和表彰的建议。

（8）对那些没有保证在具有冲击地压倾向煤层中安全作业的公职人员，以及批准或指挥违反本细则进行作业，或违反其他煤矿安全作业文件进行生产的人员，提出追究经济责任或者纪律责任的建议。

3.2 委员会成员对不能保证在具有冲击地压倾向煤层中安全作业的决策负责，或者对矿井安全作业规范文件的矛盾规定负责。

附录3　冲击地压卡片

机构和矿井＿＿＿＿＿＿＿＿＿＿＿＿＿＿＿＿＿＿＿＿＿＿＿

冲击地压显现的日期和时间＿＿＿＿＿＿＿＿＿＿＿＿＿＿＿＿

巷道和煤层名称＿＿＿＿＿＿＿＿＿＿＿＿＿＿＿＿＿＿＿＿＿

煤层和围岩赋存要素＿＿＿＿＿＿＿＿＿＿＿＿＿＿＿＿＿＿＿

距地表深度＿＿＿＿＿＿＿＿＿＿＿＿＿＿＿＿＿＿＿＿＿＿＿

冲击地压地带的地质特征＿＿＿＿＿＿＿＿＿＿＿＿＿＿＿＿＿

开采方法、顶板控制和作业工艺资料＿＿＿＿＿＿＿＿＿＿＿＿

存在矿山压力升高带的资料＿＿＿＿＿＿＿＿＿＿＿＿＿＿＿＿

区段冲击危险性资料＿＿＿＿＿＿＿＿＿＿＿＿＿＿＿＿＿＿＿

冲击地压存在的预兆＿＿＿＿＿＿＿＿＿＿＿＿＿＿＿＿＿＿＿

冲击地压前实施的作业＿＿＿＿＿＿＿＿＿＿＿＿＿＿＿＿＿＿

采取的预防措施的资料＿＿＿＿＿＿＿＿＿＿＿＿＿＿＿＿＿＿

＿＿＿＿＿＿＿＿＿＿＿＿＿＿＿＿＿＿＿＿＿＿＿＿＿＿＿＿

冲击地压类型、后果及其受害者的资料＿＿＿＿＿＿＿＿＿＿＿

＿＿＿＿＿＿＿＿＿＿＿＿＿＿＿＿＿＿＿＿＿＿＿＿＿＿＿＿

冲击地压的原因＿＿＿＿＿＿＿＿＿＿＿＿＿＿＿＿＿＿＿＿＿

冲击地压调查委员会的主要结论以及保障安全作业的方案＿＿＿

＿＿＿＿＿＿＿＿＿＿＿＿＿＿＿＿＿＿＿＿＿＿＿＿＿＿＿＿

冲击地压显现位置草图（平面图、剖面图）＿＿＿＿＿＿＿＿＿

矿井技术负责人——总工程师（签字）　　　　　　总测量师（签字）

＿＿＿＿＿＿＿＿＿＿＿＿　　　　　　　＿＿＿＿＿＿＿＿＿＿＿

附录4　煤田地质动力区划[①]

1　地质动力区划由全苏矿山地质力学和矿山测量科学研究所或者具有俄罗斯国家矿山技术监督局相应许可证的其他机构完成。

地下资源地质动力区划应包括：

（1）划出矿体单元结构的单元，评价它们的相互作用。

（2）分出活动断裂，确定它们的活性程度。

（3）评价矿体的应力状态。

（4）划出构造应力带和有动力倾向的煤层区段。

（5）制定和运用保证作业安全时的综合预防措施。

（6）研究和实施岩体地质动力状态预测和检查阶段的地球物理和地质力学综合监控方法。

2　地质动力区划适用于解决在局部区域范围内矿井运行的具体工艺任务，以及综合解决1个地区（几个地区）综合资源的安全、生态、清洁开发的问题。

3　在矿井的设计、建设、生产和报废阶段，应根据地下资源地质动力区划结果，制订和推行成套的具体建议和预防措施。

4　地下资源地质动力区划工作的实施由以下主要阶段组成：

（1）根据使用航空航天照片不同比例的地形测量图所做的地表地貌构造分析及计算资料，查明潜在地质动力危险区段的位置。

（2）对潜在危险区段的地球物理、地球化学和大地测量观测进行综合和地质动力活性（危险性）细分。

（3）对分出的地质动力活性危险的煤层组织地质动力监控。

5　每种具体条件下的地表地形地貌构造分析地图比例尺的选择取决于区域面积、矿山企业的功能特性和要解决的实际问题的特色。同时对地形的单元和构造使用各种作图方法和解释，根据单元垂直或者水平运动的强度，使用不同的方法（趋势，组成部分，河流网络分析等）表示地貌类型。

6　通过利用地壳相应地区的航天照片、工程勘测作业结果、地震区划以及已完成的地质和地球物理调查，准确确定大单元和单元的边界、单元结构的活性程度。

7　根据现行的方法指南，查明活性程度和特征、划出的单元构造的单元边界、危险带的位置以及它们对该地区技术成因活动可能的影响。

8　利用计算的方法，评价相应地区单元矿体的应力状态和气液动力状态。

9　根据方法指南，查明单元构造组成部分相互作用的条件和特征。

---

①　全苏矿山地质力学和矿山测量科学研究所. 地下资源地质动力区划方法指南。列宁格勒，1990.

10　确定危险带范围内监控的必要性和体系组成。

11　根据地质动力区划结果，分析每个具体煤田的井田可能的裁切方案，确定它们的开采顺序和日历计划。井田布置必须规定在 1~2 个 Ⅳ 级构造单元范围内，而矿井之间的煤柱应沿着单元的最长边界设置。井田的开采顺序应保证应力由最大载荷构造单元向较小载荷单元重新分布。必须首先开采最大载荷单元，在该单元内首先开采最大载荷区段。而且应采用上行开采顺序。随后开采最小压力构造单元的煤层。

12　根据地质动力区划资料获得的关于井田单元结构、原始应力场分布、活动断裂分布、煤体构造应力带和卸压带的信息，使得有可能制订每种具体条件下在井田（采区）开采、准备和开采的空间规划布局中主要井巷合理布置的生产建议。

井筒布置地点的选择应使它们不落入活动断裂影响带范围内，特别是置于交互生长断裂碎块之间的构造应力带区段内。各种用途的主要巷道和硐室应布置在大型构造破坏影响带之外和地质动力区划查明的构造应力带范围之外。大长度巷道的掘进方向应与原始岩体中最大应力作业方向一致或相近。

巷道的布置应很少穿过断裂带，同时也不建议将井巷连接处布置在这些断裂带内。

附录5　被保护带和矿山压力升高带的绘制

1　绘制被保护带

1.1　根据附图 5-1 和附图 5-2 所示的方案绘制被保护带边界，必须需要下列原始资料：保护层开采深度 H，保护层开采厚度 m，在保护层中所采用的顶板管理方法，煤层倾角 α，在层间间隔组成中砂岩的百分比含量 η，保护层回采巷道的尺寸 a、b。

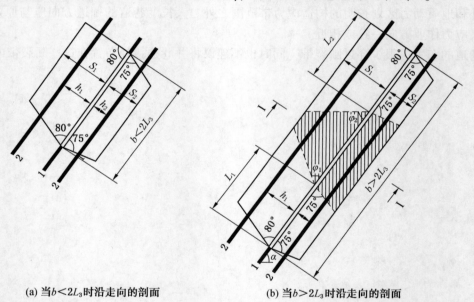

(a) 当 $b<2L_3$ 时沿走向的剖面　　　　　　(b) 当 $b>2L_3$ 时沿走向的剖面

I — I

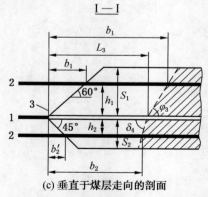

(c) 垂直于煤层走向的剖面

1—保护层；2—被保护层；3—保护层中回采工作面推进方向；

▢—被保护带；▨—危险载荷的恢复范围（亚带 1）

附图 5-1　倾斜壁式法开采保护层时被保护带的绘制方法

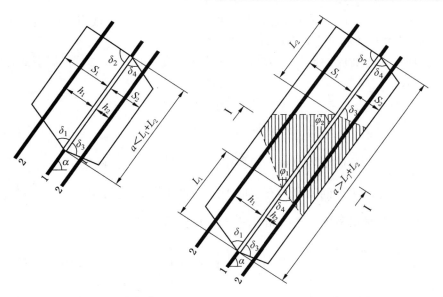

(a) 当 $a < L_1 + L_2$ 时垂直走向的剖面　　　　(b) 当 $a > L_1 + L_2$ 时垂直走向的剖面

I—I

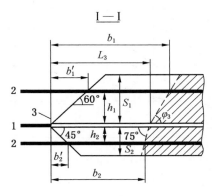

(c) 沿走向的剖面

1—保护层；2—被保护层；3—保护层中回采工作面推进方向；

▭—被保护带；▨—危险载荷的恢复范围（亚带1）

附图5-2　走向壁式法开采保护层时被保护带的绘制方法

　　用角 δ_3 替代角 δ_4、角 φ_2 替代角 φ_1、尺寸 L_2 代替尺寸 L_1，可以将附图3b方案转化为沿仰斜（在缓倾斜的情况下）壁式开采的情况。

　　附图5-1和附图5-2中，保护层中顶板控制采用全部冒落法或采空区全部充填法。顶板控制方法应考虑到保护层的有效厚度 $m_{эф}$：当全部冒落法时 $m_{эф} = m$；在采空区充填的情况下，根据下式确定 $m_{эф}$：

$$m_{эф} = (0.1 + K_y)m$$

式中　　K_y——考虑了充填材料收缩量的系数。

　　当在采空区中残留有尺寸小于 $0.1l$ 的煤柱时（在厚煤层中取8 m），计算被保护带时不考虑这些煤柱，数值 a 或者 b 分别取采空区沿倾斜的总宽度或者沿走向的总宽度。

如果煤柱尺寸大于 $0.1l$ 时（在厚煤层中取 8 m），则数值 a 或者 b 分别取由煤柱和煤体限定的沿倾斜或者沿走向的采空区宽度。

1.2　在顶板中的被保护带尺寸 S_1 和 S_2（附图 5-1 和附图 5-2）根据下式确定：

$$S_1 = \beta_1\beta_2 S_1'$$
$$S_2 = \beta_1\beta_2 S_2'$$

式中　　β_1——考虑了数值 $m_{3\phi}$ 的系数，$\beta_1 = \dfrac{m_{3\phi}}{m_o}$ 不大于 1；

　　　　m_o——保护层的临界厚度，根据诺模图（附图 5-3）确定；

　　　　β_2——考虑了层间间隔岩石组成中砂岩的百分比含量，$\beta_2 = 1 - 0.4\dfrac{\eta}{100}$；

S_1'、S_2'——其数值从附表 5-1 和附表 5-2 中选取。

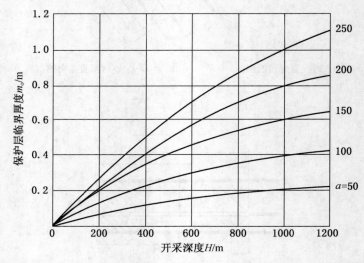

注：a 为巷道的最小尺寸；如果 $a > 0.3H$，则确定 m_o 时取 $a = 0.3H$，但不大于 250 m。

附图 5-3　确定保护层临界厚度的诺模图

附表 5-1　　m

作业深度 H	保护层回采巷道 a 或 b 取最小尺寸时的 S_1'													
	50	75	100	125	150	175	200	≥250	50	75	100	125	150	200	≥250
300	70	100	125	148	172	190	205	220	62	74	84	92	97	100	102
400	58	85	112	134	155	170	182	194	44	56	64	73	79	82	84
500	50	75	100	120	142	154	164	174	32	43	54	62	69	73	75
600	45	67	90	109	126	138	146	155	27	38	48	56	61	66	68
800	33	54	73	90	103	117	127	135	23	32	40	45	50	55	56
100	27	41	57	71	88	100	114	122	20	28	35	40	45	49	50
1200	24	37	50	63	80	92	104	113	18	25	31	36	41	44	45

附表5-2

(°)

保护层倾角	角						
α	δ_1	δ_2	δ_3	δ_3	φ_1	φ_2	φ_3
0	80	80	75	75	64	64	64
10	77	83	75	75	62	63	63
20	73	87	75	75	60	60	61
30	69	90	77	70	59	59	59
40	65	90	80	70	58	56	57
50	70	90	80	70	56	54	55
60	72	90	80	70	54	52	53
70	72	90	80	72	54	48	52
80	73	90	78	75	54	46	50
90	75	80	75	80	54	43	48

注：如果回采工作面推进方向既不与走向线一致，也不与倾向线一致，则倾角 α 取垂直于工作面推进方向截面上的煤层倾角。

1.3　下层先采时如果 $h_1 < S_1$，或者上层先采时，如果 $h_2 < S_2$，则必须完成标绘采空区范围内的被保护带，并标出如附图5-1和附图5-2所示的危险载荷恢复区段。使用保护角 δ_1、δ_2、δ_3、δ_4 和危险载荷恢复角 φ_1、φ_2、φ_3 圈定被保护带边界，其值取决于煤层倾角 α（附表5-2）。

1.4　对于伯绍拉煤田的条件，当同时遵守以下条件时：层间距厚度 $h = 25\ m$，$\alpha = 30°$，$m = 1.3\ m$ 和全部垮落法管理顶板，准许保护角 δ_1、δ_2、δ_3、δ_4 取 90°。

1.5　当同时遵守条件 $\alpha = L_1 + L_2$ 和 $b = 2L_3$ 时，形成示意图图5-1b、图5-1c、图5-2b、图5-2c中的危险载荷恢复范围。

参数 L_1、L_2、L_3 用来绘制危险载荷恢复带，根据下式计算：

$$L_1 = \beta_1 \cdot L_1';\quad L_2 = \beta_1 \cdot L_2';\quad L_3 = \beta_1 \cdot L_3'$$

根据诺模图（附图5-4）确定参数 L_1'、L_2' 和 L_3'。在危险载荷恢复区域可能发生矿山动力现象。

保护层回采工作面相对于被保护层中（附图5-1和附图5-2）采掘作业的容许超前距（最大和最小）见附表5-3。当具有全苏矿山地质力学和矿山测量科学研究所的煤层保护作用试验评价结论时，可以变更被保护带尺寸。

附表5-3[①]

开 采 条 件	容 许 的 超 前 距
下层先采时最小超前距	$b_1' = 0.6h_1$
上层先采时最小超前距	$b_2' = h_2$
下层先采时最大超前距[②]	b_1—不限制
上层先采时最大超前距	b_2—不限制
下层先采时在危险载荷恢复区内的采掘作业	$b_1 = L_3 + h_1 \cot\varphi_3$
上层先采时在危险载荷恢复区内的采掘作业	$b_2 = L_3 - h_2$

注：①在表中给定的最大超前距为沿走向进行回采作业时的超前距。沿倾斜进行采掘作业时用 L_1 和 φ_1 代替 L_3 和 φ_3，沿仰斜进行采掘作业时用 L_2 和 φ_2 代替 L_3 和 φ_3。

②确定最大超前距时，回采工作面离开切眼的距离应大于 $2L_3$（当沿倾斜或者仰斜进行采掘作业时为 $L_1 + L_2$），但时间不大于5年。

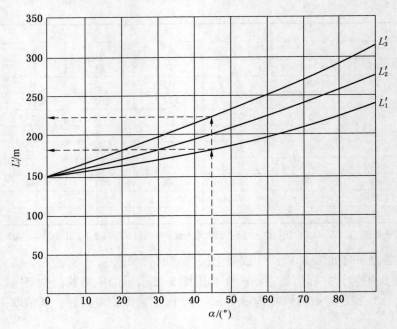

附图 5-4　确定参数 $L_i'(i=1,2,3)$ 的诺模图

1.6　在井田边界或者保护煤柱处、地质破坏处，以及危险煤层中掘进开切眼，应在保护层中的采掘工程拓展确定之后进行。

上层先采或下层先采时，在危险煤层中准许开始掘进开切眼的最小参数如附图 5-5 所示。开切眼和隔离煤柱边界之间的煤层区段如同处于矿山压力升高带中一样，应采用远离开切眼的回采工作面进行开采。

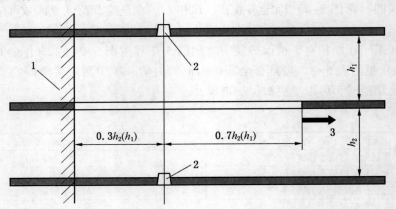

1—在保护层中留下的隔离（保护）煤柱的基准线；2—开切眼；3—回采作业方向

附图 5-5　在被保护层中开切眼布置方案

1.7　当开采小厚度（$m_{эф}<m_o$）的煤层组时，为了扩大被保护带的范围，对冲击危险煤层重复进行上层先采或者下层先采。在这种情况下，取最邻近危险煤层的开采层作为主要煤层，根据主要煤层的布局来绘制被保护带（附图 5-6）。根据诺模图（附图 5-6）确定尺寸 S_k。

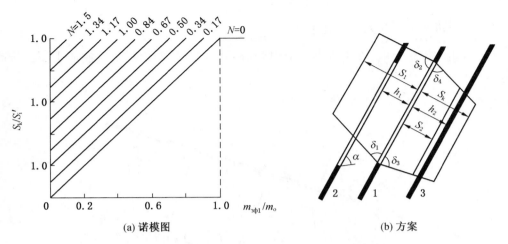

(a) 诺模图　　　　　　　　　　　　(b) 方案

1—保护层（主要的）；2—保护层（补充的）；3—危险煤层

附图5-6　重复上层先采（下层先采）时绘制保护带范围的诺模图和方案

图中 $m_{эф1}$ 和 $m_{эф2}$ 分别为重复上层先采或者下层先采时主要煤层和补充煤层的有效厚度；$N = K \cdot \dfrac{m_{эф1}}{m_o}$；$K = (1.67 \sim 0.67) \dfrac{h_i}{S_i}$，表示主要煤层卸压带对补充煤层的影响程度（当重复下层先采时 $i=1$，当重复上层先采时 $i=2$）。$N=0$ 对应于主要煤层单独开采的影响。

1.8　下层先采时，根据附图5-7所示的方案确定保护层局部回采的参数；上层先采时，类似地确定保护巷道的尺寸，同时用 $h_1(h'_1)$ 代替 $h_2(h'_2)$。

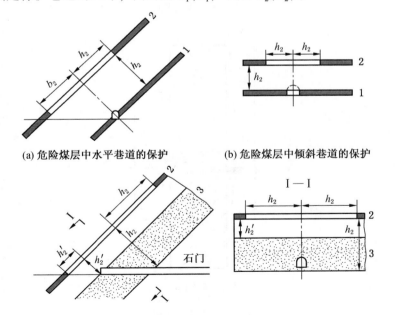

(a) 危险煤层中水平巷道的保护　　　　(b) 危险煤层中倾斜巷道的保护

(c) 沿冲击危险岩层掘进的石门工作面的保护

1—危险煤层；2—保护层；3—冲击危险岩石层

附图5-7　确定保护层局部回采参数的方案

2　绘制矿山压力升高带

2.1　根据附图 5-8，在垂直煤层走向和沿煤层走向的剖面图上绘制矿山压力升高带的边界。

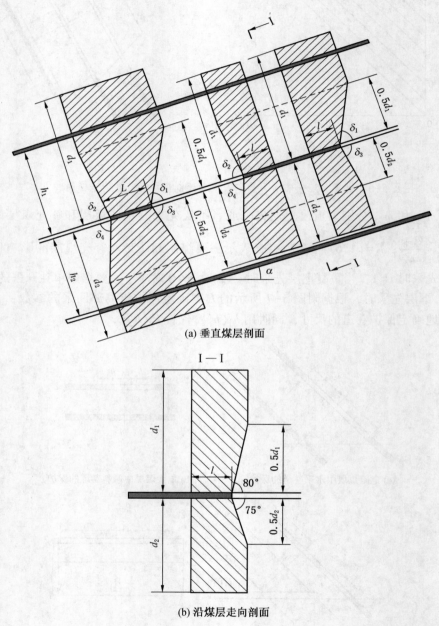

(a) 垂直煤层剖面

I — I

(b) 沿煤层走向剖面

▨—矿山压力升高带

附图 5-8　绘制矿山压力升高带的方案

按照附表 5-4，根据采空区尺寸 a 和开采深度 H 确定矿山压力升高带在顶板中至边缘

部分的尺寸 d_1 和在顶板中至边缘部分的尺寸 d_2。

附表5-4

m

作业深度	d_1					d_2				
	a									
H	100	125	150	200	≥250	100	125	150	200	≥250
300	92	98	105	110	115	80	92	104	109	110
400	105	113	120	122	125	93	105	115	118	120
500	115	125	130	132	135	105	115	125	128	130
600	120	130	135	138	140	117	127	135	138	140
800	135	145	150	155	157	125	133	140	145	146
1000	145	155	160	165	168	132	140	148	150	153
1200	155	165	173	177	180	140	148	155	158	160

数值 $l^1 = K \cdot l$，这里 l 根据诺模图确定，系数 K 考虑了紧靠矿山压力升高源泉的采空区的宽度，根据附表5-5确定。

附表5-5

a/m	100	150	200	≥250
K	0.8	1	1.2	1.4

当 $a < 100$ m 时，d_1 和 d_2 取 $a = 100$ m 时的值，而 $a > 250$ m 时，d_1 和 d_2 取 $a = 250$ m 时的值。

角度由附表5-2中选择。

绘制矿山压力升高带时，在沿走向剖面内，$\delta_1(\delta_2)$ 和 $\delta_3(\delta_4)$ 分别取等于80°和75°。

2.2　由采空区或者相对方向宽度不小于 $0.1l$ 的巷道圈定的（附图5-9a）、最小尺寸 L 满足下列条件的煤层区段，认为是附图5-8中形成矿山压力升高带的煤柱：

$$0.1l = L = (K_1 + K_2)l$$

式中　K_1、K_2——取决于紧邻巷道（采空区）宽度 a_1 和 a_2 的系数，根据诺模图附图5-9b确定；

　　　　l——根据诺模图确定。

当 a_1 或者 a_2 小于 $0.1l$ 时，按煤层边缘部分绘制矿山压力升高带。

2.3　绘制煤柱的矿山压力升高带时（附图5-8），其尺寸 d_1 和 d_2 按煤体边缘部分相应的 d_1 和 d_2 乘以系数 K 计算，系数 K 考虑了煤柱宽度 L 按附表5-6确定。

附表5-6

L/m	≤0.1	0.15	0.20	0.25	0.35	0.5	1.0	1.5	≥2.0
K	0	0.25	0.5	0.75	1.0	1.13	1.25	1.13	1.0

在这种情况下，取煤柱下部边缘至地表的距离作为开采深度 H，取紧靠煤柱的最大采空区尺寸作为 a（当 $a > 250$ m 时取250 m）。

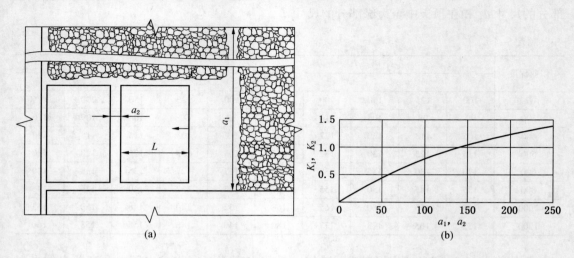

附图5-9　沿倾斜（走向）采空区绘制方案及确定系数 K_1 和 K_2 诺模图

2.4　在几个邻近层的边缘部分或者煤柱形成的矿山压力升高带叠加在研究煤层的同一个区段的情况下，按照附图5-8所示的方案，对每个煤层边缘部分或者煤柱分别绘制矿山压力升高带。

2.5　回采工作面由矿山压力升高带进入被保护带的边缘情况，动力现象危险性最大。采掘作业由被保护带进入矿山压力升高带。在矿山压力升高带范围 l 内采取动力现象防治措施的情况下，委员会可以建议以应力叠加回采工作面由矿山压力升高带向被保护带方向推进。

2.6　在矿山压力升高带中开采危险煤层 $h_2 \leqslant 0.5d_2$ 时，根据附表5-7确定矿山压力升高带的影响程度和选择作业方式。

附表5-7

矿山压力升高带影响程度	矿山压力升高带中煤层的开采条件	矿山压力升高带中作业方式
I	$h_2 \leqslant 0.5d_2$ $h_1 \leqslant 0.5d_1$ 由地质破坏造成的复杂化的矿山压力升高带	取煤层边缘部分的保护带宽度
II	$0.5d < h_2 \leqslant 0.8d_2$ $0.5d_1 < h_1 \leqslant 0.8d_1$	在矿井中进行冲击地压预测
III	$0.8d < h_2 \leqslant d_2$ $0.8d_1 < h_1 \leqslant d_1$	如同单个的危险煤层

2.7　在邻近煤层以前残留煤柱或边缘部分的影响区内（附图5-10中取区段 $d = 0.4h$，这里 h 为层间距厚度），保护带宽度应取 $1.3n$。

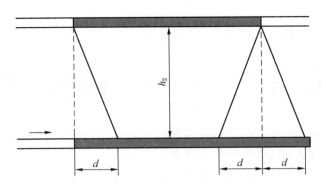

附图5-10　上层先采和下层先采时确定煤层区段影响带 d 的方案

2.8　当上层先采或者下层先采时，对于圈定矿山压力升高带必需的参数 d_1'、d_2'、l'，根据下式确定：

$$d_1' = kd_1$$
$$d_2' = kd_2$$
$$l' = kl$$

式中　d_1、d_2、l——根据附表5-4和诺模图取值，不考虑下部先采的或者上部先采的回采巷道的影响；

　　　　k——考虑下层先采或者上层先采影响程度的系数，根据诺模图附图5-11确定。

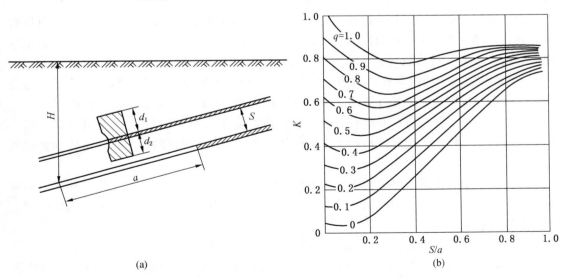

(a)　　　　　　　　　　　　　　　　(b)

q—采动程度系数 $q=a/H$，但不大于1；a—取值等于下部先采的或者上部先采的回采巷道的宽度，但不大于250 m；

S—矿山压力升高带下层先采或者上层先采时层间岩石厚度

附图5-11　确定下层先采或者上层先采对矿山压力升高带参数影响的诺模图

2.9　对于绘制开采煤层组的被保护带和矿山压力升高带时的复杂矿山地质情况，由全苏矿山地质力学和矿山测量科学研究所使用制订的综合程序进行研究。

附录6　地质力学过程活化带的区域预测

预测以借助于地震信号传感器（观测点）的空间分布网络进行连续接收地震信号和在中心点（地震站）对地震信号的分析为基础。

区域预测根据俄罗斯联邦动力和燃料部 1998 年 6 月 2 日颁布的《燃料动力综合工程项目地球动力观测和研究规程》实施，它是燃料动力综合工程专业组织在燃料动力综合工程项目设计和开发的全部阶段必须遵循的标准性方法文件。它规定燃料动力综合工程开发项目的组成部分包括对危险自然现象观测的检查预测体系。该体系的存在是颁发和延长燃料动力综合工程开发许可证时考虑的条件之一。

全苏矿山地质力学和矿山测量科学研究所完成地震活性参数的初步评价，并编制关于观测点网络密度和结构、信息采集和传输系统、地震观测的方法指南和细则的建议，编制《地质动力观测部门章程》草案。

建议使用全苏矿山地质力学和矿山测量科学研究所研制的地震监测系统 GITS 作为信息采集和传输系统。

在全苏矿山地质力学和矿山测量科学研究所科学系统的指导下，根据专门设计建立地震站。

为了使用、管理地震站，在企业成立地质动力观测部门，它归组织技术负责人直接管辖，并根据经俄罗斯国家矿山技术监督局地区机关同意的、由组织技术负责人（冲击地压地区委员会主席）批准的《地质动力观测部门章程》开展工作。

《地质动力观测部门章程》包括：总则，主要任务和职能，职责、权利和责任，与技术部门和安全保障部门的相互关系，地震事件接收和处理规程，信息保存和传送程序。

地震站是由矿井或者矿井联合企业组建成立的部门，地震站负责人由矿井或矿井联合企业技术负责人任命，地震站负责人在自己的工作中遵循本细则的规定和《地质动力观测部门章程》。

地震站负责人由具有高等矿山技术教育、在具有冲击地压倾向煤层工作的井下工龄应不少于 2 年的人员担任。地震站其他专业人员的职务由组织技术负责人根据地震站负责人的报告进行任免。

地震站昼夜接收地震信号，确定地震事件的时间、坐标和能量。

根据昼夜（每天）的观测结果，地震站向《地质动力观测部门章程》授权人员提供昼夜地震事件的清单，以及能量超过 $E(J)$ 的岩体状态危险影响事件当前位置的计算结果。单个事件体积影响带的半径根据下式确定：

$$R = R(E_k) + 0.5A$$

式中　R——至能量为 E_i 的第 i 个事件源中心的距离（半径），在该距离内，能量减小到安全水平 E_k，不会引起巷道附近的岩石破坏；

A——事件坐标确定的误差。

计算结果以与井田坐标连测的示意图的形式，在平面图上或者垂直剖面图上表现出事件径向危险影响条带的边界线的位置。几个近似坐标事件的影响条带的边界按单个事件条带的包络边界线确定。

根据地震站日常昼夜预测结果，预测部门的负责人在上述边界范围内查明危险带，并将信息传达给技术负责人——矿井总工程师以及冲击地压预测和防治部门的负责人，以便选择在下一昼夜需要实施局部预测和采取冲击地压防治措施或者措施效果检查的煤层区段。

根据地震活性参数是否降低至临界值之下确定冲击地压防治措施的效果。

为了分析地质力学过程活化带及其在井田范围内的迁移趋势，对在典型时间周期 T（不大于 3 个月）内积累的关于周期 T_1（不大于 1 个月）内事件的坐标和能量资料进行评价。在井田内具有特征量 L 的同一单元范围（块段）内，将资料按事件源的坐标进行分类。对于每个块段，确定事件总量（N）、总能量释放量（$E_{cyм}$）和按能量等级 E_i 的事件数量 N_i 的分布对于能量为 $E_{min} = 0.1E$ 及以上的事件实施所有上述评价。从 $E_{min} = 0.1E$ 及以上，能量增长的几何步距按 dE（不大于 1.65）来指定能量 E_i 水平等级，以资料综合目录的形式，分采区提供分类结果。

根据综合目录，地震站编制地震事件密度等值线（N）图和地震能量密度等值线（$E_{cyм}$）图。在图上，按指标 $N > N_p$ 和 $E_{cyм} > E_{cyмp}$ 分出升高的活性条带。密度图和综合目录用于后续时间周期 T_1 内冲击地压防治措施和局部预测的设计。

根据综合目录编制结果，分出具有特征量 L 的煤层区段（$N > N_p$ 和 $E_{cyм} > E_{cyмp}$）。为了监控其状态随时间的变化，每昼夜一次按能量水平 $N_i = f(E_i)$ 作为系数 B 和 N_0 的幂回归评价事件的分布参数。评价时要使用评价之前 T_1 周期内的全部资料。根据参数 B 和 N_0，计算在监控块段内具有能量 E_s 的事件 N_s 的可能数量。如果 $N_s > N_{sk}$，则块段内的岩层属于冲击地压危险区域，在块段内掘进时，应进行局部冲击地压预测，采取冲击地压防治措施。

对于在时间周期 T_1 内事件数量少的块段，参数 B 和 N_0 的评价不可靠，但是对于能量大于 E 的事件，可以使用基于 E_i 等级中 N_i 频次与频次临界值 $N_{pi}(E_i)$ 比较的冲击危险性评价方法。根据差值 $N_{ri} = (N_i - N_{pi})$，计算该等级事件范围内过剩的能量释放量指标 $E_a(E_a = N_{ri}E_i)$。对于块段内的全部事件，评价 E_a 的总和，如果 $E_a > E_s N_{sk}$，则块段内的岩层属于冲击地压危险区域。在块段内掘进时，应进行局部冲击地压预测，采取冲击地压防治措施。

附表 6-1 中的参数值由全苏矿山地质力学和地质测量科学研究所根据地震站工作资料总结结果确定，且其论据提交至冲击地压委员会。委员会批准之后，将这些数值引入到现行的《地质动力观测部门章程》中。根据地震站最初 6 个月的工作结果确定初步的准则数值，以后每年对准则检查和校准一次。对于具体的块段，如果根据不同的准则，危险性评价结果不同，则取最高冲击危险性程度的参数作为预测依据。

附表6-1

参　　数	数　　值	参　　数	数　　值
E	300~1000 J	T_2	0.5~1 h
dE	1.2~1.65	N_p	5~30

附表 6-1（续）

参　数	数　值	参　数	数　值
E_k	1~100 J	E_{cymp}	300~3000 J
L	100~500 m	E_s	500~2000 J
T	1~3 月	N_{sk}	2~3
T_1	10~30 昼夜		

　　如果在块段内记录到能量超过 E_s 的事件，操作员在 30 min 将此信息通知地震站负责人和矿井调度员。在一昼夜内检查巷道，编制现有破坏的说明书。

　　如果在 T_2 事件内分出的事件总数量超过 N_p，并且总能量超过 E_{cymp}，操作员在 15 min 内将此信息通知矿井调度员。调度员制止作业，保证人员撤出危险区段。在该区段必须进行局部预测，随后实施预防措施和措施效果检查（见第 5、第 6 章）。

附录 7　冲击地压预测和防治部门标准章程

1　总则

1.1　在开采具有冲击地压倾向煤层的矿井，成立冲击地压预测和防治部门。

如果在企业的矿井存在煤与瓦斯突出预测及防治部门，则将具有本章程所确定的权利和职责的冲击地压预测和预防人员纳入其编制。

1.2　矿井技术负责人——总工程师直接领导冲击地压预测和防治部门的工作，而在矿井组中由组织的技术负责人直接领导。

1.3　部门的人员数量由预测和将区段转化为无冲击危险状态的工作量确定。

1.4　冲击地压预测和防治部门的负责人应具有高等或者中等矿山技术教育。具有高等矿山技术教育时，在具有冲击地压倾向煤层工作的井下工龄应不少于 2 年，具有中等矿山技术教育时，井下工龄不少于 3 年。在该部门工作的工龄应不小于 2 年。冲击地压预测和防治部门的个人的井下工龄应不少于 1 年。

1.5　冲击地压预测和防治部门的工程技术人员必须在全苏矿山地质力学和矿山测量科学研究所工作人员的指导下学习本细则，每 3 年至少通过 1 次考试，而部门的个人应每年通过 1 次考试。工程技术人员应具有医疗救护的技能。

1.6　冲击地压预测和防治部门在全苏矿山地质力学和矿山测量科学研究所科学方法的指导下工作。

1.7　冲击地压预测和防治部门的章程由组织的技术负责人批准。

2　任务和职责

2.1　预测部门的任务包括：

（1）及时查明煤层冲击地压危险区段。

（2）对以前已转化为无冲击危险状态的巷道，定期检查其冲击危险性程度。

（3）对已实施的冲击地压防治措施的效果进行检查。

（4）对比评价煤层的冲击危险性，以确定它们的开采顺序。

（5）参加事故原因调查（统计和分析）。

2.2　为了解决提出的任务，冲击地压预测和防治部门要履行下列职能：

（1）参与冲击地压预测和防治措施的制定。

（2）根据批准的工作计划，在说明书确定的范围内，在所有的回采和准备工作面进行冲击危险性预测。

（3）向矿井技术负责人——总工程师及时提供冲击危险性预测结果的资料。

（4）检查预防措施参数与批准的说明书的一致性。

（5）管理本细则和冲击地压委员会决议规定的技术文件。

（6）检查个人和采区监督人员的冲击地压防治措施的知识，并组织学习活动提高这方面的知识。

（7）参加煤层准备、开采设计及说明书中关于冲击地压防治措施制定章节的编制和审查。

（8）参与冲击地压预测和防治必需的材料、装备、设备和仪表的申请报告的编制。

（9）参与冲击地压预测和防治新方法和设备推广的矿山试验工作。

3 部门的权利和责任

3.1 冲击地压预测和防治部门负责人的权利：

（1）向技术负责人——矿井总工程师制订安全作业的建议。

（2）向采区领导和其副职以及将工作面转化为无冲击危险状态的工长发布指令。

（3）禁止在确定为危险等级的回采巷道和准备巷道进行作业。

（4）当没有及时或按质量完成将煤层边缘部分转化为无冲击危险状态措施时，停止采掘作业，并将该情况通知矿井技术负责人——总工程师。

（5）向矿井负责人提出预测部门工作人员的奖励建议。

（6）对劳动纪律和操作规程的违反者，提出追究违纪责任的建议。

3.2 冲击地压预测和防治部门负责人承担的责任：

（1）煤层区段冲击危险性程度预测的及时性和质量。

（2）在冲击危险煤层中执行制定的安全作业措施和建议。

（3）实施的冲击地压防治措施效果检查的及时性和质量。

（4）在查明危险等级情况下工作面停工的及时性。

（5）预防措施效果检查和确保冲击危险性预测装备及设备的完好性和正确使用。

（6）记录冲击地压预测和防治工作结果的检查统计资料的正确性。

附录 8　煤层区段冲击危险性预测和
预防措施效果检查

1　在钻孔施工过程中预测煤层区段的冲击危险性程度

1.1　为了预测煤层区段的冲击危险性程度和检查防冲预防措施的效果，施工直径 43 mm 的钻孔，确定每米钻孔的钻屑量。测量钻屑量的体积或质量，将每次测量结果认为是区段中间的值并与诺模图进行比较。借助于容积 0.5l 的计量容器，测量预测钻孔每米的钻屑量，煤粉装满至容器的边缘。将预测钻孔每米的钻粉量装入袋中，弹簧秤称重量。

当出现剧烈的地震声学脉冲，并伴有钻具夹住时，以及如果钻屑量超过或者与危险-无危险边界线重合时，应当停止钻孔施工，这样的区段列入危险等级。

矿井测量结果和它们的处理结果记入本附录给定形式的记录簿中。在记录本中存放防冲措施参数资料和带确定冲击危险性点坐标的巷道草图。

1.2　无烟煤煤层的特点是，在煤体边缘部分高应力集中的情况下，强烈形成裂隙的倾向性升高。所以，为了采用施工直径 43 mm 的钻孔分段测量煤粉的方法确定无烟煤煤层区段的冲击危险性等级，推荐使用诺模图。

2　地球物理方法预测冲击危险性

可以采用全苏矿山地质力学和矿山测量科学研究所或具有俄罗斯国家矿山技术监督局许可证的其他机构研制的地球物理方法进行煤层区段冲击危险性预测和预防措施效果评价。在应用时，优先选择不需要打钻的方法。

2.1　根据地震声学活性预测冲击危险性

在向煤层边缘施工钻孔的过程中完成预测。预测的依据是，向煤层极限应力区推入打钻工具时，煤层被地震升学脉冲振荡。借助于安装在煤层暴露面距离钻孔孔口 3~5 m 的传感器记录脉冲。施工钻孔时，对于每米间隔测量地震升学噪声水平指标 A_M。当前每米间隔的指标值 A_{Mi} 属于间隔中间到暴露面的深度值 L_i。从第二米开始，对于每个间隔评价比值 $Q = \dfrac{A_{Mi}}{A_{M1}}$，$A_{M1}$ 为在第一米的指标。对于每个间隔计算相对深度 $h = \dfrac{L_i}{m}$，m 为煤层厚度或开采分层厚度。对于每个间隔计算比值 $K = \dfrac{Q}{2 \times e^{(0.312 \times h)}}$。只要钻孔的 1 个间隔的 $K > 1.5$，则区段属于冲击危险。采用专用设备来评价参数 A_m，在打钻期间，该设备在频段 0.3~10 kHz 内记录脉冲，存储发射参数。该方法适合采用全苏矿山地质力学和矿山测量科学研究所生产的带微处理器的 "АНГЕЛ" 牌矿井设备或其后续改进型。

2.2　根据电磁发射记录预测冲击危险性

通过使用巷道测点（工作面）中的传感器远距离接收频带为 df 电磁脉冲信号完成预测，电磁脉冲由支承压力带中煤岩脆性破坏和变形时裂隙中的电子放电产生。来自传感器的信号进入由微处理机控制的以自动方式工作的记录器中。在指定的时间间隔 T 内，记录器完成信号的选择和分析，脉冲参数的评价和存储。根据积累的脉冲参数样本，确定高能量和低能量（振幅）脉冲数量的比值（B）以及指定能量 E 或者振幅水平 A 的脉冲数量 N。获得的参数表示成参数 B_0 和 N_0 背景（无量纲）水平的单位，如 $Q_B = \dfrac{B}{B_0}$，$Q_H = \dfrac{N}{N_0}$。如果 $Q_H > Q_{HK}$ 和 $Q_B > Q_{BK}$，则观测区段属于冲击危险区段。B_0 和 N_0 在被检查煤层巷道的无冲击危险区段确定：Q_{BK} 的临界值（极限）为 $1.1 \sim 1.5$，Q_{HK} 的临界值（极限）为 $1.5 \sim 2$，在 1 个地点的观测可以取代 1 个预测钻孔的施工。

根据与矿井冲击地压防治和预测部门一起完成的专门观测，由全苏矿山地质力学和矿山测量科学研究所进一步确定参数 df、N_0、B_0、Q_{HK} 和 Q_{BK}。该方法适合采用全苏矿山地质力学和矿山测量科学研究所生产的带微处理器的"Ангел"牌矿井设备或其后续改进型。

2.3　根据电探测方法预测冲击危险性

借助于在巷道中布置的、与频率流（f）振荡器接通的发射器在煤层中产生人工电磁场，借助于至发射器距离为 R 的接收器人工电磁场的振幅，完成预测。通过在 1 个区段的不同距离实施一系列 $10 \sim 15$ 次（A）测量，保证必需的探测深度范围（一般为 $0.5 \sim 10\text{ m}$）。根据特性曲线 $A = f(R)$ 表示的探测结果确定参数：煤（岩石）性质不可逆变化带宽度 X_0，至支承压力最大值的距离 X_1，以及系数 $K = \dfrac{S_H}{S_m}$，这里 S_H 和 S_m 为在原始煤体中支承压力最大点的煤层电阻。

冲击危险性评价分两个阶段实施。如果 X_0 大于或者等于 n，则区域属于无冲击危险，这里 n 代表保护带宽度。当 $X_0 < n$ 时，则根据参数（K）和 $\left(\dfrac{X_1}{m}\right)$ 值评价区段的冲击危险性，这里 m 为煤层厚度或者开采分层厚度。为此得到比值 $Q_s = \dfrac{K}{2.4 \times e^{\left(0.2 \times \left(\frac{X_1}{m}\right)\right)}}$。如果参数 $Q_s > 1.5$，则区段属于冲击地压危险。测量结果属于测量安装的中心位置以及与其邻近的长度为 $P = 5 \sim 10\text{ m}$ 的巷道区段。

根据与矿井冲击地压防治和预测部门一起完成的专门观测，由全苏矿山地质力学和矿山测量科学研究所更准确地确定最佳工作频率 f、安装尺寸范围和方法、参数 df、N_0、B_0、Q_{HK} 和 Q_{BK}。该方法适合采用全苏矿山地质力学和矿山测量科学研究所生产的带微处理器的"Ангел"牌、"Флора"牌矿井设备或其后续改进型。

在地球物理方法的推广阶段，全苏矿山地质力学和矿山测量科学研究所向冲击地压委员会提交审查带观测方案参数和预测准则地球物理方法应用的方法指南，以及它们在具体企业专门观测结果的论据。准许委员会审查以前研制的论据充分的针对相似应用条件的指南和准则。全苏矿山地质力学和矿山测量科学研究所向企业提供相应的技术设备和程序保障。在得到委员会赞同决议的情况下，根据组织和俄罗斯国家矿山技术监督局地区机关的联合命令，方法投入运行。

3　在褐煤煤田根据自然水分变化预测冲击危险性程度

根据诺模图（附图8-1）进行预测。为了确定水分，分区间每 0.5~1 m 采集煤样。由每一区间的混合煤粉选取粒度不大于 1 mm 的煤样装入金属量瓶中。后者放入密封包装中，并在化学实验室根据 ГОСТ 11014-81 立即确定水分，然后计算整个钻孔水分的平均算术值 W，以及确定 $\dfrac{W}{W_{\text{кр}}}$ 和 X_1 值。

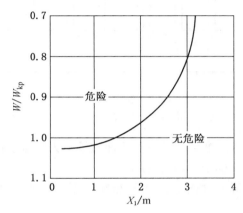

W—在保护带宽度内每 0.5 m 确定的平均算术水分；$W_{\text{кр}}$—对应于水饱和程度 0.85 的煤的水分值；

X_1—由煤层暴露面至煤的最小水分区段的距离

附图8-1　根据自然水分确定冲击危险性等级的诺模图

4　煤层区段冲击危险性预测和预防措施效果检查的钻孔布置

对于冲击危险性程度预测，钻孔布置及其数量的确定应考虑到以下情况。

在准备巷道工作面，相互间距不小于 1.5 m 的 2 个点上施工钻孔。

在已掘好的准备巷道的侧帮，向 2 侧施工钻孔。对于直线形回采工作面，根据开采矿山技术条件和冲击地压显现特性，在回采工作面的下部、上部和中部区域评价冲击危险性。

同时预测区段的长度应不小于 $0.5l$。在该区段施工不少于 3~4 个钻孔。在新采面开工之前，考虑到地质破坏和矿山压力升高带，在采面最大载荷的上部、中部或下部区域进行第一次冲击危险性检验确定，而在回采工作面前方的生产巷道中，在长度 $0.5l$ 的区域内进行预测。

在倒台阶回采工作面钻孔布置：采面下部，在留矿台阶和第一个台阶的隅角；采面上部，在上部中间和距离顶部第二个台阶的隅角；在采面中间区域，在每个台阶的隅角布置钻孔。

钻孔方向应保持水平或稍微上抬。

在先前已掘好的开拓巷道和准备巷道中，在采面支承压力带之外，向巷道两侧施工钻孔，间距不大于 100 m，而在煤柱保护的巷道中，间距不大于 25 m。在巷道连接处，每侧布置 2 个钻孔评价冲击危险性，钻孔距离巷道连接处分别为 5 m 和 10 m。

布置在煤层中的机窝、硐室、集水池、小巷在掘进之前，以及联络巷和横巷在开切之前，按附图 8-2 所示的方案进行冲击危险性预测。在复杂条件下，保护带宽度应不小于 2N。

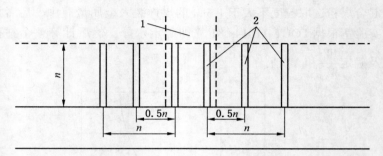

1—掘进准备巷道的路线；2—预测钻孔

附图 8-2　准备巷道切口时预测钻孔布置方案

在生产回采工作面前方的准备巷道中及采面支承压力带宽度内的巷道两侧进行冲击危险性预测，巷道每侧施工不少于 3~4 个钻孔。

冲击地压发生地点附近的冲击危险性预测在宽度等于支承压力带宽度的巷道区段内进行。

在将巷道转化为无冲击危险状态的所有区段，务必进行措施效果检查；而且钻孔要布置在进行冲击危险性预测的同一地点以及邻接相邻区段的没有采取措施的长度为 0.2l 区域内。当煤层注水时，在 2 个邻近注水钻孔之间的区间中间进行效果评价。在卸压钻孔地点，预测钻孔应布置在 2 个相邻钻孔之间的区间中间，并且距离这些钻孔轴布置平面不小于卸压钻孔直径的 2 倍。

根据钻孔施工过程中记录的指标进行煤层区段冲击危险性预测和

措施效果检查的记录簿

矿井＿＿＿＿＿＿＿＿＿＿＿＿＿＿　　　巷道、煤层、水平＿＿＿＿＿＿＿＿＿＿＿＿＿＿

钻孔编号	钻孔坐标	日期班次	指标	煤层厚度/m	指标值随深度的变化					冲击危险性等级	负责人签字	总工程师指示*
					1 m	2 m	3 m	4 m	…			

注：＊矿井技术负责人——总工程师的指示：将巷道转化为无冲击危险状态，措施效果和下一次预测日期。

根据煤的自然水分变化进行煤层区段冲击危险性预测和
预防措施效果检查的记录簿

矿井_____　　　　巷道、煤层、水平_____

钻孔编号	钻孔坐标	日期班次	随钻孔深度/m，煤的水分/%					W_{KP}/ %	W/ %	X_1/ m	冲击危险性等级	负责人签字	总工程师指示*
			1 m	2 m	3 m	4 m	…						

注：＊矿井技术负责人——总工程师的指示：将巷道转化为无冲击危险状态，措施效果和下一次预测日期。

冲击地压预防措施记录簿

矿井_____巷道、煤层、水平_____

措施类型_____

说明书规定的措施参数：钻孔长度_____m，钻孔直径_____mm，钻孔间距_____m，钻孔装药量_____kg，

密封深度_____m，单个钻孔注水量_____m³，最大注水压力_____MPa

日期班次	钻孔编号	措　施　实　际　参　数						偏离说明书的原因和补充措施	冲击危险性等级	震动、微冲击的资料	负责人签字
		钻孔长度/m	钻孔直径/mm	钻孔间距/m	装药量/kg	注水量/m³	注水压力/MPa				

附录9　预防冲击地压技术方案和
措施参数的选择

1　煤层水力化处理

1.1　总则

矿井冲击地压防治和预测部门应配备必要的煤层水力处理装备。具有专业素养的人员根据矿井技术负责人——总工程师的命令执行注水工作。在向煤层区段注水过程中，用流量表和压力表监控流量和压力。仪表的起始和最终读数记入班长的许可通知单和冲击地压预防措施记录簿中。

1.2　水力化处理技术方案应规定：

（1）由岩石巷道和沿其他煤层的掘进巷道对煤层和煤层组进行区域润湿。

（2）由危险煤层的准备巷道施工钻孔进行深部润湿。

（3）由回采巷道和准备工作面施工钻孔进行水力松动和水力压出。

1.3　区域润湿保证开采水平或采区范围内危险煤层的预先水力化处理。区域水力化处理的钻孔直径为56~90 mm，并沿整个孔长安装带渗管的供水管（附图9-1）。用水泥浆密封钻孔的岩柱，深度不小于10 m。

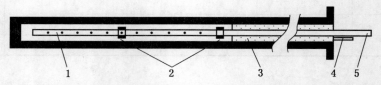

1—打眼的管子；2—管箍；3—水泥塞；4—注水泥浆的管子；5—套管

附图9-1　封孔器示意图

有效润湿半径根据下式确定：

$$R = 31.6 \sqrt{\frac{Qt}{\pi m N \rho}}$$

式中　　Q——注水速度，m^3/h；

　　　　t——注水时间，h；

　　　　m——煤层厚度，m；

　　　　N——煤层润湿标准，L/t；

　　　　ρ——煤的密度，t/m^3。

钻孔渗水段和煤层采空区之间的距离应超过计算的有效润湿半径，而钻孔之间的距离

应满足条件 $C < 1.5R$。

考虑到煤的孔隙空间水饱和的不足，润湿标准 $N(\text{L/t})$ 根据下式计算：

$$N = 10(W_{\text{мг}} - W_{\text{e}})$$

式中 $W_{\text{мг}}$——煤的最大内在水分，%；

  W_{e}——煤的自然水分，%。

当冲击危险煤层的埋藏深度小于 400 m 时，润湿标准 $N(\text{L/t})$ 根据下式计算：

$$N = 10(W_{\text{п}} - W_{\text{e}})$$

式中 $W_{\text{п}}$——煤的饱和水量，%。

注入每个钻孔的标准水量（m^3）根据下式计算：

$$V = 10^{-3} N C_1 C_2$$

式中 C_1 和 C_2——钻孔沿煤层倾向和走向的距离，m。

当用 1 个钻孔水力化处理几个煤层时，标准注水量按照每个煤层的计算量总和确定。区域润湿注水时，按最大压力和流量进行，但最初的几个立方水建议在压力不超过 $(0.6\sim0.7)\gamma H$ 条件下进行（γ 为上覆岩层的容重（平均 2.5），H 为开采深度）。区域润湿的标准方案如附图 9-2 所示。

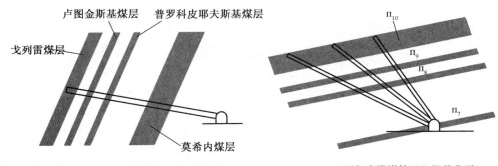

(a) "普罗科皮耶夫斯克煤管局"股份公局   (b) "沃尔库塔煤管局"股份公司

附图 9-2 煤层区域润湿的原则方案

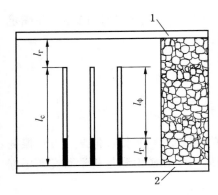

1—通风平巷；2—运输平巷

附图 9-3 在回采工作面前方
煤层的深部润湿方案

1.4 在准备和开采区段及阶段（亚阶段）时，按附图 9-3 所示的方案，由回采作业影响带以外的准备巷道进行深部润湿。

在揉皱煤的区段易塌孔，无法送入封孔器，建议不采用这种注水方案。

在大采长回采工作面的情况下，注水钻孔可以从通风平巷和运输平巷布置。使用水力封孔器或者水泥浆密封钻孔，封孔深度不小于保护带宽度。钻孔间距 C 应为

$$C < 2l_{\text{г}}$$

式中 $l_{\text{г}}$——钻孔密封深度，m。

注水应在支承压力带范围之外进行，并保持满足下列条件的超前距 L_{on}：

$$L_{on} < (t_6 + t_r + t_н + t_в) V_{пз} + l, \text{ m}$$

式中　t_6——钻孔施工至设计深度的时间，d；

　　　t_r——钻孔装备必需的时间，d；

　　　$t_н$——注水持续时间，d；

　　　$t_в$——注水后煤层的养护时间，等于 30 d；

　　　$V_{пз}$——回采工作面推进速度，m/d；

　　　l——支承压力带宽度，m。

深部润湿时，钻孔注水量根据下式计算：

$$V = 10^{-3} N m l_c C \rho$$

式中　l_c——钻孔长度，m。

1.5　在水力松动方式的情况下，根据开采方法、煤层的厚度、结构和其个别分层情况、围岩的性质，布置注水钻孔（附图9-4）。

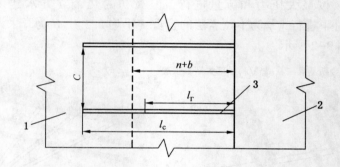

1—煤层区段；2—采空区；3—注水钻孔

附图9-4　煤层水力松动时注水钻孔布置方案

以水力松动方式注水时，封孔深度应符合下列条件：

$$l_r = (4 \sim 6) \sqrt{m}$$

钻孔渗水段长度 $l_ф = 1.5 \sim 2.5$ m。注水钻孔总长度 $l_c = l_r + l_ф$，应不小于 12 m，并满足下列条件：

$$l_c > n + b$$

式中　n——保护带宽度，m；

　　　b——1 个或几个循环内工作面的推进度，m。

钻孔之间的距离取 $C < 1.5 l_c$。

通过深度 6~12 m 的钻孔进行水力松动时，液体的单位流量（注水标准 N，l/t）根据公式 $N = 10 W_{мг}$ 确定。在复杂结构煤层中，由全苏矿山地质力学和矿山测量科学研究所根据对个别分层相位物理性质的研究修正 N 值。

每个深度为 6~12 m 钻孔的注水量 $V(\text{m}^3)$ 为：

①在回采工作面和准备巷道侧帮：

$$V = 1.3 \times 10^{-3} N m l_c C$$

②在准备巷道工作面通过单个钻孔注水时，注水量 $V(\mathrm{m}^3)$ 为：

$$V = 1.3 \times 10^{-3} NMl_{\mathrm{c}}(2n + a)$$

式中　a——巷道宽度，m。

③在准备巷道工作面通过 2 个及以上的钻孔注水时：

$$V = 1.3 \times 10^{-3} Nml_{\mathrm{c}} C'$$

式中　C'——钻孔渗水段之间的距离，m。

当钻孔深度小于 6 m 时，钻孔的计算注水量必须增大 25% ~ 30%。

注水压力按梯度 $(0.2 ~ 0.3)\gamma H$ 上升到排除煤层水力压裂的数值。第一阶段的注水时间应不小于 10 min。在注水最后阶段 $(0.8 ~ 0.9)\gamma H$，注水直至压入必需的注水量为止。

为了避免煤层过早的水力压裂，1 台泵适宜接通 2 ~ 3 个注水钻孔。

当煤层出现水力压裂时，停止注水，距离老钻孔 2.5 ~ 3 m 施工新钻孔，继续注水至压入必需的注水量。

当钻孔难以施工到最佳深度时，从最小可能深度不小于 $(n+b)$ 的钻孔开始水力化处理，这里 b 代表 1 个循环内工作面最小容许推进度。

如果由于工艺原因必须增大钻孔长度 l_{c}，则转化为更长钻孔需要在 3 ~ 4 个注水循环内逐步实施过渡。在直线形状的回采工作面，在前一循环钻孔之间施工后续水力松动循环的钻孔。

1.6　在煤层（分层）开采厚度不大于 2 ~ 2.5 m 的情况下，仅在回采工作面或者准备工作面采用煤层边缘部分的水力压出（附图 9-5）。

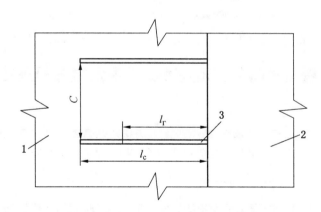

1—煤层区段；2—采空区；3—注水钻孔

附图 9-5　煤的水力压出钻孔布置方案

钻孔渗水段长度通常取 0.3 ~ 0.5 m。当使用的注水设备可以将压力提高到 30 ~ 40 MPa 时，钻孔渗水段长度适当增加到 0.8 ~ 1.5 m。钻孔之间的距离取 $C < 1.5 l_{\mathrm{c}}$。当系统中的注水压力降低到 5 MPa 以下时，停止注水；在大的残余压力情况下，且不小于水力压裂前的压力的 2 倍，继续注水 10 ~ 15 min。

1.7　利用增塑剂的冲击地压防治措施的依据是在指定物理力学性质液体的作用下，吸附降低煤体强度。

该措施的应用范围：低孔隙、高强度、吸水不好、易于再次恢复冲击危险性的煤层区段。这些区段是服务周期长的巷道保护煤层以及将来处于矿山压力升高带中的巷道。

在全苏矿山地质力学和矿山测量科学研究所的业务指导下应用该方法。

注水分两个阶段按湿润方式进行。在第一阶段注入含表面活性剂（磺烷油，饱和脂肪醇聚二醇醚混合物，磺酸盐等）的溶液，然后注入含增大煤层黏性成分（聚氧化乙烯等）的溶液。

1.8　在沃尔库塔煤田 3 号煤层的矿山压力升高带中掘进巷道时预防冲击地压和煤与瓦斯突出的综合措施。

1.8.1　综合措施包括以下内容：

根据本细则和《煤岩与瓦斯突出危险煤层安全作业细则》的要求，采用钻屑量和瓦斯涌出初速度预测冲击危险性和突出危险性。

根据附图 9-6 所示的方案，当巷道工作面由被保护带侧接近矿山压力升高带的边界时，开始进行冲击危险性和突出危险性预测。

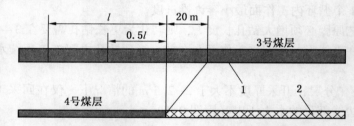

(a) 在回采工作面基线形成的矿山压力升高带中掘进巷道

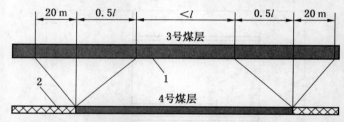

(b) 在尺寸大于l但小于$2l$的煤柱形成的矿山压力升高带中掘进巷道

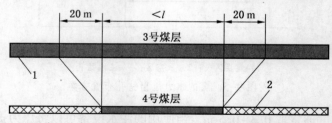

(c) 在尺寸小于l的煤柱形成的矿山压力升高带中掘进巷道

1—煤层；2—采空区

附图 9-6　在矿山压力升高带中预防措施应用方案

当巷道通过 4 号煤层中停工工作面的边缘部分形成的矿山压力升高带时，在距离工作面基线（矿山压力升高带边界）$0.5l$（l 为支承压力带宽度）处开始施工卸压钻孔。降低煤层区段突出危险性和冲击危险性的补充措施是水力冲刷。在距离 4 号煤层工作面基线 $l \sim 0.5l$ 的区段只进行水力冲刷，补充施工下一个水力冲刷循环的卸压钻孔，这与 $0.5l$ 工作面基线区段的要求类似。

当通过 3 号煤层煤柱在 4 号煤层中形成的矿山压力升高带时，措施的使用程序由煤柱尺寸决定，即：

（1）当煤柱尺寸超过 $2l$ 时，措施的使用程序与上述类似。

（2）当煤柱尺寸大于 l 但小于 $2l$ 时，必须采取下列措施使用程序：

在工作面基线至矿山压力升高带侧小于 $0.5l$ 的区段内，施工卸压钻孔，而补充水力冲刷措施；

在矿山压力升高带的中心区域距离煤柱基线大于 $0.5l$ 的区段内，只进行水力冲刷，而补充措施（施工下一个水力冲刷循环的卸压钻孔）与 $0.5l$ 工作面基线区段的要求类似。

（3）当煤柱尺寸小于 l 时，在整个矿山压力升高带范围内需要施工卸压钻孔，而补充水力冲刷措施。

当突出危险煤分层的厚度小于 0.1 m 时，不管突出危险性预测结果如何，准许在矿山压力升高带的任何区段，仅使用卸压钻孔或者水力松动掘进准备巷道。

1.8.2　首先施工 4 个钻孔完成第一循环卸压钻孔的施工，其中中间 2 个钻孔长度 20 m，而侧帮钻孔长度为 15 m。巷道工作面推进 8 m 之后，施工第二循环的钻孔，中间钻孔长度 20 m，而侧帮钻孔长度为 15 m。巷道工作面推进 8 m 之后重新施工 4 个钻孔，以后所有的循环照此重复。侧帮钻孔超出巷道轮廓 4 m，钻孔直径为 300 mm。代表性钻孔施工方案如附图 9-7 所示，保证最小超前距 7 m。

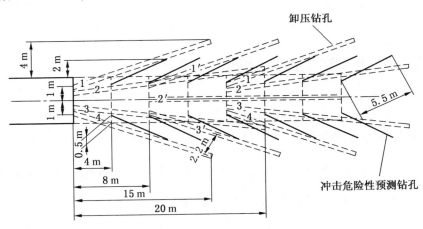

1、2、3、4—第一循环卸压钻孔；1′、2′、3′—第二循环卸压钻孔

附图 9-7　卸压钻孔和冲击危险性预测钻孔布置方案

1.8.3　根据《煤岩与瓦斯突出危险煤层安全作业细则》的要求进行超前孔洞的水力冲刷。当卸压钻孔与水力冲刷综合使用时，形成 5 个孔洞措施有效，其中中间孔洞长度 15 m，侧帮孔洞长度 10 m。水力冲刷后工作面最大准许进尺为 8 m，最小超前距不小于 7 m。

1.8.4　作为降低突出危险性的措施，按照《煤岩与瓦斯突出危险煤层安全作业细则》，根据沿突出危险分层施工检查钻孔时的钻屑量和瓦斯涌出速度评价卸压钻孔的使用效果（附图9-7和附图9-8）。检查钻孔的施工频率——准备巷道工作面每推进 4 m 检查一次。

作为降低冲击危险性的措施，根据沿坚硬煤分层施工检查钻孔时的钻屑量评价卸压钻孔的施工效果（附图9-7和附图9-8）。检查周期——准备巷道工作面每推进 4 m 检查一次。

根据《煤岩与瓦斯突出危险煤层安全作业细则》的要求，进行超前孔洞水力冲刷的效果检查。

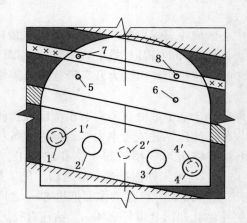

1、2、3 、4—第一循环卸压钻孔；1′、2′、3′、4′—第二循环卸压钻孔；
5、6—冲击地压防治措施效果检查钻孔；7、8—煤与瓦斯突出防治措施效果检查钻孔
附图9-8　卸压钻孔和预防措施效果检查钻孔布置方案

2　药壶爆破与施工卸压钻孔

2.1　钻孔间距 C 是药壶爆破时的主要参数，根据煤层压力集中程度、炸药类型和炮泥种类确定钻孔间距 C。对于卷装硝铵炸药，必须遵循以下要求。

在烟煤煤层的冲击危险区段，使用黏土封泥时，钻孔间距 $C=0.8$ m。使用水力填塞时（附表9-1），钻孔间距 C 取决于比值 $\dfrac{P_{\text{ср}}}{P_{\text{расч}}}$（$P_{\text{ср}}$ 为在使用药壶爆破的煤层区段，施工预测钻孔时的平均钻屑量，$P_{\text{расч}}$ 为根据下式计算的钻屑量）：

$$P_{\text{расч}} = \frac{l_{\text{инт}} \pi d_{\text{шп}}^2 \kappa_{\text{разр}}}{4}$$

式中　$l_{\text{инт}}$——钻孔施工长度，100 cm；

　　　$d_{\text{шп}}$——钻孔直径，4.3 cm；

　　　$\kappa_{\text{разр}}$——施工卸压钻孔时煤的松散系数，等于 1.05。

将相应数值代入式中，并取整数，得到钻屑量的计算值：

$$P_{\text{расч}} = \frac{100 \times 3.14 \times 4.3^2 \times 1.05}{4} = 1484 \text{ cm}^3/\text{m} \approx 1.5 \text{ L/m}$$

附表 9-1

$P_{cp}/P_{расч}$	1~1.5	1.5~2.5	2.5~5
C/m	0.8	1.2	1.5

在无烟煤煤层中，当查明为危险等级时，药壶爆破建议采用下列参数进行：炮眼深度等于保护带宽度，钻孔间距 $C=3$ m，牌号 6ЖВ 的 1 个炸药卷的重量为 1.2 kg。同时爆炸的炸药包由 2~3 个炮眼组成，炮泥为黏土炮泥。

在褐煤煤层的条件下，当使用充水细管炮泥或者黏土炮泥时，钻孔间距 $C=0.8$ m。当水力填塞时（附表 9-2），钻孔间距 C 取决于比值 $W/W_{кр}$（W 为炸药安装地点煤的平均水分，$W_{кр}$ 为极限水分，对应于水饱和度为 0.85 时的水分）。对于其他种类的炸药，钻孔间距根据试验确定。

附表 9-2

$W/W_{кр}$	0.95	0.8~0.95	0.75~0.8
C/m	0.8	1.2	1.5

2.2　卸压钻孔之间的距离同样根据冲击危险性等级、钻孔直径和煤层厚度进行选择，计算公式为：

$$C = K_1 K_2 K_3$$

式中　K_1、K_2 和 K_3——分别为考虑了冲击危险性等级（附表 9-3）、钻孔直径（附表 9-4）和开采煤层厚度（附表 9-5）的经验系数。

附表 9-3

冲击危险性等级	无　危　险	危　险
K_1	1.3	1.7

附表 9-4

钻孔直径/mm	100	150	200	300	400	500	600
K_2	0.6	0.7	0.8	1.0	1.3	1.6	1.8

附表 9-5

煤层厚度/m	0.5~0.8	0.9~1.4	1.5~2	2.1~3	>3
K_3	0.8	0.9	1.0	1.1	1.2

在钻孔孔壁没有破坏的煤层区段，而随后的冲击危险性等级可能对应于危险等级时，系数 K_1 可以按无危险等级取值。

2.3　对于无烟煤煤层，卸压钻孔间距 C 的建议取值：当钻孔直径为 300 mm 及以上时为 n，200 mm 为 $0.7n$，150 mm 为 $0.5n$。

附录 10 沃尔库塔煤炭股份公司矿井开采的厚煤层准备巷道底板破坏的冲击地压预测和防治

1 准备巷道底板破坏的冲击地压的预测由 2 个阶段组成：区域预测和局部预测。

为了实施区域和局部预测，必需以下原始资料：

（1）巷道布置深度 H。

（2）煤层厚度 m。

（3）大致巷道宽度 a。

（4）根据在矿井完成的深度不小于 $2a$ 的岩芯打钻结果，由具有俄罗斯国家矿山技术监督局许可证的机构确定底板岩石的岩石成分、厚度和物理力学性质。

（5）采矿作业危险带（矿山压力升高带，前探巷道附近，地质破坏附近等）的边界。

获得的资料转交全苏矿山地质力学和矿山测量科学研究所，全苏矿山地质力学和矿山测量科学研究所据此作出巷道区段危险性的结论。

地质勘探钻孔的安置间距为 100 m。在前探巷道区域，结合层理参数，根据附图 10-1 方案布置钻孔。根据全苏矿山地质力学和矿山测量科学研究所的结论，可以修正钻孔布置间距。

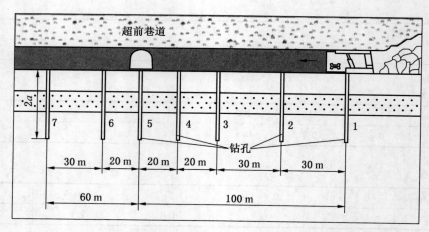

附图 10-1 在前探巷道区域地质勘探钻孔布置方案

2 采用区域预测方法，沿着准备巷道，找出在底板中埋藏有强度 $\sigma > 50$ MPa 和厚度 $m_\text{п} \geqslant 0.5$ m 具有冲击地压潜在倾向的岩石分层的区段（附图 10-2）。

满足条件 $2 \leqslant \dfrac{a_\text{пр}}{m_\text{сл}} \leqslant 6$ 的煤层区段是潜在危险带，这里 $a_\text{п}$ 为准备巷道的换算宽度，$m_\text{сл}$

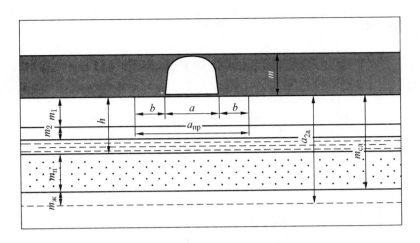

附图10-2 潜在危险带和危险带确定方案

为包含具有冲击地压倾向岩石分层在内的紧邻巷道底板的岩层厚度。

准备巷道的换算宽度要考虑到巷道两侧的煤层卸压带，并根据式 $a_{np}=a+2b=a+\dfrac{m}{2}$ 确定$\left($对于沃尔库塔煤田的厚煤层，卸压带 $b=\dfrac{m}{4}\right)$。

在潜在危险带范围内，包含具有冲击地压倾向岩石分层在内厚度为 $m_{сл}$ 的岩层认为是危险分层。

3 采用局部预测方法，考虑到巷道区域的矿山地质和矿山工艺状况，在潜在危险带范围内划分出危险区段。准备巷道区段如果满足下列条件，则认为是危险区段：

$$\chi\gamma H(\sigma_x^1+1)\geqslant0.8\sigma_{сж}$$

式中 χ——考虑到矿山地质和矿山工艺状况影响的附加负荷系数。在回采巷道影响带内附加负荷系数 $\chi=1.4$；而在回采巷道接近前探巷道的条带内，根据附图10-3的曲线确定附加负荷系数 χ；在地质破坏影响带和矿山压力升高带，根据全苏矿山地质力学和矿山测量科学研究所进行的试验评价结果确定附加负荷系数 χ，用红色将发现的危险带标注在采矿工程平面图上；

γ——岩石容重，$10^6N/m^3$；

σ_x^1——反映作用在危险分层上可压缩应力的参数，根据附图10-4确定；

$\sigma_{сж}$——危险分层单轴抗压强度极限，MPa。

对于层状岩层，根据单个分层厚度的加权平均确定 $\sigma_{сж}$、$E_{сл}$ 和 $E_ж$，例如 $E_{сж}=$
$\dfrac{E_1m_1+E_2m_2+\cdots+E_nm_n}{m_1+m_2+\cdots+m_n}$，这里 E_1、E_2、E_n 为弹性模量，m_1、m_2、m_n 为分层厚度。

危险带预测和巷道底板冲击地压防治措施由矿井技术负责人——总工程师组织。在生产采区应有标注了危险带的必需文件。在冲击地压预测和防治部门应有巷道底板冲击地压预测和局部防治措施效果检验结果的记录簿。

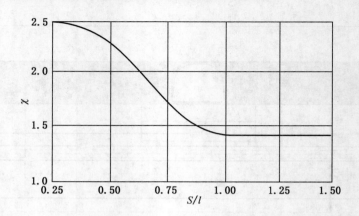

l—支承压力带宽度；S—采面工作面到前探巷道的距离

附图 10-3 确定附加负荷系数的诺模图

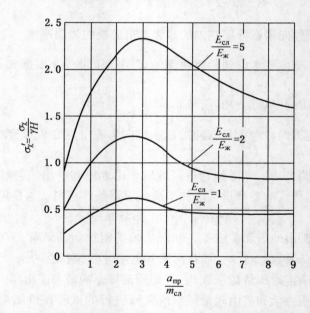

$E_{сл}$—危险分层的弹性模量；$E_{ж}$—铺垫层的弹性模量；$m_{сл}$—危险分层的厚度；$a_{пр}$—巷道的换算宽度

附图 10-4 确定危险分层中水平压缩应力的诺模图

4 通过改变巷道相对于具有冲击地压倾向分层的位置或者软化危险分层，可以达到防治巷道底板破坏的冲击地压。

准备巷道相对于具有冲击地压倾向分层位置的改变，应在回采区段说明书编制阶段进行设计，由冲击地压委员会考虑专业机构的结论进行推荐，并由组织的技术负责人批准。

5 回采工作面接近危险带边界之前，在支承压力带宽度内，采用炮眼或钻孔方法进行药壶爆破、水力微爆破对危险分层进行软化，达到防治带有巷道底板破坏的冲击地压。

软化危险带内巷道底板的打眼爆破作业说明书由伯绍拉煤田科研设计院制订，并经全苏矿山地质力学和矿山测量科学研究所和俄罗斯国家矿山技术监督局地区机关同意。

炮眼方法用来软化厚度不大于 1.5 m 的危险分层，并且危险分层的埋藏深度距离巷道底板表面不大于 3 m。当危险分层的厚度大于 1.5 m 时，建议使用钻孔方法。为了实施措施，需要计算裂隙发育半径：

$$R_{\mathrm{T}} = 1.6\sqrt[3]{\dfrac{Q}{\sigma_{\mathrm{p}}}}$$

式中　Q——装药量，kg；

　　　σ_{p}——岩石强度极限。

对于 $Q = 3$ kg，$R_{\mathrm{T}} = 1.1 \sim 1.3$ m，相应地有 $Q = 6$ kg，$R_{\mathrm{T}} = 1.3 \sim 1.5$ m，$Q = 10$ kg，$R_{\mathrm{T}} = 1.6 \sim 1.9$ m。

根据现行的爆破作业规范文件计算其他参数。

当药包爆炸布置在距离钻孔孔口 5 m 以内时，应在爆破时安装附加横木。

6　持有俄罗斯国家矿山技术监督局许可证的机构使用折射波的方法，通过对比预防措施实施前后纵向地震剖面结果，对巷道底板软化效果进行检验。方法的实质在于激发和记录巷道底板中的以弹性分层分界处的直线波和折射波为代表的地震波场。记录的波包含有这些分层的结构信息。

在遵守每个随后分层的速度特征超过上一个分层的条件下，可以确定巷道底板岩石煤岩类型互换的分界线，这是折射波方法的理论基础。在单个煤岩类型范围内，当速度值随着深度增加时，产生折射波。折射波方法使用中的主要参数为：接收基准为 29 m、35 m，地震接收器布置间距为 1 m，相邻爆破点之间的距离为 6 m，1 个爆破点的震波图数量为 2 个。

使用 24 通道地震站时，爆破点向前推进的距离为 1 m、7 m、13 m，1 个爆破点的震波图数量为 2 个；使用 12 通道地震站时，爆破点向前推进的距离为 1 m、7 m、13 m、19 m、25 m，1 个爆破点的震波图数量为 3 个。

在个人计算机上使用现有的应用程序包对震波图进行处理。

沿着画有折射边界位置和形状的断面绘制地震剖面是初步的处理结果。根据地震观测材料与勘探打钻资料的对比结果，补充地震剖面的地质内容。

为了完成作业区段的勘查，将采面方向距离巷道侧帮 1 m 处深度 0.6~0.8 m 的炮眼（爆破眼和安装地震接收器的炮眼）断面扩大。用来安装地震接收器的炮眼装备有金属杆以便在其上面固定传感器。

弹性波动的激发通过 3~5 个电雷管组成的爆破束实现。按波场的 Z 分量来记录波动。

在震波图处理过程中，画出震波到达时间和其通过距离的关系曲线（时距曲线），据此确定相应岩石类型的波速 V，并随后计算它们折射边界的深度。利用 t_0 法根据下式计算折射边界的埋藏深度 h：

$$h = \dfrac{X\sqrt{\dfrac{V_2 - V_1}{V_2 + V_1}}}{2}, \ \mathrm{m}$$

式中　　　X——时距曲线交叉点的坐标；

　　　V_1、V_2——在上分层和下分层的弹性波速度。

措施效果评价的判据是：相应于未被处理破坏的上部岩石分层顶板位置的上部折射边界位置（h^*），在坚固分层中处理前（V）后（V^*）的纵波速度之比。根据系统试验工作结果，该参数的变化范围为 $1\sim0.6$ 及以下。

如果同时满足下列不等式：$h^*>m_{cn}$ 和 $\dfrac{V^*}{V}\leqslant0.6$，则认为处理有效。

根据全苏矿山地质力学和矿山测量科学研究所的结论，可以修正或者改变巷道底板冲击地压防治措施的效果检查。

第三篇

煤矿瓦斯抽放细则

俄罗斯技术监督局 2011 年 12 月 1 日№679

关于批准《煤矿瓦斯抽放细则》的命令

(2011 年 12 月 29 日在俄罗斯联邦司法部登记，登记号№22811)

根据俄罗斯联邦政府 2004 年 7 月 30 日№401 命令（俄罗斯联邦法规集，2004 年№32 第 3348 页；2006 年№5 第 544 页，№23 第 2527 页，№52 第 5587 页；2008 年№22 第 2581 页，№46 第 5337 页；2009 年№6 第 738 页，№33 第 4081 页，№49 第 5976 页；2010 年№9 第 960 页，№26 第 3350 页，№38 第 4835 页；2011 年№6 第 888 页，№14 第 1935 页，№41 第 5750 页）批准的俄罗斯技术监督局条例第 5.2.2.17 条，命令：批准所附的《煤矿瓦斯抽放细则》。

1　总　　则

1　本细则制定的依据：

（1）俄罗斯联邦法规 1992 年 2 月 21 日 №2395-1 "地下资源"（俄罗斯联邦法规集，1995 年 №10 第 823 页；1999 年 №7 第 879 页；2000 年 №2 第 141 页；2001 年 №21 第 2061 页，№33 第 3429 页；2002 年 №22 第 2026 页；2003 年 №23 第 2174 页；2004 年 №27 第 2711 页，№35 第 3607 页；2006 年 №11 第 1778 页，№44 第 4538 页；2007 年 №27 第 3213 页，№49 第 6056 页；2008 年 №18 第 1941 页，№29 第 3418 页、第 3420 页，№30 第 3616 页；2009 年 №1 第 17 页，№29 第 3601 页，№52 第 6450 页；2010 年 №21 第 2527 页，№31 第 4155 页；2011 年 №15 2018 页、第 2025 页，№30 第 4567 页、第 4572 页、第 4570 页、第 4590 页；"法律信息官方网站"（www.pravo.gov.ru），2011 年 11 月 22 日）。

（2）1996 年 6 月 20 日联邦法规 №81-Ф3 "煤炭开采和利用领域煤炭工业组织工作人员社会保护特性的国家调控"（俄罗斯联邦法规集，1996 年 №26 第 3033 页；2000 年 №33 第 3348 页；2004 年 №35 第 3607 页；2006 年 №25 第 2647 页；2007 年 №31 第 4010 页；2008 年 №30 第 3616 页；2009 年 №1 第 17 页；2010 年 №31 第 4155 页；2011 年 №19 第 2707 页，№30 第 4596 页）。

（3）1997 年 7 月 21 日联邦法规 №116-Ф3 "危险生产工程项目的工业安全"（俄罗斯联邦法规集，1997 年 №30 第 3588 页；2000 年 №33 第 3348 页；2003 年 №2 第 167 页；2004 年 №35 第 3605 页；2005 年 №19 第 1752 页；2006 年 №52 第 5498 页；2009 年 №1 第 17 页、第 21 页，№52 第 6450 页；2010 年 №30 第 4002 页，№31 第 4195 页、第 4196 页；2011 年 №27 第 2880 页，№30 第 4590 页、第 4591 页、第 4596 页；"法律信息官方网站"（www.pravo.gov.ru），2011 年 11 月 29 日）。

（4）2011 年 4 月 25 日俄罗斯联邦政府命令 №315 "在矿井、煤层和采空区中，爆炸危险气体（甲烷）含量超过容许标准必须进行抽放"（俄罗斯联邦法规集 2011 年 №18 第 2642 页）。

（5）俄罗斯矿山技术监督局 2003 年 6 月 5 日 №50 命令批准的 "煤矿安全规程"（ПБ 05-618-03）（2003 年 6 月 19 日俄罗斯联邦司法部登记，登记号 №4737；"俄罗斯报"，2003 年 №120/1，2004 年 №71）。

（6）俄罗斯联邦机构生态、工艺和原子能监督局 2010 年 12 月 20 日 №1158 命令 "对俄罗斯矿山技术监督局 2003 年 6 月 5 日 №50 命令批准的煤矿安全规程进行修改"（2011 年 3 月 15 日俄罗斯联邦司法部登记，登记号 №20113；联邦机关行政权标准法规公告，2011 年 №16）。

2　本细则供从事煤矿瓦斯抽放系统设计、施工和运转管理单位使用。为此，本细则使用的术语、定义和约定符号如本细则附录 1 所示。

3　细则包含下列内容：

（1）抽放工程设计。

（2）抽放钻孔、瓦斯管路、抽放站和抽放设备的装备和使用。

（3）抽放运转工作的管理。

（4）瓦斯涌出源抽放系统图和抽放方法的选择。

（5）确定瓦斯涌出源的抽放量。

（6）抽出的瓦斯空气混合气体参数的检查。

（7）瓦斯管路计算和真空泵的选择。

（8）真空瓦斯气体测量。

（9）抽放钻孔密封质量评价。

4　在本细则中介绍了瓦斯涌出源的抽放方法和抽放系统图、它们的参数和效果、瓦斯喷出的预防和防治方法，提出了预防瓦斯可能燃烧和井巷中出现火灾时火焰沿抽放管路传播的标准措施、保证瓦斯浓度为 3%~25% 的瓦斯空气混合气体沿抽放管路输送的标准措施、进行瓦斯抽放工作的工业安全要求。

5　当依靠通风工作不能保证将使用中的井巷内的矿井大气中的瓦斯气体含量控制在 1% 以下时，必须进行瓦斯抽放。

6　当煤层原始瓦斯含量超过 13 $m^3/t \cdot r$ 并且依靠通风工作不能保证回采巷道回风流中的瓦斯浓度在 1% 以下时，必须对煤层进行抽放。

7　当瓦斯管路和瓦斯排放巷中的瓦斯浓度超过 3.5% 时，必须对采空区进行抽放。

8　生产矿井、建设矿井和改建矿井煤层原始瓦斯含量根据地质勘探资料选取，对于生产矿井，按照本细则附录 2，根据开采层实际瓦斯涌出量资料，使瓦斯含量更加准确。

9　当抽放和利用瓦斯能带来经济利益时，在任何情况下都必须抽放瓦斯。

10　从事抽放设计、抽放系统施工、煤矿进行瓦斯抽放和监督检查工作，根据本细则进行。

11　矿井、新水平、采区和一翼的抽放设计、抽放系统施工和运转应根据发包方技术负责人批准的技术任务书进行。

12　依据在危险生产对象中采用新工艺和新技术设备的要求研制新的抽放方案，采用新的抽放方案应按照新抽放方案研制单位完成的设计进行。

13　根据矿井建井设计、采区、水平、盘区揭煤和准备设计（以下简称建井设计），确定矿井瓦斯抽放和利用的参数和方式。

14　进行抽放参数的依据、瓦斯涌出源必需抽放率的确定和抽放方法的选择在建井设计中的独立章节"抽放"中介绍。

15　瓦斯利用方法和设备的选择在建井设计中的独立章节"矿井瓦斯利用"中介绍。

16　根据煤矿抽放专项设计（以下简称抽放设计）进行抽放系统的安装和运转。

17　在抽放设计制定的范围内进行抽放设备设计。

18　在设计固定抽放站时，要详细制定专门的抽放站建设设计。

19　根据采面说明书或巷道掘进和支护说明书，完成移动地面和井下抽放设备的安装。

20 根据技术文件和操作文件，进行抽放系统和设备的运行管理。

21 对于在建设（改建）设计中缺少"抽放"章节的生产矿井，仔细制定单独的抽放设计，并检验其工业安全性。

22 抽放设计由说明书和图表资料组成：

（1）说明书包括：

①总则；

②矿井的矿山技术和矿山地质特征；

③开采层、邻近层和采空区必须进行瓦斯抽放的依据；

④各类瓦斯涌出源抽放方法、抽放方案和抽放率的选择；

⑤抽放系统参数计算和真空泵选择；

⑥抽放设备的装备和使用要求；

⑦进行抽放工作的安全规章；

⑧井巷中出现火源时防止瓦斯可能燃烧和火焰沿抽放管路传播的措施。

（2）图表资料包括：

①最近的地质钻孔剖面图；

②采掘工程平面图复印件，上面标注有通风系统、抽放管路和抽放钻孔；

③所采用的抽放方法的示意图；

④由采面（巷道）到真空泵的瓦斯管路系统图，上面标明防护设备、检查测量设备和节气调节装置的位置；

⑤抽放钻孔施工和密封示意图；

⑥抽放钻孔与巷道中的抽放瓦斯管路连接示意图。

当采用地面钻孔抽放时，说明书还附有：与地面平面图重合的采掘工程剖面图的复印件；标有抽放设备位置和供电、接地和避雷保护系统的地面平面图。图表资料可以直接呈现在说明书中或作为说明书的单独附件。

23 当采面开采和巷道掘进的矿山地质或矿山技术条件变化时，可以对抽放设计中规定的抽放方法、抽放系统图和抽放规模进行修改。

在对抽放设计进行修改时，应采用矿井现使用的抽放网络的实际参数。

24 根据矿井技术负责人（总工程师）批准的采面说明书或巷道掘进和支护说明书中的"抽放"章节，并参考建设（改建）设计中的"抽放"章节的条款或抽放设计，对抽放系统进行使用管理。

25 依据回采工作面瓦斯涌出量和瓦斯平衡表，选择主要瓦斯涌出源（开采层，邻近的下部被采煤层和/或上部被采煤层和含瓦斯岩层，采空区）的抽放方法和抽放参数。

26 视回采工作面瓦斯平衡预测值的大小而定，采取一种或几种瓦斯涌出源抽放方法。由井下巷道或地面施工抽放钻孔。

27 在研究井巷工程扩展年度计划时，应仔细制定矿井和采区的抽放方式、抽放规模，并由矿井技术负责人（总工程师）批准。

28 当井巷瓦斯涌出量增大时（在设计的通风参数和产量条件下），调整采面说明书或井下巷道掘进和支护说明书中的"抽放"章节的抽放参数。首先调整对降低巷道瓦斯涌出量有重要影响的抽放方法的参数。在一个星期之内对钻孔参数进行调整。

29　在编制采面说明书时，根据矿山地质条件相似的以浅开采过的采面的实际抽放参数，对重新引入到生产矿井采面的抽放参数仔细研究。

开采深度在 300 m 以浅、处于甲烷带上边界以下、开采深度相差 20 m，开采深度在 300 m 以深、处于甲烷带上边界以下、开采深度相差 70 m，这些条件认为是相似的矿山地质条件，在这些深度区间内，煤层原始瓦斯含量增大不超过 10%。

30　根据本细则附录 3~18，确定采取抽放的准则、必需的抽放率、钻孔工作状态和参数。

31　根据具有设计资质单位制定的矿井瓦斯利用设计（以下简称利用设计），对抽放设备抽出的矿井瓦斯进行利用。

在抽放站利用设计中，仔细审查动力装置的部件，是否遵守本细则所规定的安全使用的全部条件。

32　抽放和利用设计必须检验其工业安全性。

33　抽放系统的运转验收由发包单位负责人委派的委员会进行，并且由发包单位内部的负责抽放钻孔施工和抽放管路安装的承包单位参加。

34　凡是在其范围内规定需要进行抽放的矿井水平和采区，只有完成抽放系统安装的全部工程后，才能移交生产；在采面和掘进工作面抽放系统正常运转的情况下，才能进行采面和掘进工作面的生产验收。

35　当采用一种抽放方法不能将矿井大气中的瓦斯浓度降到规定值时，需要采取综合抽放。

为了降低矿井瓦斯涌出量，对主要瓦斯涌出源—开采层、邻近的下部被采煤层和上部被采煤层、含瓦斯岩层和采空区采取各种抽放方法和抽放方式。

36　根据本细则附录 3 进行抽放效果评价。

37　根据本细则附录 4~15，确定生产矿井在不同的煤层开采技术条件下的抽放方法、抽放方式和抽放参数。

38　为了对生产矿井已采完采区的采空区瓦斯进行抽放，可以使用该采区开采时采取的抽放方法，和/或使用从地面施工的抽放钻孔。

39　报废矿井的抽放特点在本细则附录 16 中进行了描述。通过试验的方法确定报废矿井的采空区抽放钻孔的工作状态。钻孔内的瓦斯浓度应不低于 25%。

40　为了预防瓦斯向矿井巷道中喷出，可以采取的抽放方式有：用钻孔对巷道周围的煤体进行抽放；向喷瓦斯裂隙带施工短钻孔抽放；使用与抽放系统相连的引射罩进行抽放。预防和防治瓦斯喷出的方法在本细则附录 17 中列出。

41　采用不在本细则所述范围内的新的抽放方法，根据已进行过工业安全性检验的设计进行。

42　矿井在事故状态下，抽放系统的运行根据事故处理计划进行。

43　停止采面或准备巷道抽放的决定由矿井技术负责人（总工程师）作出。

该决定不能扩大至以下几种采取瓦斯抽放的情况：防治煤与瓦斯突出；扩大突出煤层上部先采（下部先采）保护影响区；防治围岩瓦斯涌出和喷出。

44 瓦斯抽放量的确定方法如本细则附录 18 所示，而瓦斯管路的计算和真空泵的选择如本细则附录 19 所示。

45 矿井抽放工作的质量和安全检查由生产检查部门负责，应包括以下内容：

（1）检查周期和检查范围。

（2）消除查出的违章所采取的措施。

（3）分析容许违章的原因，以便消除和预防违章。

（4）抽放效果评价。

（5）检查矿井下属单位的工作保障条件，以使他们在工作地点遵守本细则和工业安全领域其他标准文件的要求。

2　抽放设备装备和使用要求

46　矿井抽放使用的抽放设备必须在其运转的条件和状态下保证其防爆安全性。

47　取决于位置、用途和使用条件，根据本细则图 2-1 所示的"抽放站和抽放设备"示意图，抽放设备可分为固定抽放站（以下简称 ДС）和综合抽放设备（以下简称 ДУ）。

服务周期 3 年以上和/或服务对象大于一个回采工作面或一个采区的抽放设备属于固定抽放设备。

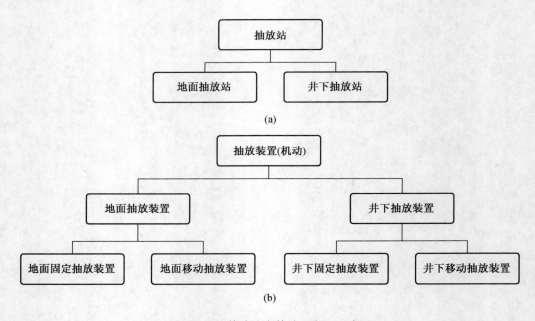

图 2-1　"抽放站和抽放设备"示意图

48　固定抽放站和综合抽放设备装备能力相等的工作真空泵和备用真空泵。

用于生产采面采空区和邻近层抽放的固定抽放站和综合抽放设备，3 台同时工作的能力不大于 50 m³/min 的真空泵，装备 1 台备用泵；2 台同时工作的能力大于 50 m³/min 的真空泵，装备 1 台备用泵。

用于开采层预抽和以前已采完区段的采空区抽放的固定抽放站和综合抽放设备，无须保证 100% 的抽放能力和供电储备。损坏设备的更换应在一昼夜内完成。

49　在固定抽放站和综合抽放设备的吸气管路中装备阻火器。阻火器的性能应与固定抽放站和综合抽放设备的最大抽放能力相匹配。

50　自动化设备除外，固定抽放站和综合抽放设备由值班司机操作。禁止 1 个值班司机操作多个综合抽放设备和从事与操作综合抽放设备无关的工作。

51 固定抽放站和综合抽放设备要连续工作。根据矿井技术负责人（总工程师）的书面指示和通风安全区区长抽放区区长的通知，在预检和维修时间以及完成其他措施的时间，可以停止固定抽放站和综合抽放设备的工作。

当固定抽放站和综合抽放设备停止工作时，进入到瓦斯管路中的瓦斯经过排空管排入大气中，并用新鲜风流将真空泵吹洗干净。

当用于生产采面邻近层和/或采空区抽放的固定抽放站和综合抽放设备紧急停车时间大于 30 min 以上时，停止采面工作，切断电源，人员进入新鲜风流巷道中。

52 为了防止爆炸危险瓦斯气体在真空泵内腔的聚集，在真空泵启动和停车前，用新鲜风流对真空泵和气水分离器吹洗 5 min。

53 真空泵的供水温度不能超过生产厂家规定的温度。

54 固定抽放站和综合抽放设备的安置场所要求、它们的工艺流程图和真空泵的性能如本细则附录 20 所示。

55 固定抽放站和综合抽放设备距离最近的生活和工业建筑、公用汽车道路、铁路、高压输电线、变电站、变压器和配电装置不小于 30 m，距离燃烧的矸石场不小于 300 m，距离不燃烧的矸石场处于力学防护带以外。

56 固定抽放站和综合抽放设备的土地以及不在固定抽放站和综合抽放设备区域内的地面钻孔的土地，用不燃性材料做成的、高度不小于 1.5 m 的栅栏围起来。栅栏与真空泵房间之间的距离不小于 10 m。

57 固定抽放站位于一个独立的建筑物里，其内部不包含与固定抽放站运行无关的房间。

机器房和检查测量仪表房（以下简称 KИⅡ）通过室外走廊相互连通，室外走廊装有 2 个耐火度不小于 45 min 的防火门。每个房间都设有通往户外的出口。

在机器房里预留有真空泵的维修区。在每个真空泵的上方沿其轴向以及在阻火器的上方，安装有单轨起重机和移动滑车。

在真空泵站（以下简称 BHC）建筑物的外面，正对机器房的大门，安装有卸货横梁。

废水排水井（集水池）和观测井位于真空泵站建筑物的外面、栅栏以内，安设有舱口以便对水井进行装备。在地面标高以上 0.5 m 处安装有顶盖。在水井顶盖上安装有内径不小于 150 mm 的抽气管，高出顶盖 3 m。

在真空泵排出水的蓄水池的盖上安装抽气管，其高度高出顶盖 3 m，而在蓄水池布置在房间内的情况下需高出屋顶 2 m。

58 为了将从矿井中抽出的瓦斯气体排放到大气中，在抽放管路上安装有排放管：

（1）在主干管吸气侧进入真空泵站建筑物之前。

（2）在每个总管的加压管路中。

排放管距离建筑物不小于 1 m，高出建筑物最突出部位不小于 2 m。

59 对于低温地区，准许直接在真空泵站建筑物内安装排放管。

60 在所有向大气排放瓦斯的管路上应安装防护罩。

61 固定抽放站和综合抽放设备的房间要强制通风，保证房间内每小时换气 3 次。

62 固定抽放站和综合抽放设备的房间根据设计方案装备防火系统以及主要的灭火设

备。在房间的外面和栅栏上张贴警告性标语："危险瓦斯""外人禁止入内""严禁吸烟"。

63 固定抽放站和综合抽放设备建筑物采用汽暖、水暖或防爆型电器供暖。

64 在固定抽放站和综合抽放设备的机器房内，应张贴经矿井技术负责人（总工程师）批准的机组供电系统图，瓦斯管和水管换向系统图，真空泵启动、停车和安全维护规程，事故处理计划摘录。

65 在真空泵站准备有卫生-生活房间，保证工作人员在一年内的任何时候都能正常工作。

66 在房间内和在固定抽放站和综合抽放设备的范围内，禁止吸烟和使用明火。

67 根据危险生产对象的带火作业细则，经矿井技术负责人（总工程师）批准，在房间内和在固定抽放站和综合抽放设备的范围内进行带火作业（包括焊接和切割）。

在完成该工作的派工单上应规定补充安全措施；带火作业时必须停止抽放设备的运转、强制通风；在固定抽放站和综合抽放设备的房间内，采用自动仪表对瓦斯浓度进行连续监测，当房间内瓦斯浓度达到 0.5% 及以上时，禁止进行焊接工作。

68 在真空泵站房间内的瓦斯管路和其异形件（弯管、过渡管、三通、鞍形桥、堵盖）采用金属（钢）制成。管路与异形件的连接为焊接或法兰。

在真空泵站所使用的附件和调节装置应采用相应的材料制成。

69 设备、配件和管路应涂有以下颜色：瓦斯管路——黄色；瓦斯管路附件——橙黄色；水力系统管路——淡绿色；水力系统附件，增压水箱——深绿色；空气管路——淡蓝色；增压空气管路附件——蓝色。

70 所有新安装的抽放瓦斯管路在负压不小于 15 kPa(113 mmHg) 的条件下进行管路连接的密封性试验。如果在管路关闭后的第一个 30 min 内负压下降值不大于 10 mmHg，则管路试验合格。

71 在使用中的地面抽放管路附近，禁止进行运输、装卸和安装作业。

72 地面抽放管路装有隔热层，防止出现冰冻。禁止使用明火和电热器消除抽放管路中的冰层。

73 固定抽放站和综合抽放设备装备有检测负压、压力、温度、流量和瓦斯浓度、气水分离器水位的测量装置和仪表。

在固定抽放站和综合抽放设备采用自动化检测仪表，检测抽出的瓦斯混合气体的负压、流量、瓦斯浓度和温度。

74 在矿井现行的统一的大气检测系统范围内，固定抽放站和综合抽放设备工作参数的信息采集、传输和记录系统工作，保证所有的功能正常。

75 当固定抽放站和综合抽放设备工作参数检测系统在统一矿井系统范围内工作出现技术不可能时（距离矿井地面监控中心很远），建立一个或几个固定抽放站和综合抽放设备的信息采集和记录的独立站点，应满足对矿井检测系统所提出的全部要求。采用信息存储器，将信息从独立检测系统传送至统一矿井检测系统。

76 值班司机在看管固定抽放站和综合抽放设备利用自动化系统采集信息时，根据本细则附录 21 对固定抽放站和综合抽放设备的工作参数进行仪表检查。在进行仪表检查时，每 2 h 抄一次检查测量仪表读数，填入本细则附录 22 所推荐的固定抽放站和综合抽放设备工作检查记录本中。在自动化的固定抽放站和综合抽放设备，自动形成固定抽放站和综合抽放设备的工作检查记录本，用来保存的信息选取的暂行时间间隔不大于 1 min。

77 在机器房和检查测量仪表房间内安装瓦斯浓度自动检查仪表，当瓦斯浓度达到 1% 及以上时，发出指令切断电源，其中包括事故信号和强制通风的电源。

78 按电能保证的连续性分类，固定抽放站和综合抽放设备属于 I 类用户。

固定抽放站和综合抽放设备保证有备用电源。

固定抽放站和综合抽放设备中性线的状态根据设计确定。在带绝缘中性线的 1 kV 以下的交流电路中，规定在切断电流的情况下自动检查绝缘性。

79 根据固定抽放站和综合抽放设备的设计，完成固定抽放站和综合抽放设备的接地装置。

80 电器设备的防爆符合现行的防爆矿山电气设备标准。

根据电器装置的结构要求，照明灯具、电器设备、测量仪表的型式以及电缆线、接地线的结构应符合安装场所的爆炸危险性等级。

81 根据建筑物、设施和工业管路雷电防护的要求，固定抽放站和综合抽放设备装备 I 级雷电防护。

82 固定抽放站和综合抽放设备的房间和属土，包括冷却塔和喷洒池，都应被照亮。

83 真空泵站的照明采用混合气体爆炸危险性 I 类的防爆电器照明设备。

综合抽放设备房间的光照度应不小于 30 Lx，抽放站其他房间——不小于 10 Lx。

84 固定抽放站和综合抽放设备保证有电话或可选择的通信。

85 用于向固定抽放站和综合抽放设备供电的矿用型移动变电站，安装在固定抽放站和综合抽放设备的围墙内。

86 移动式地面综合抽放设备（以下简称ПНДУ）由防火材料制成，装备以下房间：

（1）真空泵房间（机器舱）。

（2）电气设备和值班司机房间。

值班司机房间距离真空泵房间不大于 15 m，而真空泵房间距离抽放钻孔不小于 15 m。

移动式地面综合抽放设备的每个房间安装在金属平板车上，可以移动到另外的地方。

采用导风板或机械搅拌器对移动式地面综合抽放设备的机器舱进行自然通风，保证每小时空气交流三次。

87 当瓦斯抽放具有临时特性并用来降低临时局部瓦斯涌出源的瓦斯涌出量时，或者当实施瓦斯抽放必须安装太长的抽放管网时，采用井下抽放设备（以下简称ПДУ）。

88 对于由几个同一类型设备组成的组合式抽放设备（以下简称СДУ），根据设计使用。

89 井下抽放设备布置在新鲜风流通风的巷道或硐室中。

90 井下抽放设备独立运转或与别的综合抽放设备联合运转。

91 为了保证水环式真空泵井下抽放设备在水管停止供水的情况下连续工作，应有备用水池。

92 在井下抽放设备（除了带内部闭合供水系统的设备外），水排放到排水沟中，并且水沟的位置位于真空泵的后面，沿通风风流方向布置。

93　井下抽放设备抽出的瓦斯经过混合室排放到现用的回风巷道中。在混合室之外的巷道中，由井下抽放设备排出的瓦斯浓度不应超过煤矿安全规程（以下简称ПБ）规定的容许值。

当不能满足本要求时，抽出的瓦斯强制引排到地面，通过管道排放到大气中，管道距离工业或民用建筑不小于 15 m，高出地面水平不小于 4 m。

井下抽放设备应有瓦斯管路直排口，在真空泵停止工作时绕过真空泵直接排放瓦斯。

94　移动式井下抽放设备（以下简称ППДУ）的运转期限和程序由回采区段说明书或井下巷道掘进和支护说明书确定。

95　当井下抽放设备停车时，吸气侧瓦斯管路转换为增压，应停止采矿调度员和大气安全区主任。

96　当井下抽放设备抽出的瓦斯所排放到的巷道中出现事故时，停止真空泵工作。

3　抽放瓦斯管路的安装、装备和使用要求

97　通过干管或分管将混合瓦斯气体由抽放钻孔输送至固定抽放站（综合抽放设备）。

98　抽放瓦斯管路由壁厚不小于2.5 mm的钢管或容许井下抽放使用的其他材料的管子装配而成。

99　井下管路的连接采用法兰或管接头。地面管路的连接采用法兰、管接头或焊接。抽放管路的连接应保证接头的密封性和强度。

100　为了压紧法兰接头，采用不燃材料制成的密封垫，其内径比管子内径大2~3 mm。

101　采用从地面施工的专用加套管的钻孔作为干管。

钻孔和井筒中的瓦斯管路采用焊接连接。为了增加焊缝的强度，垫上长度150~200 mm的钢片或管箍。

102　在水平和倾斜巷道中，瓦斯管路悬挂或安装在托架上。禁止将管路放置在巷道底板上。

103　干管沿回风流巷道敷设。

对于沿新鲜风流主巷道干管的敷设，其中包括进风井，根据抽放设计和保证这些巷道中瓦斯管路完整的补充措施进行。

104　在区段抽放钻孔关闭的情况下，进行与支管拆卸有关的安装工程。

105　对于与干管相连接的支管，在支管闸门关闭的情况下进行干管的拆卸。

106　进行与抽放管路拆开有关的抽放设备的拆卸工程时，为了清除瓦斯空气混合气体，对管路强制通风。

107　沿水平或倾斜巷道敷设抽放管路时，用0.6 MPa的压力进行检验；沿垂直巷道敷设时，用1.6 MPa的压力进行检验。

108　当敷设抽放管路的巷道中出现火灾时，为了形成水封，在支管与干管的连接点以及支管的所有分支安装闸门和接口，用来连接火灾灌浆管路。

109　在孔内集水的地点，在瓦斯管路上安装水分离器。

当煤层抽放钻孔涌水时，对钻孔组安装水分离器。

水分离器的结构应排除瓦斯通过水分离器向巷道涌出。

110　当敷设瓦斯管路的巷道中出现火灾时，为了保证瓦斯管路充满水或灭火介质，水分离器的结构规定由强制性水回流。

111　抽放钻孔通过柔性波纹管与支管相连。管路的金属部件之间安装可靠的导电接头，不少于2个导管，每个导管的截面积不小于25 mm^2。

112　根据本细则附录19，按抽放系统最困难的运行时期计算管路。

根据瓦斯空气混合气体的流量计算确定支管和干管的直径。

最小支管直径不小于 150 mm，最小干管直径不小于 300 mm。

113　对于长度不大于 500 m 的干管，其直径根据计算确定。

114　借助于抽出气体参数的测量装置和检查仪器，对抽放干管和支管中的瓦斯空气混合气体参数进行检查。

抽出气体参数的测量站和自动化检查仪表的数量和安装地点由抽放设计确定。

115　抽放系统的检查工作如本细则附录 21 所述。

116　为了检查抽放管路的密封性和通过能力，每年进行一次真空瓦斯测量，在此基础上制定保证瓦斯管路设计性能的措施。

117　当接通新的干管和支管时，对接通的瓦斯管路进行补充的真空瓦斯测量。补充测量的工作范围由矿井技术负责人（总工程师）确定。

118　根据本细则附录 23 所述的抽放管路真空瓦斯测量的实施程序，进行抽放管路的真空瓦斯测量。

119　每周检查一次瓦斯管路。对发现的管路不严密和弯曲的可能积水和漏气点立即消除。瓦斯管路检查结果填入本细则附录 22 所示的建议样本抽放管路检查和修理记录本中。

120　对于敷设在生产巷道中的瓦斯管路，禁止岩石覆盖管路，禁止木料、材料和设备埋住管路，以及将瓦斯管路作为支撑构件使用。

121　井下瓦斯管路与矿井总地线网络相连。

122　在地面敷设的瓦斯管路和地面钻孔孔口采取保温措施。

4 抽放钻孔的施工与管理要求

123 根据"抽放"章节和钻孔施工说明书进行钻孔施工。

钻孔施工和密封说明书由矿井技术负责人（总工程师）批准。

外部组织在进行打钻作业时，施工说明书应征得负责打钻工作的矿井技术负责人（总工程师）同意。

124 井下抽放钻孔施工说明书包括：采掘工程平面图复印本；煤层和顶底板岩石的结构剖面柱状图；硐室支护、运输工具在巷道中的布置示意图，打钻和电力设备系统图，钻机固定方法示意图，钻孔参数示意图；钻孔间距和管外空间密封方法。

125 地面垂直钻孔施工说明书包括：与地面剖面图重合的采掘工程平面图复印本；带开采煤层标高和含水水平标高的地质剖面图；表明打眼段和钻孔参数的套管结构图。

126 井下煤层水力压裂说明书包括：标有水力压裂钻孔的回采区段平面图和区段通风示意图；增压注水计算参数（注水量，注水压力，单位时间内的注水流量）；设备、压力管路和附件在巷道中的布置示意图；观测站的布置地点；工作地点与矿井调度员的直通电话。

127 由巷道或硐室施工抽放钻孔。硐室尺寸应满足打钻设备布置，并满足煤矿安全规程中的通风要求。

128 在独头巷道施工钻孔时，钻机的启动设备与向巷道通风的风机联锁。在风机断电的情况下，不准向钻机供电。

129 井下钻孔施工的钻具直径不小于 75 mm。

130 钻孔参数记录到本细则附录 22 所示的抽放钻孔作业统计本中。

131 采用水、黏土浆或压风排出钻渣。

132 当在原始煤岩体中施工的钻孔直径不大于 93 mm 时，并且管路中的风压在钻机上不小于 0.5 MPa(5 kg/m^2)，采用压风排出钻渣。

133 在抽放钻孔孔口安装套管，借助于水泥浆或化学硬化材料（泡沫，树脂），对整个外管空间注浆。

对于在开采层平面内施工的钻孔，在孔口安装塑料管或带金属编织层的柔性波纹管。

134 采用密封设备（封隔器）密封钻孔，防止吸入空气。

135 注浆工作完成后，进行抽放钻孔密封质量检查（本细则附录 24）。当查出抽放钻孔漏气时，在施工说明书中对后续抽放钻孔的密封参数或方法进行修正。

136 为了减少井下钻孔的漏气，在巷道壁上喷涂密闭层。

137 当钻孔与巷道轴线的转角为 60°～90°时，井下煤层钻孔的密封深度不小于 6 m，当转角为 60°以下时——密封深度不小于 10 m。

138 向下部被采煤层或冒落拱上方施工的钻孔，其密封深度不小于 10 m。

139 向上部被采煤层施工的钻孔，其密封深度不小于 4 m。

140 防治瓦斯喷出的短钻孔（长度 20 m 以下）密封深度不小于 6 m。在孔内负压不小于 4 kPa(30 mmHg) 的情况下，密封深度可以小于 6 m。

141 井下水力压裂钻孔的套管直径不小于 73 mm。自钻孔孔口起，套管的前 10 m 采用耐压不小于 20 MPa 的无缝金属管。套管的其余部分（20~30 m）采用焊接管。

142 对于沿围岩施工的与煤层走向垂直的井下水力压裂钻孔，其套管深度应保证管外空间注浆后，钻孔渗流段沿煤体的长度不小于 2 m。

143 每个抽放钻孔完成施工和安装套管后，根据本细则附录 22 所示的样表，填写验收记录，标明钻孔的实际参数。

验收记录由矿井代表和打钻承包方代表签字。

144 在施工抽放钻孔时，根据煤矿安全规程的要求进行瓦斯浓度检查。当巷道中瓦斯浓度超过标准值时，立即停止打钻，将钻孔接通抽放管路。钻孔的后续施工要通过装置进行，保证将瓦斯由钻孔隔离引排到抽放管路中。

145 邻近层抽放钻孔的施工在矿山压力卸压之前进行。

146 在卸压煤体中，抽放钻孔的施工按下列顺序进行：施工安装套管的钻孔；安装钻孔套管和密封管外空间；将钻孔施工到设计深度，同时将瓦斯隔离引排到抽放管路中。

当使用塑料管作为密封装置、采用化学材料充满管外空间时，钻孔全长施工完成之后在进行套管施工、安装钻孔套管和密封管外空间。

147 抽放钻孔施工完毕之后接通抽放管路。未接通的抽放钻孔密闭关闭。

148 对于使用中的抽放钻孔应安装：阀门；负压、流量和瓦斯浓度测量装置；放水器（如果钻孔出水）。

149 对于与长度不大于 300 m 的采区管路支管接通的钻孔组，安装 1 个阀门和 1 套测量装置。

150 采用带阻燃衬垫的金属盖，将使用过的与瓦斯管路断开的钻孔孔口堵住。

151 对于从地面施工的已使用过的钻孔，在用堵盖密封孔口之前，先注入水泥砂浆，水泥砂浆至孔口的距离不大于 2 m。根据标准文件的要求，清理直径 200 mm 及以上的钻孔。

152 在分层开采的情况下，对于沿下分层施工的钻孔，在上分层采面开采时，当采面离开钻孔的距离不小于 30~50 m 时，切断与瓦斯管路的连接；当由上分层巷道向回采工作面方向施工下分层钻孔时，回采工作面达到钻孔孔口时关闭钻孔。

153 继续利用煤层抽放钻孔进行煤体预先湿润由矿井技术负责人（总工程师）确定。

154 开采层地面抽放钻孔在回采工作面前方施工。当钻孔在煤层上的投影到采面的距离不小于 30 m 时，将钻孔接通瓦斯管路。

155 从地面向岩层冒落拱施工的钻孔在回采工作面后面施工。

156 地面钻孔施工完成之后，接通与综合抽放设备相连的瓦斯管路，或安装高度不小于 5 m 的管子将瓦斯引排到大气中。

157 抽放邻近层和采空区瓦斯的井下抽放钻孔的测量站布置在钻孔和区段管路之间。

对于煤层预抽钻孔和隔离式钻孔，每组由掘进巷道硐室施工钻孔安装 1 套测量装置。

158　通过测量负压、流量和瓦斯浓度，进行钻孔运行状态检查，每周不少于 1 次。

为了检查钻孔运行状态，在安装在直管上测量站进行测量。

测量结果填入本细则附录 22 所示的样表抽放钻孔运行统计记录本中。

记录本附有采掘工程剖面图，上面标明钻孔、钻孔参数、煤层标记、钻孔施工时间以及回采工作面位置。

159　当抽出的瓦斯浓度低于 25% 时，在采取措施保证沿抽放管路运输瓦斯工业安全的情况下，根据矿井技术负责人（总工程师）的指令，将钻孔接通抽放管路并运行。

5　抽放系统管理人员要求

160　为了完成瓦斯抽放工作，矿井成立抽放区和（或）招用专业化的承包单位。

当抽放钻孔的施工、抽放系统的安装和管理由专业化的承包单位负责时，发包单位应负责对承包单位所完成的工作质量进行检查。

161　矿井大气安全区负责抽放系统运行检查。

162　当矿井抽放工程量不大时，抽放钻孔的施工、抽放系统的安装和管理由专业化的承包单位或矿井常备区队负责，而所完成的工作质量检查由矿井大气安全区负责。

163　为了组织和完成抽放工作，采煤单位应：

（1）进行真空泵的更换和瓦斯管路安装。

（2）制定工程组织进度表，编制抽放钻孔施工说明书，编制真空泵开停规程，综合抽放设备的安全管理和责任制。

（3）准备抽放钻孔施工设备。

（4）进行或组织抽放钻孔施工。

（5）检查抽放钻孔的施工和密封质量。

（6）保证综合抽放设备和检查测量仪表的正常连续工作，在必要情况下对设备进行修理和更换。

（7）在矿井大气安全区的检查下，定期测量钻孔和瓦斯管路的负压、流量和瓦斯浓度。

（8）管理瓦斯管理的检查和修理、抽放设备和钻孔的运行检查、抽出的瓦斯混合气体参数、供应用户的技术资料。

（9）根据本细则的要求，保证抽放工程的安全和质量。

164　委派的组织矿井抽放工作的人员应在瓦斯矿井工作 1 年以上。

165　通过本细则要求知识和工程作业工艺学习和考试合格的负责人和专家具有领导瓦斯利用工作的资格。

166　委派通过学习、具有相应专业的人员担任固定抽放站和综合抽放设备的值班司机。

禁止值班司机在值班时从事别的工作。

167　从事抽放管路和抽放系统建设（安装）、调试和运行的工人，应通过劳动保护细则中相关专业的安全方法和工程操作知识的学习和测验。

168　从事瓦斯利用的瓦斯管路和瓦斯设备建设（安装）、调试和运行的工人，在指派独立工作之前，应通过相应工作地点的安全方法和工程操作知识的学习和测验。

169　考试委员会每 5 年对负责人就本细则的知识进行一次轮流测验；管理人员的劳动安全方法和工程操作知识每 12 个月测验一次。

6　向用户供应瓦斯和利用瓦斯时矿井抽放系统装备和运行要求

170　根据矿井瓦斯利用设计，对抽出的矿井瓦斯进行利用。根据发包方批准和使用抽放系统的采煤单位同意的技术任务书，制定矿井瓦斯利用设计。

171　根据配气和用气系统的标准和规程，进行瓦斯混合气体利用设备、瓦斯管路和用户瓦斯设备的设计、安装和使用。

172　根据瓦斯量和瓦斯浓度，选择固定抽放站和综合抽放设备的设备、瓦斯利用方法。

173　在具有地面抽放系统和瓦斯利用设备的矿井，根据矿井的命令任命负责瓦斯设施安全使用的人员。在具有几个车间（工区）利用瓦斯的矿井，除了矿井负责瓦斯设施安全使用的人员，还要任命车间（工区）人员。

174　为了向用户供应必需数量的瓦斯，在真空泵出口处所抽出的瓦斯的浓度和流量应是设计规定的数值。在火焰设备上——禁止使用浓度低于 25% 的瓦斯；在锅炉设备上——禁止使用浓度低于 30% 的瓦斯；在燃气机上——禁止使用浓度低于 35% 的瓦斯，对于生活需要禁止使用浓度低于 50% 的瓦斯。

175　征得用户同意，根据负责固定抽放站（综合抽放设备）使用的工程技术人员的指令，由值班司机向用户供应瓦斯。

176　抽出的瓦斯通过增压管道向用户供应，其直径根据设计确定。在气调站前的用户瓦斯压力根据其技术特征确定。

177　向用户供应瓦斯的固定抽放站（综合抽放设备）应装备：

（1）固定测量装置——检查向用户供应的混合瓦斯气体的参数。

（2）真空泵之后的混合气体压力直接作用的自动调控器以向大气释放多余的混合气体，或剩余压力的液压阀。

（3）在放空管和水滴分离器之前的瓦斯管路上安装电驱动的闸门和电磁驱动的阀门切断器，当混合气体参数偏离要求的数值时，停止向用户供气，将其排入大气中。

（4）水滴分离器。

（5）在增压瓦斯管路中的阻火器。

（6）在锅炉房的瓦斯分配装置中的臭味器或甲烷浓度测量设备；安装臭味器或瓦斯分析仪的必要性由设计确定。

（7）抽放站（抽放设备）与瓦斯用户之间的直接电话通信。

178　向用户供应抽出瓦斯的抽放站（抽放设备）装备有设备、瓦斯分配装置和其工作状态检查仪表控制过程的自动化设备。

向用户供应甲烷时，在抽放站（抽放设备）连续监测供给用户的甲烷流量和浓度、吸气侧混合气体的负压和增压管路中的压力。

179　用于瓦斯供应系统设施的管道、设备、仪表和附件以及瓦斯管路的安装条件和加固方法应符合现行标准。

180　甲烷利用装置应配备保证自动停止瓦斯供应的仪表，当供应的瓦斯中甲烷出现不能容许的下降和其压力偏离设计值时自动停止瓦斯供应。

181　通过安装在抽放站建筑物内的增压管路上的控制器，对供应的瓦斯利用量和其压力进行调整控制，并将其维持在指定水平。

当向利用设备增大瓦斯供应量和提高其压力时，通过安装在利用设备建筑物内的抽放管路上的控制器进行调节。

7　抽放工程的安全

182　在完成抽放系统运转、抽出甲烷利用、抽放钻孔施工、抽放管路安装和抽放设备启动调整工作的组织里，制定保证抽放工程安全进行的措施。

183　与抽放系统运行工作有关的安全措施、技术规程、说明书和抽放系统运行时包含工业安全规章的其他操作文件由矿井技术负责人（总工程师）批准。

184　根据工业安全规章、煤矿安全规程和本细则，制定抽放系统运行时的安全作业措施。

185　抽放系统运行时的安全作业措施包括：

（1）抽放钻孔施工时，安装和拆卸时，抽放管路修理时，真空泵启动、停止和运行时，向用户开始供气和停止供气时的安全作业的组织和技术措施。

（2）抽放工作进行时，用固定和移动检查仪表在矿井巷道中测量甲烷进行的程序。

（3）在敷设抽放管路或有抽放设备的建筑物和房间内，进行甲烷检查的程序。

（4）完成抽放和抽放设备运行的工作人员在事故情况下（矿井巷道大气中、抽放站和抽放设备房间内甲烷浓度升高，工作中的真空泵紧急停车，停止向用户供气）的行动程序。

（5）矿井出现事故和事故处理计划演练时，管理矿井抽放系统工作人员的行动程序和抽放系统的工作方式。

（6）矿井巷道中出现火灾时，防止抽放管路中可能的甲烷燃烧扩散的通过工业安全检验的措施。

（7）抽放站和抽放设备的灭火设备和发火设备的配置。

（8）火灾时，在抽放站和抽放设备建筑物内的行动程序。

（9）在抽放管路中传输甲烷浓度低于25%的甲烷空气混合气体时，保证防爆安全性的通过工业安全检验的措施。

186　在满足保证工业安全的下列条件下，可在抽放管路中传输甲烷浓度低于25%的甲烷空气混合气体：

（1）在敷设抽放管路的巷道中，应在抽放管路敷设的对立侧安装电气设备、敷设电缆。

（2）在敷设抽放管路的巷道中及其邻近巷道中，禁止爆破作业。

（3）在地面抽放干管的敷设地点，不允许进行装卸作业。

（4）禁止通过抽放管运输和移动货物。

（5）在冬季禁止使用明火解冻瓦斯管路。

（6）任命人员负责敷设抽放管路巷道的状况，并完成本措施。

附录 1　术语、定义和约定符号

1　本细则使用以下术语

真空泵——水环式或转子式装置，用来沿管路从矿井中排出甲烷浓度为 $0\sim100\%$ 的瓦斯气体。

抽放方案——考虑了采掘工程工艺和对抽放源作用形式的抽放方法和方式的变种。

采空区——由于进行回采作业取出有用矿物后形成的空间。采空区是来自于回采后遗煤、上部被采动煤层、下部被采动煤层和含瓦斯岩层的甲烷的收集器。

瓦斯测量——确定巷道网络或抽放系统中瓦斯空气混合气体分布参数的综合工作。

瓦斯涌出（甲烷涌出）——瓦斯由瓦斯涌出源进入巷道（钻孔）和采空区的过程。

单位瓦斯涌出量（瓦斯涌出强度）——在单位时间内由单位体积、重量、面积、长度涌出的瓦斯量。

矿井瓦斯平衡——井巷系统中（矿井、翼、采区、回采工作面、准备巷道）的瓦斯涌出量分布。

瓦斯平衡——由瓦斯源进入到井巷系统中的瓦斯涌出量分布（开采层、邻近的上部被采动煤层和下部被采动煤层、岩层）。

瓦斯排放——沿自然或人工通道排出煤层或岩层中的瓦斯。

瓦斯排放巷道——与生产巷道或报废采区相隔离的用来移除甲烷空气混合气体的专门用途的无检查的巷道。

煤的瓦斯容量——在一定的热力学条件下，煤吸收瓦斯的能力，cm^3/g 或 m^3/t。

瓦斯含量——单位质量或体积的有用矿物和岩石中所含的瓦斯量（体积），$m^3/t \cdot r$，m^3/t，m^3/m^3。

巷道瓦斯涌出量——向井巷中涌出的瓦斯量（体积）。

绝对瓦斯涌出量——单位时间内向井巷涌出的瓦斯体积。

相对瓦斯涌出量——在一定时间周期内的井巷瓦斯涌出量与该时间周期内开采煤炭量的比值。

瓦斯抽出装置——用来排出煤层或采空区瓦斯空气混合气体的装置。

瓦斯透气性——在存在压力差的情况下通过瓦斯的煤层的性质。

瓦斯流量——单位时间内进入巷道大气或抽放系统中的瓦斯量（体积）。

抽放装置——用来抽出煤层、围岩或采空区甲烷的水环式或转子式真空泵。

抽放——自然或人工排出煤层和岩层中的甲烷，以减少井巷甲烷涌出量和防止其突然涌出。

回采区段抽放——采取将甲烷隔离引出至地面或可以将其稀释至容许浓度以下的巷道

中的方法，将回采区段范围内涌出源的甲烷抽出和采集的综合工程。

准备巷道抽放——采取将甲烷隔离引出至地面或可以将其稀释至容许浓度以下的巷道中的方法，将紧靠巷道的煤体甲烷抽出的综合工程。

矿井抽放——将不同瓦斯涌出源涌出的瓦斯移除并将其隔离引出至地面或可以将其稀释至容许浓度以下的巷道中的综合工程。

煤层和岩层抽放——在回采作业开始前和回采作业过程中，将煤层或岩层中的瓦斯抽出的综合工程。

邻近层抽放——将卸除矿山压力的下部被采动煤层或上部被采动煤层中的瓦斯抽出的综合工程。

采空区抽放——将采空区中和与其相邻的有裂隙的煤岩体中的瓦斯抽出的综合工程。

事前抽放——在回采作业或准备作业前，采取煤层预先水力裂解地面钻孔将煤岩体中的瓦斯抽出。

预先抽放——在回采作业开始前，由井巷施工钻孔对开采煤层进行抽放并将甲烷隔离引排至地面。

日常抽放——在采矿工程进行过程中，在回采区段、采区、盘区范围内对不同的瓦斯涌出源进行抽放。

综合抽放——一个或几个瓦斯涌出源的不同抽放方法或方式的组合。

抽放（真空泵）站——在其中安装有保证传输由矿井抽出的瓦斯空气混合气体并将其排放至大气中或供给用户的机器和设备的主建筑。

抽放（真空泵）装置——在其中安装有保证传输由矿井抽出的瓦斯空气混合气体并将其排放至大气中（井巷中）或供给用户的机器和设备的综合移动舱。抽放装置按布置地点分为井下和地面，按服务期限分为固定和移动。

抽放系统——用来隔离引排被抽放源瓦斯的系统，其由巷道或钻孔、矿井瓦斯管路、抽放设备、调节、记录和防护仪表和设备组成。

抽放瓦斯管路——用来传输瓦斯空气混合气体的装配或焊接的管路。抽放瓦斯管路分为：

支管——敷设在回采区段巷道中或采取抽放掘进的准备巷道中的瓦斯管路，用来将瓦斯空气混合气体由抽放钻孔传输至干管。

干管——敷设在主巷道中和地面的瓦斯管路，用来将瓦斯空气混合气体由支管传输至抽放站或抽放装置。

抽放钻孔——由地面或井下巷道施工的、与水平面成任意角度、人员无法到达底部的圆形断面的井巷（孔穴），其直径远小于其深度。

抽放钻孔直径——由钻头的切割部的直径决定，用来施工位于密封段之后的钻孔主体部分。根据套管的内径确定抽放钻孔的直径。

地质破坏影响带——邻近地质破坏的煤岩体的局部区段，在其范围内煤层和岩层的性质、应力应变状态发生改变。

瓦斯排放带——在其范围内通过自然或人工排放瓦斯的方法瓦斯含量减少的煤体或岩体区段。

岩石冒落带——遭受冒落的岩石运动区域的部分。

支承压力带——巷道（回采巷道、准备巷道）周围煤层的边缘部分，在其范围内应力水平高于原始煤体。

卸压带——回采巷道或保护层影响区域的部分，在其范围内有效垂直于层理的应力小于原始煤体的相应应力。

矿山压力升高带——遭受了位于邻近煤层中的残留煤柱或其他应力集中器边缘部分传递的升高应力的煤体和围岩的区段。

等瓦斯线——相等的煤层原始瓦斯含量线。

瓦斯涌出强度——在单位时间内由煤体向巷道（钻孔）涌出的瓦斯量。

瓦斯涌出源——向井下巷道（钻孔）涌出瓦斯的煤岩体。

引气——向钻孔、专用瓦斯集中巷道或装置采集瓦斯并借助于真空泵沿管路将其排至地面或通过扩散器-混合器排至回风巷道的过程。

瓦斯收集器——可以作为瓦斯储存罐并足够可渗透的多空的、有裂隙的岩层和含瓦斯煤层，当井巷揭穿这些煤层和岩层时将瓦斯松开，充满瓦斯的采空区，瓦斯排放巷网络，瓦斯排气管网络。

抽放率——实施抽放时巷道瓦斯涌出量减少量与无抽放时瓦斯涌出量的比值。

单个瓦斯源的抽放率——采取抽放与不采取抽放甲烷涌出量的差值与不采取抽放该瓦斯源涌出量的比值。

矿井（翼、采区、盘区、回采区段、单个巷道）抽放率——在某一时间段内，甲烷抽出量与甲烷抽出量和回风流甲烷排放量之和的比值。

采空区抽放率——采空区甲烷抽出量与甲烷抽出量和回风流甲烷排放量之和的比值。

开采层抽放率——通过抽放瓦斯含量的降低值与回采区域煤层原始瓦斯含量和残存瓦斯含量差值的比值。

甲烷涌出——甲烷由含瓦斯源进入井巷（钻孔）的过程。

甲烷采集量——在单位时间内，由甲烷涌出源进入到抽放钻孔并被抽放系统抽出的甲烷量。

煤层甲烷含量——在单位质量或体积的有用矿物和岩石中，以游离和吸附状态存在的甲烷量（体积）。

潜在甲烷含量，在一定条件下（温度、瓦斯压力、孔隙率、水分、灰分）可能的甲烷含量。

原始甲烷含量，在原始条件下的甲烷含量。

残存甲烷含量，由于有用矿物或岩层的采掘作业，部分释放的甲烷含量。

井巷甲烷涌出量，涌出到井巷中的甲烷量（体积）。甲烷涌出量分为：

绝对甲烷涌出量，在单位时间内，涌出到巷道（矿井、翼、采区）中的甲烷量。

相对甲烷涌出量，涌出到巷道（矿井、翼、采区）中的并归结为同一时间段内开采的单位质量或体积煤炭或岩石的甲烷量。

回采工作面产量，在单位时间内，回采工作面获得的煤炭数量。

套管——由金属或其他材料制成的、容许在矿井使用的管子，用来隔离钻孔孔口，以防止吸入空气。

残存瓦斯含量——在单位质量的煤炭或岩石中所含的、由于采掘作业部分释放的瓦斯体积。

抽瓦斯——采取抽放的方法，从煤层、岩层和采空区中取出瓦斯。

钻孔参数——钻孔的直径、长度和倾角。

下层先采（上层先采）——有用矿物煤层组的矿井开采顺序，在这种情况下首先开采含矿地层的下部（上部）煤层。

甲烷涌出量预测——确定设计或生产矿井、水平、采区、个别巷道预计的甲烷涌出量。

抽放设计——确定矿井抽放方式的设计文件。

利用设计——确定动力设备利用矿井甲烷方式的设计文件。

邻近层——在其上部先采或下部先采时，向开采层巷道释放瓦斯的含瓦斯煤层组的煤层。

煤层系——包含在岩石地层中的煤层组。

岩石移动——由于采矿作业影响破坏了其平衡、物理力学性质的改变和其他原因，而形成的岩石位移和变形。

矿井抽放方法——从抽放源取出甲烷的工序总和。

钻孔——采用机械或其他打钻方法在岩石中或有用矿物中钻进的、深度大于 5 m、直径大于 42 mm 的圆柱形井巷（孔穴）。

隔离钻孔——向巷道断面轮廓外施工的钻孔，掘进巷道时用来抽放煤体。

超前钻孔——孔口位于掘进巷道工作面内的钻孔。

煤层抽放程度——煤层甲烷含量降低的水平。

抽出甲烷的利用程度——利用的甲烷量与抽放系统抽出的甲烷量的比值。

瓦斯喷出——由天然成因或开发成因的裂隙、炮眼或钻孔、暴露的有裂缝的岩石中涌出瓦斯。

抽放方式——抽放钻孔在回采区段、准备巷道和采空区空间上的布置方式。

钻孔倾角——钻孔的施工方向。

含煤地层——其中包含有煤层的沉积地层的综合。

甲烷涌出（瓦斯涌出）管理——减少或重新分配井巷内涌出的瓦斯流量的措施的总和。

矿井抽出甲烷的利用——在燃烧装置中甲烷空气混合气体的使用工艺过程。

煤柱——在矿床开采过程中，没有被采出或暂时没有被采出的煤层部分。

2　本细则使用以下约定符号

A——系数；

A^C——瓦斯岩心采样器所取样品的灰分，%；

A_{CYT}——采面一昼夜的产量，t/d；

a——描述向抽放煤层钻孔中甲烷涌出量下降速度的系数，d^{-1}；

a_N——描述 N 个钻孔的瓦斯涌出量随时间下降速度的系数，d^{-1}；

a_1——钻孔轴线在巷道轴线水平投影上的投影，m；

a'——经验系数；

a_i'——经验系数；

a_3——测量装置的校正系数；

$B_{B.T}$——按照真空泵标准空气动力性能曲线的负压，mmHg；

$B_{B.\Phi}$——真空泵的（实际）负压，mmHg；

B_y——钻孔孔口负压，mmHg；

B_{Π}——经验系数；

$B_{МИН}$——最小负压，mmHg；

b_C——经验系数；

b_K——在所取样品中瓦斯组分的含量，%；

b_1——阻止岩石卸压的区带宽度，m；

b'——经验系数；

C_B——在抽出的瓦斯混合气体中空气的浓度，%；

$C_{B.\Pi}$——由采空区或邻近层排出的瓦斯空气混合气体中的甲烷浓度，%；

C_K——在过滤通道中的碳酸盐含量，小数；

$C_{K.T}$——商品的酸含量，%；

C_M——瓦斯混合气体中的甲烷含量，%；

C_P——酸溶液的浓度，%；

C_{1-4}——钻孔采样点的甲烷浓度，%；

c——风流中容许的甲烷浓度，%；

c_K——瓦斯混合气体中的组分含量，%；

c_{Mi}——第 i 个测量点的甲烷浓度，%；

$c_{МАГj}$——干管第 j 个分支的甲烷浓度，%；

c_0——进风流中容许的甲烷浓度，%；

$c_{учi}$——第 i 个回采区段分支管路瓦斯混合气体中的甲烷浓度，%；

c_i——瓦斯管路第 i 个分支瓦斯混合气体中的甲烷浓度，%；

c_1——考虑到钻孔可能偏离指定方向的富余系数，m；

c'——富余系数；

c_{max}'——距离安装切眼 L_{max}' 处的钻孔中的甲烷浓度（基本顶第一次冒落后），%；

D——系数；

d_C——抽放钻孔直径，m；

d——瓦斯管路内径，m；

d_{CT}——瓦斯管路标准直径，m；

$d_{ЭК}$——抽放钻孔的等量直径，m；

d_O——孔板的孔直径，m；

d_i——第 i 个瓦斯管路的内径，m；

$d_{\text{ПР}}$——钻孔组的换算直径，m；

f——煤的普氏硬度系数；

$G_{\text{Б}}$——打钻工作完成时 N 个钻孔的甲烷流量，m^3/min；

$G'_{\text{Б}}$——N' 个钻孔的甲烷流量，m^3/min；

$G'_{\text{г}}$——开采层采区中的钻孔甲烷流量，m^3/min；

$G_{\text{Д}}$——采用抽放设备在回采区段抽出的甲烷总流量，m^3/min；

$G_{\text{С}}$——钻孔的甲烷流量，m^3/min；

$G_{\text{ДБ}}$——隔离式钻孔的甲烷流量的预测值，m^3/min；

$G_{\text{ДС}}$——下部被采动和/或上部被采动的邻近层的甲烷流量的预测值，m^3/min；

$G_{\text{Д}i}$——采用抽放设备在第 i 个瓦斯源抽出的甲烷流量，m^3/min；

$G_{\text{Д}j}$——在第 j 个抽放采区抽放设备抽出的瓦斯流量，m^3/min；

$G_{\text{ПЛ}}$——在钻孔抽放的情况下，开采层甲烷流量的预测值，m^3/min；

$G_{\text{Д}i}^{\text{уч}}$——第 i 个回采区段的钻孔甲烷流量，m^3/min；

$G_{\text{Д.Т}i}$——瓦斯管路第 i 个点的甲烷流量，m^3/min；

$G_{\max}$——距离安装切眼 $L'_{\max}$ 处的钻孔中的甲烷流量，m^3/min；

$G_{\text{Д.В.П}}$——由采空区抽出的甲烷流量的预测值，m^3/min；

g——重力加速度，m/s^2；

g_0——煤层钻孔的初始单位甲烷涌出量，$\text{m}^3/(\text{m}^2\cdot\text{d})$；

g'_0——钻孔运行第一个月的平均单位瓦斯涌出量，$\text{m}^3/(\text{m}^2\cdot\text{d})$；

H——距离地面的采矿工程（煤层赋存）深度，m；

$H_{\text{В.П}}$——由地表至上面的下部被采动煤层的距离，m；

h——由钻孔孔口至开采层顶板的法向距离，m；

$h_{\text{В}}$——瓦斯管路分支的负压，mmHg；

$h_{\text{В.Н}}$——真空泵负压，mmHg；

$h_{\text{Д}}$——孔板的压差，mmH_2O；

$h_{\text{С}}$——抽放钻孔的负压，mmHg；

$h_{\text{ТР}}$——抽放管路的负压，mmHg；

$h_{\text{ТР}.i}$——抽放管路支管分支的负压，mmHg；

$h_{\text{ТР}.j}$——抽放管路干管（煤层组、矿井）分支的负压，mmHg；

h_1——直接顶厚度，m；

I——不采取瓦斯涌出源抽放时预测的（实际的）巷道甲烷涌出量，m^3/min；

$I_{\text{уч}}$——回采区段的瓦斯涌出量，m^3/min；

$I_{\text{В}}$——不采取瓦斯涌出源抽放通风因素容许的巷道（回采区段、采区准备巷道）瓦斯涌出量，m^3/min；

$I_{\text{В.П}}$——采空区瓦斯涌出量，m^3/min；

$I_{\text{П.В}}$——煤层不抽放时准备巷道的瓦斯涌出量，m^3/min；

$I_{с.п}$——邻近层和围岩的瓦斯涌出量，m^3/min；

I_i——采区中第 i 个甲烷涌出源的瓦斯涌出量，m^3/min；

I'——采取抽放时巷道（回采工作面、回采区段、采区、准备巷道）的瓦斯涌出量，m^3/min；

I'_j——第 j 个抽放采区通风网络中的瓦斯涌出量，m^3/min；

j——抽放采取的编号；

K——孔板系数；

K'——将瓦斯换算为标准条件的重新计算系数；

$K_д$——巷道（回采区段、采区、准备巷道）的抽放率，小数；

$K'_д$——必需的（设计的）抽放率，小数；

$K_{дег}$——回采区段内几个瓦斯涌出源的总的抽放率，小数；

$K_{д.ш}$——矿井抽放系统的工作效率，小数；

$K_{г.и}$——在煤层水力压裂区施工的煤层钻孔的瓦斯排放强化系数，小数；

$K_{и.г}$——煤层水力裂解后煤层钻孔的瓦斯排放强化系数；

$K_н$——瓦斯涌出不均与系数；

$K_ж$——考虑液体渗透损失的系数；

$K_{от}$——考虑施工时钻孔可能偏离的系数；

$K_{р.п}$——顶板岩石松动系数；

$K_с$——经验系数；

$K_т$——经验系数；

K_1——空气损失的总系数；

K'_1——经验系数；

$K^r_и$——在煤层水力压裂区施工的预抽钻孔的瓦斯涌出量强化系数；

k——抽放的准备巷道和回采巷道的数量，个；

$k_{д.п}$——含瓦斯岩石的抽放率，小数；

$k_{д.пл}$——开采层的抽放率，小数；

$k'_{д.пл}$——开采层的设计抽放率，小数；

$k_{д.с.н}$——邻近的上部被采动煤层的抽放率，小数；

$k_{д.с.п}$——邻近的下部被采动煤层的抽放率，小数；

$k_{д.с}$——邻近煤层的抽放率，小数；

$k_е$——回采工作面前方煤体的自然排放率，小数；

$k_и$——交叉顺层钻孔的甲烷涌出强化系数；

$k_п$——仪器说明书中规定的计算瓦斯管路直径的系数；

$k_{д.в.п}$——采空区抽放率，小数；

$k_{и.н}$——考虑到钻孔干扰和煤体处理不均匀的系数；

$k_з$——考虑到煤体被工作液体充满的系数；

$k_{дi}$——第 i 个甲烷涌出源的抽放率，小数；

$k'_и$——指向回采工作面的煤层钻孔的甲烷涌出强化系数；

k_μ——考虑到盐酸与碳酸盐吸附与反应速度的系数；

k_0——换算系数；

L——回采区段长度，m；

$L_Б$——由回采工作面至钻机安装地点的距离，m；

$L_Г$——水力压裂钻孔之间的距离，m；

L_{max}——由采面工作面至邻近层钻孔最大瓦斯涌出量带投影位置的距离（在开采层平面内），m；

L_{maxi}——由采面工作面至第 i 个被抽放煤层最大瓦斯涌出量带投影位置的距离（在开采层平面内），m；

L'——由最大最大瓦斯涌出量带（基本顶第一次冒落之后）算起的回采区段长度，m；

$L'_В$——由回风巷道至钻孔底部在开采层上的投影的距离，m；

L'_{max}——（在开采层平面内）安装切眼至钻孔最大瓦斯涌出量带（基本顶第一次冒落之后）投影位置的距离，m；

$L_Т$——瓦斯管路的区段长度，m；

$L_Б$——充填带宽度，m；

$L_{Oч}$——回采工作面长度，m；

$l_С$——钻孔长度，m；

$l'_С$——钻孔有效长度，m；

$l_{СР}$——钻孔组钻孔平均长度，m；

$l_{ТР}$——瓦斯管路区段长度，m；

$l_Ф$——瓦斯管路分支的实际长度，m；

$l_Ц$——煤柱宽度，m；

l_i——钻孔组第 i 个钻孔的长度，m；

$l'_Г$——水力压裂钻孔的有效长度，m；

M——瓦斯岩心采样器采集的样品质量，g；

$M_Г$——瓦斯岩心采样器采集的样品中的可燃基数量，g；

$M_{С.П}$——（下层先采时）开采层顶板和邻近层底板之间的法向距离、上层先采时）开采层底板和邻近层顶板之间的法向距离，m；

$M_{С.Пi}$——开采层和第 i 个邻近层底板之间的法向距离，m；

M'——开采层与被抽放的含瓦斯岩层之间的法向距离，m；

M''——岩石平巷至邻近层之间的法向距离，m；

m——开采层煤分层的厚度，m；

$m_В$——开采层的回采厚度，m；

$m_Д$——钻孔抽放的煤层厚度，m；

m_i——被抽放的第 i 个邻近层的厚度，m；

m'——被抽放的岩层厚度，m；

N——区段抽放钻孔总数，个；

$N_э$——参加有效瓦斯排放过程的等价钻孔数量，个；

N_1——经验系数；

$n_К$——同时工作的钻孔组的个数，个；

$n_П$——含瓦斯岩层在巷道瓦斯涌出量参与的份额，小数；

$n_{ПЛ}$——开采层在巷道瓦斯涌出量参与的份额，小数；

$n_С$——同时工作的钻孔数量，个；

$n_{С.К}$——钻孔组中的钻孔数量，个；

$n_{С.Н}$——邻近的上部被采动煤层在巷道瓦斯涌出量参与的份额，小数；

$n_{С.П}$——邻近的下部被采动煤层在巷道瓦斯涌出量参与的份额，小数；

$n_У$——向第 j 个干管传输瓦斯的回采区段数量，个；

$n_Ф$——煤层对瓦斯的渗透孔隙率，小数；

$n_э$——煤层的有效孔隙率，小数；

n_i——无抽放时第 i 个瓦斯涌出源在区段瓦斯平衡中参与的份额，小数；

P——管路中瓦斯混合气体的压力，mmHg；

$P_{ВЫР}$——巷道中的压力，mmHg；

$P_Г$——进行煤层水力压裂时的液体压力，MPa；

$P_{З.В}$——气态介质的注入压力，MPa；

$P_{ПЛ}$——煤层中的瓦斯压力，MPa；

$P_{СР}$——气态介质的平均压力，MPa；

$P_{УС}$——在液体压入的工作速度条件下，钻孔孔口的预计压力，MPa；

P_0——大气压力，mmHg(MPa)；

P_1'——瓦斯管路中的瓦斯压力，mmHg；

Q——沿抽放瓦斯管路传输的瓦斯空气混合气体流量，m^3/s；

$Q_Б$——连接主干管路的瓦斯管路分支的瓦斯空气混合气体流量，m^3/s；

$Q_{ВЫХ}$——瓦斯管路中的瓦斯空气混合气体流量，m^3/min；

$Q_{Г.О}$——气态工作介质的体积，m^3；

$Q_Ж$——对于煤层水力压裂或水力裂解必需的工作液体体积，m^3；

$Q_{В.Ф}$——真空泵瓦斯空气混合气体的实际流量，m^3/min；

$Q_{К.Р}$——酸溶液的体积，m^3；

$Q_{К.Т}$——商品盐酸的必须量，T；

$Q_В$——真空泵的生产能力，m^3/min；

$Q_{Н.У}$——沿抽放管路传输的、换算成标准条件的瓦斯空气混合气体流量，m^3/min；

$Q_П$——抽放网络中的漏气量，m^3/min；

$Q_{П.Г.В}$——在风动作用下压入的工作介质的总量，m^3；

$Q_{Р.Ж}$——液态工作介质的体积，m^3；

$Q_К$——1 个钻孔组的瓦斯空气混合气体流量，m^3/min；

$Q_С$——1 个钻孔的瓦斯空气混合气体流量，m^3/min；

$Q_{\text{CM.в.п}}$——由采空区和/或伴生层抽出的瓦斯空气混合气体流量，m^3/min；

Q_{CM}——网络初始分支中的瓦斯空气混合气体流量，m^3/min；

Q_{TPi}——在支管中第 i 点瓦斯空气混合气体流量，m^3/min；

$Q_{\text{Ц}}$——1 个循环注入的液体量，m^3；

Q_{CMj}——在干管中第 j 个分支的瓦斯空气混合气体流量，m^3/min；

Q_{CMi}——在瓦斯管路第 i 个分支的瓦斯空气混合气体流量，m^3/min；

ΔQ——抽放钻孔中的漏气量，m^3/min；

$Q_{\text{CMj}}^{\text{M}}$——考虑了其通过能力备用系数的干管的第 j 个分支的瓦斯空气混合气体流量，m^3/min；

$Q_{\text{CM}}^{\text{уч}}$——考虑了其通过能力备用系数的支管的瓦斯空气混合气体流量，m^3/min；

$Q_{\text{CMi}}^{\text{уч}}$——第 i 个回采区段支管中的瓦斯空气混合气体流量，m^3/min；

$Q_{\text{ж}}'$——对于通过煤层钻孔进行煤层水力压裂必需的工作液体量，m^3；

q_{H}——向煤层中压注液体的速度，m^3/h；

q_{P}——向钻孔中压注表面活性剂（ПАВ）和水的工作速度，m^3/s；

$q_{\text{ПЛ}}$——无抽放的煤层甲烷涌出量，m^3/t；

$q_{\text{с.п.п}}$——邻近的下部被采动煤层的甲烷涌出量，m^3/t；

$q_{\text{уд}}$——1 t 碳酸盐所需的盐酸量，t/t；

q_3——表面活性剂（ПАВ）和水的溶液压注的工作速度，m^3/s；

q'——煤层事前抽放时抽出的瓦斯总量，m^3/t；

R——在煤层水力裂解带煤层抽放钻孔之间的距离，m；

$R_{\text{Г}}$——水力压裂钻孔作用半径，m；

R_{K}——钻孔组之间的距离，m；

R_{H}——平行单个煤层下行钻孔之间的距离，m；

R_{C}——平行单个钻孔之间的距离，m；

$R_{\text{Э}}$——煤层水力裂解的有效半径，m；

$R_{\text{уд}}$——瓦斯管路的单位负压，10 Pa/m；

R_1——煤层水力裂解带椭圆的大半轴，m；

R_2——煤层水力裂解带椭圆的小半轴，m；

$R_{\text{C}}^{\text{Г}}$——在煤层水力压裂带施工的煤层钻孔之间的距离，m；

R'——由安装硐室到第一个水力裂解钻孔之间的距离，m；

$R_{\text{Э}}'$——在圈定的或准备开采的回采区段中，由区段巷道至水力裂解钻孔的距离，m；

$R_{\text{Э}}''$——顺回采区段布置的后续水力裂解钻孔之间的距离，m；

r_{C}——垂直走向沿缓倾斜下部被采动煤层施工的钻孔之间的距离，m；

S——巷道断面，m^2；

T_{B}——压注的空气的温度，℃；

$T_{\text{ПЛ}}$——压注空气后的煤层温度，℃；

$\Delta T_{\text{ПЛ}}$——由于压注空气而造成的煤层温度增量，℃；

T_0——煤层的原始温度,℃;

τ——(按设计) 钻孔对煤层排放的持续时间, d;

τ'——在抽放区段, 自 (N 个钻孔) 的打钻工程结束时起抽放的持续时间, d;

τ'_1——钻孔对煤层的抽放持续时间, d;

t_Γ——水力裂解钻孔的开发和运行时间, d;

$t_{\text{Б.Г}}$——钻机安装、打钻、封孔和将钻孔接通瓦斯管路必需的时间, d;

$t_\text{Б}$——开采层抽放区段的打钻时间, d;

$t'_\text{Б}$——N' 个钻孔的施工时间, d;

t_H——向煤层压注液体泵的工作时间, h;

t^0——孔板前方的瓦斯温度,℃;

V——向煤体中压注的气态工作介质的体积, m^3;

V_Γ——由瓦斯岩心采样器抽出的瓦斯体积, cm^3;

V_H——换算成标准条件的瓦斯体积, cm^3;

$V_{\text{H.K}}$——瓦斯混合气体中换算为标准条件的组分体积, cm^3;

V_{CM}——瓦斯管路中瓦斯空气混合气体运动速度, m/s;

V_daf——挥发分产率,%;

$V_\text{Ж}$——确定冲洗液中瓦斯组分时的液体体积, L;

$V_{\text{ПР}}$——抽出的瓦斯量 (无大气中的氧气和氮气), cm^3;

ν——巷道中的空气运动速度, m/s;

$\nu_{\text{Oч}}$——回采工作面推进速度, m/d;

$\nu_\text{П}$——测定的瓦斯混合气体速度, m/s;

W——样品中煤的水分,%;

X——煤层的原始瓦斯含量, m^3/t;

X_Γ——煤层的原始甲烷含量, $m^3/t \cdot r$ ($cm^3/g \cdot r$);

$X_\text{П}$——样品煤中的瓦斯含量, cm^3/g;

X_O——煤的残余瓦斯含量, m^3/t;

X_O^Γ——煤的残余甲烷含量, $m^3/t \cdot r$ ($cm^3/g \cdot r$);

$x_\text{Ж}$——液体中气体组分的含量, cm^3/L;

x_M——用来确定抽出的瓦斯空气混合气体运输条件最困难路线的约定值, mmHg×min^2/m^7;

x_0——由采面工作面至顶板岩石但是充填带的距离, m;

Z——瓦斯压缩系数;

α——煤层倾角, (°);

α_P——流量系数;

α'——在钻孔平面内的煤层倾角, (°);

β——钻孔的仰角 (相对于水平面的倾角), (°);

$\beta_\text{Л}$——经验系数;

β'——钻孔倾角在经过煤层倾向线的垂直平面内的投影，（°）；

β_Π——有量纲的经验系数；

γ——煤的容重，t/m^3；

γ_{CM}——瓦斯空气混合气体的容重，kg/m^3；

γ_H——在压力 760 mmHg 和温度 293 K 的条件下，瓦斯空气混合气体的体积质量，kg/m^3；

γ'——在实际的甲烷浓度条件下，瓦斯在工作状态下的体积质量，kg/m^3；

ε——修正系数；

λ_T——无量纲的摩擦阻力系数；

ρ_K——盐酸的密度，t/m^3；

ρ_{yr}——煤的密度，t/m^3；

φ——钻孔在水平面内的投影与同一平面内巷道轴线的垂线之间的夹角，（°）；

φ_1——巷道轴线与钻孔在煤层平面内的投影之间的夹角，（°）；

ψ——顶板岩石卸压角，（°）；

ψ_1——底板岩石卸压角，（°）；

ψ'——在钻孔面内的顶板岩石卸压角，（°）；

Δ——取决于采面长度和被抽放煤层卸压带位置的数值，m；

Π_Γ——瓦斯管路中的允许漏气量，m^3/min；

Π_C——抽放钻孔中的允许漏气量，m^3/min；

$\Pi_{yд}$——抽放钻孔中的允许单位漏气量，$m^3/min \cdot (mmHg)^{1/2}$。

附录 2　煤层瓦斯含量的确定

I　总则

1　瓦斯带的特征是瓦斯涌出量高，为了确定瓦斯带内瓦斯含量的定量指标，采用直接确定法和间接确定法确定煤层和围岩的原始瓦斯含量。

直接确定法以专门的岩心工具的应用为基础，采集自然状态下的煤岩和瓦斯样，确定岩心接近原始状态的瓦斯含量。地质勘探组或地质勘探考察队在进行地质勘探工作时采用该方法。

间接确定法是根据实验方法得到的瓦斯容量确定煤层或岩层的瓦斯含量，其对应的瓦斯压力和温度在煤层或岩层钻孔中测定。

2　在井巷工程中进行瓦斯测量，按瓦斯涌出来源确定回采区段的瓦斯平衡，其中包括开采层瓦斯涌出量。开采层瓦斯涌出量是由采面每开采 1 t 含残余瓦斯含量的煤所涌出的瓦斯量，与煤层原始瓦斯含量相当。

3　根据生产矿井巷道瓦斯涌出量资料和瓦斯涌出量预测公式，计算煤层原始瓦斯含量。根据军事化矿山救护队和矿井通风部门完成的有计划的等级测定结果计算而得到的生产巷道的实际瓦斯涌出量为原始资料。

4　综合方法以使用由钻孔中流出的清洗液的连续气测井为基础。钻孔气测井在岩层剖面图上显现为瓦斯涌出间隔（煤层和含瓦斯岩层）。根据打钻液由含瓦斯煤样间隔所带出的瓦斯体积确定每施工 1 m 煤岩体所涌出的瓦斯量。确定打钻液从煤层间隔所带出的瓦斯体积、煤芯和残渣的残余瓦斯含量，根据瓦斯平衡方程计算煤层原始瓦斯含量。

5　在煤田或采区的所有勘探阶段，必须确定煤层和围岩的瓦斯含量。

在普查阶段进行煤田或采区瓦斯含量资料的收集和总结，采用密闭容器采样的方法确定煤层和围岩原始瓦斯的定量组分，初步确定煤田的原始瓦斯含量（煤层中是否存在瓦斯，进行瓦斯储量计算的深度）。

在瓦斯煤田的初步勘探阶段，必须获得研究区域的瓦斯含量，足够编制技术经济报告中关于详细勘探合理性的相应章节。

为此必须查明：

（1）瓦斯定量组分和瓦斯条带的一般特征。

（2）瓦斯带深度，瓦斯带内煤层原始瓦斯含量的一般定量特性。

（3）地质因素对煤层和围岩中瓦斯分布的可能影响。

在详细勘探阶段，所完成的煤田（采区）煤层采样数量应保证获得的原始瓦斯含量的原始资料足够编制矿井井巷预计瓦斯涌出量预测，其误差不大于 30%。

为此必须：

（1）使瓦斯带等高线的位置精确到±50 m。

（2）确定整个煤田（采区）可采煤层在瓦斯带内的原始瓦斯含量，最大误差不大于±5 m³/t；通过与在该深度处厚煤层见煤点煤样瓦斯含量的平均动力值比较或与在该深度处薄煤层平均瓦斯含量值比较，查明误差。

（3）确定围岩集流管存在的水平、查清气体含量。

（4）研究地质因素对瓦斯分布的影响，建立定量关系；根据已查明的地质因素对区域和局部瓦斯含量变化的影响，进行瓦斯含量预测。

6 生产矿井井田进行补充勘探时，如果不具备采用矿山统计法预测井巷瓦斯涌出量，则需要进行煤层瓦斯含量的补充试验：

（1）缺少矿井已开采水平和生产水平井巷瓦斯涌出量资料以及邻近矿井的资料。

（2）在瓦斯带内揭开第一水平。

（3）揭开新煤层。

（4）改变开采方法或瓦斯涌出管理方法。

（5）生产水平的地质条件与勘探区没有相似性。

（6）在井田内存在大型构造破坏。

7 当二氧化碳涌出量大（大于 5 m³/t 煤）时，为查明二氧化碳涌出来源，可利用井下瓦斯测量结果，并研究地下水和矿井水。

8 对于新增井田面积和煤层的生产矿井进行改造时，新增范围达到缓倾斜煤层距离井巷工程垂直方向 200 m 以上、急倾斜煤层距离井巷工程垂直方向 300 m 以上以及距离生产巷道 2000~3000 m 以上，根据详细勘探的要求研究主要开采煤层的原始瓦斯含量。

9 采用岩心瓦斯采集器对煤层采样时，每个煤层的采样数量见附表 2-1。

附表 2-1 煤层采样数量与其厚度的关系

煤层厚度/m	采样数量/个	煤层厚度/m	采样数量/个
小于 1.5	1	3~5	3~4
1.5~3	2~3	大于 5	5~10

10 在生产矿井，根据井巷工程资料进行下部水平预计瓦斯涌出量预测。

Ⅱ 煤层瓦斯含量试验

11 煤层瓦斯含量试验由打钻技师、研究瓦斯含量的地质人员和采区地质人员组成的委员会进行。

采用单或双岩心管或专门的岩心装置——岩心瓦斯采集器用于预定确定瓦斯含量煤样的采集。

在钻透煤层前，应完全清除钻孔内的岩心、钻粉和残渣，以避免打钻时磨损煤样和残渣掺杂到岩心瓦斯采样器中。采集的煤样为块状岩心：研究物理力学性质——长度为 30~40 cm（或 3 个长度为 15 m 的样品）；制作磨片——5 cm；确定总孔隙率和自由孔隙率——10 cm 以下。

12 送往实验室的每个煤样都要打上自己的编号。

实验工作包括：煤样抽气，抽出瓦斯的化学分析，制作磨片，磨片压块，制作样品，确定集流性能的主要指标（对于煤：总孔隙率，视密度和真密度，吸附瓦斯体积，裂隙，强度）。送往实验室确定气体含量的煤样、岩样、液体样（清洗液，矿井水和钻孔自涌水）和瓦斯样，在岩心接收器和采样器没有明显缺陷（盖和塞子没有调配好，软管有孔）的情况下，予以接受。在实验室清点统计送达的样品。每个煤样给出自己的实验编号。

13　送岩心接收器抽气之前，借助于探伤仪预先确定其中的岩心数量。

在对岩心接收器中采集的样品抽气之前，用真空压力表测量其中的瓦斯压力。

在抽气设备上对岩心接收器中采集的样品和液体容器进行抽气。

在样品岩心接收器中存在多余的瓦斯压力时，按下列程序抽气：

在室温条件下，收集放出的瓦斯；

将岩心接收器放置到温度 60~90 ℃ 的水槽中加热，采用残余压力为 5~10 mmHg 的真空对样品抽气，收集放出的瓦斯；

对于半无烟煤、烟煤和岩石样品，为了抽出全部瓦斯，进行破碎和后续抽气。

14　在残余压力 5~10 mmHg 的真空和加热到 60~90 ℃ 的的条件下，在水平量管中对液体进行抽气。

在残余压力 5~10 mmHg 的真空和加热到 60~90 ℃ 的的条件下，当 1 h 的抽气量为 10~15 cm³、不大于抽出气体的 1% 时，则认为完成了样品抽气工作。

15　对煤芯单独进行工业分析。因为认为抽出的瓦斯来自于全部可燃质，所以残渣和偶然的岩石残骸一定要提交工业分析。

16　对抽出的瓦斯进行化验，以确定其主要成分：二氧化碳、氧气、水分、甲烷和其同系物、氮气、稀有气体，根据规定的方法，在气体分析仪上进行分析。

将从气体采集器和岩心接收器中抽出的瓦斯体积换算为标准状态（760 mmHg，20 ℃）：

$$V_H = V_r K'$$

式中　V_r——抽出的瓦斯量，cm^3；

K'——将瓦斯换算为标准状态的重算系数。

根据换算成标准状态的体积和瓦斯化验资料，确定瓦斯组分的体积（cm^3）：

$$V_{H.K} = \frac{V_H c_K}{100}$$

式中　c_K——组分含量，%。

确定每种组分的总体积 $V_{H.K}$（在分阶段抽气的情况下，样品具有单独的气体分析结果）：

$$V_{H.K} = \sum V_{H.K}$$

计算 1 g 样品所含的相应组分的气体含量 X_{Π}：

$$X_{\Pi} = \frac{\sum V_{H.K}}{M}$$

式中　M——样品质量，g。

计算 1 g 干燥无灰质样品所含的每种组分的气体含量（cm³/g·r）：

$$X_\text{г} = \frac{\sum V_\text{H.K}}{M_\text{г}}$$

式中 $M_\text{г}$——样品可燃质数量，g，根据公式确定：

$$M_\text{г} = M \frac{100 - (A^\text{c} + W)}{100}$$

式中 A^c 和 W——分别为样品的灰分和水分，%。

计算瓦斯含量时应考虑修正系数，对每个煤田都有其自己的修正值 1.1~1.25。

根据气体分析资料和抽出的瓦斯量，计算在含瓦斯液体中的瓦斯组分的气体含量 V_K（cm³）：

$$V_\text{K} = \frac{VC_\text{K}}{100}$$

从混合气体体积中扣除掉在采样过程中溶解在液体中的氧气和二氧化碳体积。

在从样品抽出的瓦斯中，气体组分含量（%）根据比值计算：

$$b_\text{K} = \frac{V_\text{K}100}{V_\text{ПР}}$$

式中 $V_\text{ПР}$——抽出的气体量（不含大气中的氧气和氮气），cm³。

在 1 L 液体中每种气体组分的绝对含量（cm³/L）根据公式计算：

$$X_\text{ж} = \frac{V_\text{K}100}{V_\text{ж}}$$

式中 $X_\text{ж}$——液体体积，L。

计算结果填入本细则附录 22 所示的记录本中。

Ⅲ 确定瓦斯含量的资料整理

17 在整理资料时，将样品分为代表性的、相对代表性和非代表性的。

符合采样工艺和实验室加工全部要求、按每种试验相应细则进行的样品属于代表性样品。这些样品时评价含煤地层瓦斯含量的主要原始资料。

与主要要求偏差不大的样品属于相对代表性样品。在初步评价含煤地层瓦斯含量时，特别是当样品总数不足时，可以注意到这些样品。

明显漏气和质量不具有代表性的样品应认定为废品。在确定瓦斯含量时，不考虑这些样品。

18 考虑到采样和实验室加工时的可能的气体损失，在计算原始瓦斯含量时引入修正系数。

19 当由一个穿煤点（厚煤层）采集几个样品时，根据所取样品的瓦斯含量的平均动力值确定原始瓦斯含量。

20 当一个穿煤点的瓦斯含量值存在偏差（±5 m³/t）时，更精心地剔除样品废品。首先剔除灰分高的样品以及存在这样或那样的缺陷引起该偏差的样品，计算校准过的平均瓦斯含量（剔除掉的样品不做统计），随后将校准过的瓦斯含量乘以修正系数确定煤层原始瓦斯含量。

21　建议通过比较各种独立方法得到的瓦斯含量确定结果，对所获得的资料进行更加客观的评价。

22　瓦斯含量预测图是瓦斯试验结果图表化处理的主要方式，在编制地质瓦斯剖面图、瓦斯含量随甲烷带深度增大曲线图的同时，绘制出瓦斯含量预测图。

对于编制地质瓦斯剖面图来讲，地质剖面图是基础。在这些剖面图上画出甲烷带边界。甲烷带上部边界位于：在向密闭容器采集的气体中，甲烷含量等于 80%；甲烷压力等于 1 kg/cm^2；煤的甲烷含量等于甲烷压力为 1 kg/cm^2 时的甲烷体积；巷道甲烷涌出量大于 2 m^3/t。

23　考虑具体的地质情况，根据瓦斯含量沿区域和随深度的变化速度和特征，在地质瓦斯剖面图上绘制瓦斯含量等值线。

24　以构造等高线图为地质地图，在图上绘制煤层瓦斯含量预测图，地图比例：缓倾斜煤层——1：5000，倾斜煤层——1：10000，急倾斜煤层剖面图——1：25000。在图上标出煤层采样点和瓦斯含量值、甲烷带边界。

25　绘制瓦斯含量预测图就是根据地质瓦斯剖面图和瓦斯含量变化曲线，在煤层等高线平面图上每隔 2～5 m^3/t·r 标上瓦斯等值线。在煤田存在大型断裂破坏或急倾斜煤层的条件下，当个别煤层的瓦斯含量预测图难以绘制时，应分水平绘制瓦斯含量预测图，尽可能符合采矿工程的预定水平，或每隔 100 m 深度绘制瓦斯含量预测图。

对于勘探区总体或范围很大的井田绘制指定的图件。

26　类似地以原始分层底板构造等高线图为底图，编制围岩瓦斯含量预测图。在图上标出采样点和瓦斯含量值、喷出点、岩石与瓦斯突出点，以及绘制相应气体组分的等值线。

27　为了解决煤田开采的长远规划问题，绘制矿区或其个别煤田全部区域内的煤层瓦斯含量区域预测图。选取煤田小比例尺构造图作为绘制这类图件的地质地图。在上面标明不含瓦斯煤层分布区、过渡区（如果有的话）和含瓦斯煤层赋存区。

28　在含瓦斯煤层区域和过渡区，将甲烷带上部边界标注在深度等值线上。然后将这些区域的全部范围划分成若干大块段，在同一块段内，决定瓦斯含量变化的因素基本一样。在区域平面图上，煤的变质程度是主要因素。对于每个块段，用图表或分析的方式得出煤层瓦斯含量随深度（距甲烷带上部边界）变化的关系。

Ⅳ　根据矿井瓦斯测量资料确定煤层瓦斯含量

29　对于不受上部先采或下部先采影响的单一煤层，邀请科学研究院的专家参加，在沿煤层掘进的准备巷道的迎头进行瓦斯测量，以确定煤层瓦斯含量。

附录3　抽放应用效果评价

1　必须对瓦斯涌出源实施抽放工作的准则是：计算的（或实际的）巷道瓦斯涌出量 I 大于通风容许的瓦斯涌出量 I_B（未抽放），即：

$$I > I_B = \frac{0.6vS(c - c_0)}{K_H}$$

式中　I——巷道瓦斯涌出量（实际的或预测的），m^3/min；

$\quad I_B$——在未对瓦斯涌出源进行抽放的情况下，通风容许的巷道瓦斯涌出量，m^3/min；

$\quad v$——巷道中的风流速度，m/s；

$\quad S$——巷道断面，m^2；

$\quad c$——回风流中允许的瓦斯浓度，%；

$\quad c_0$——进风流中的瓦斯浓度，%；

$\quad K_H$——瓦斯涌出不均衡系数，根据煤矿通风标准文件选取。

巷道瓦斯涌出量应理解为准备巷道瓦斯涌出量、回采巷道瓦斯涌出量、回采区段瓦斯涌出量、邻近层向采空区的瓦斯涌出量。

当准备巷道瓦斯涌出量超过通风容许瓦斯涌出量时，采取壁垒式或隔离式抽放。

当回采巷道瓦斯涌出量超过通风容许瓦斯涌出量时，采取开采层预先抽放。

当回采区段和采空区瓦斯涌出量超过通风容许瓦斯涌出量时，采取邻近层和/或采空区抽放。

当回采区段瓦斯涌出量超过通风容许瓦斯涌出量时，采取综合抽放。

2　巷道、煤层、邻近层和采空区、回采区段或准备巷道的必需的抽放率（$K'_Д$）根据下式确定：

$$K'_Д = 1 - \frac{I_B}{K_H I}$$

3　采用抽放率 $K_Д$ 评价实际抽放效果，抽放率 $K_Д$ 等于抽放后巷道瓦斯涌出量的降低值与未采取抽放巷道瓦斯涌出量的比值：

$$K_Д = \frac{I - I'}{I}$$

式中　I'——采取抽放时的巷道瓦斯涌出量，m^3/min。

在实际测量瓦斯抽放量的情况下，抽放率 $K_Д$ 可以根据下式计算：

$$K_Д = \frac{G_Д}{G_Д + I}$$

式中　$G_Д$——抽放设备从回采区段抽出的总瓦斯量，m^3/min。

4　回采区段采矿工程对含煤地层或煤层组有影响的，回采区段的几个瓦斯涌出源的总的抽放率 $K_{Дег}$ 由几个数值相加而成：

$$K_{дег} = n_{пл}k_{д.пл} + n_{с.п}k_{д.с.п} + n_{с.н}k_{д.с.н} + n_{п}k_{д.п}$$

式中　　　$n_{пл}$、$n_{с.п}$、$n_{с.н}$、$n_{п}$——分别为开采层、上邻近层、下邻近层和含瓦斯岩层在巷道瓦斯涌出量中所占的比例;

　　　　　$k_{д.пл}$、$k_{д.с.п}$、$k_{д.с.н}$、$k_{д.п}$——分别为开采层、上邻近层、下邻近层和含瓦斯岩层抽放率。

第 i 个瓦斯涌出源在未抽放的区段瓦斯平衡涌出量中所占的比例 n_i 根据下式计算:

$$n_i = \frac{I_i}{I}$$

式中　I_i——区段中第 i 个瓦斯涌出源的瓦斯涌出量, m^3/min;

　　　I——回采区段瓦斯涌出量, m^3/min。

根据矿井通风标准文件确定 n_i、I_i、I 的数值。

第 i 个瓦斯涌出源的抽放率 $k_{д}$ 根据下式计算:

$$k_{дi} = \frac{G_{дi}}{I_i}$$

式中　$G_{дi}$——抽放设备从第 i 个瓦斯源抽出的瓦斯量, m^3/min。

5　通过测量钻孔瓦斯流量、计算实际抽放率并与设计值相比较,对抽放方法的抽放效果进行检查。

在评价回采区段综合抽放方法的抽放效果时,确定每种抽放方法的实际抽放率和综合方法总体的实际抽放率。

矿井抽放系统的工作效率根据系数 $K_{дег}$ 进行评价:

$$K_{дег} = \frac{\sum_{j=1}^{k} G_{дj}}{\sum_{j=1}^{k} (G_{дj} + I'_j)}$$

式中　　k——抽放的准备和回采巷道数量;

　　　　j——抽放采取标记;

　　　　$G_{дj}$——在第 j 个抽放区段,抽放设备抽出的瓦斯量, m^3/min;

　　　　I'_j——在第 j 个抽放区段,回风流中的瓦斯涌出量, m^3/min。

抽放设备抽出的瓦斯量 $G_{дj}$、回风流中的瓦斯涌出量根据选取的区段进行取值。

6　在依次采用几种抽放方法时,瓦斯涌出源的抽放率为

$$k_{д} = k_{д1} + (1 - k_{д1})k_{д2} + (1 - k_{д1})(1 - k_{д2})k_{д3} + \cdots$$

7　对于煤体预抽,在采煤机开始采煤前,确定预抽、回采工作面前方煤体卸压自然排放的总和作用对抽放效果综合指标 $k_{д.с}$ 的影响:

井下钻孔对煤体预抽和自然排放时:

$$k_{д.с} = k_{д.пл} + (1 - k_{д.пл})k_e$$

通过地面或井下钻孔采用设备对煤体进行作用卸压抽放和随后自然排放时:

$$k^{Г}_{д.с} = k^{Г}_{д.пл} + (1 - k^{Г}_{д.пл})k_{д.пл} + (1 - k^{Г}_{д.пл})(1 - k_{д.пл})k_e$$

式中　$k_{д.пл}$、$k^{Г}_{д.пл}$——分别为钻孔预抽和采用设备对煤层作用时开采层的抽放率;

　　　k_e——回采工作面前方煤体自然排放率,根据经验确定。

附录4　未卸压煤层的抽放

I　掘进巷道时的煤层抽放

1 掘进垂直巷道时（井筒、探井、暗井），从地面或硐室施工钻孔对煤层和岩层进行抽放（附图4-1）。钻孔平行巷道布置，距离巷道壁2.5~3 m。钻孔孔底间距4~5 m。钻孔超前巷道工作面小于10 m。完全打穿含瓦斯煤层或岩层。

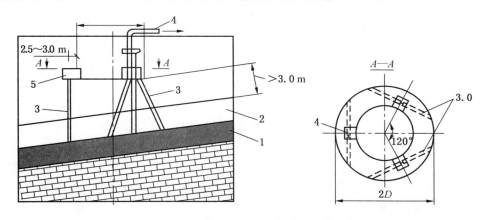

1—含瓦斯煤层；2—含瓦斯岩石；3—抽放钻孔；4—抽放管路；5—硐室；D—井筒直径
附图4-1　掘进垂直巷道时含瓦斯煤层抽放方式

2 掘进石门时，由工作面或硐室施工钻孔对含瓦斯煤层进行抽放（附图4-2）。当石门工作面距离煤层或含瓦斯岩层不小于5 m时，开始施工钻孔。

钻孔数量和施工方向的选择应使钻孔按圆周分布穿透含瓦斯岩层或煤层，圆周的直径等于巷道宽度的两倍。

3 在含瓦斯煤层附近掘进岩石巷道时，向煤层施工的钻孔应具有超前距。钻孔施工和装备应在邻近煤层卸压前完成。向下部被采动煤层施工的钻孔间距为20~25 m，向上部被采动煤层施工的钻孔间距为10~15 m。

4 为了降低沿煤层掘进的巷道瓦斯涌出量，采取煤层预抽或在掘进巷道附近对煤层进行日常抽放。

在掘进工作开始之前，按附图4-3和附图4-4所示的方案对煤层进行预抽。瓦斯抽放期根据设计抽放率的达标条件并考虑煤层钻孔瓦斯排放量指标确定：初始瓦斯涌出强度（g_0），初始瓦斯涌出量随时间的衰减速度（a）。在低瓦斯排放量的煤层中，对于施工到未来准备巷道轮廓之外的上行（水平）钻孔和下行钻孔，其瓦斯抽放期分别不小于6个月和12个月。

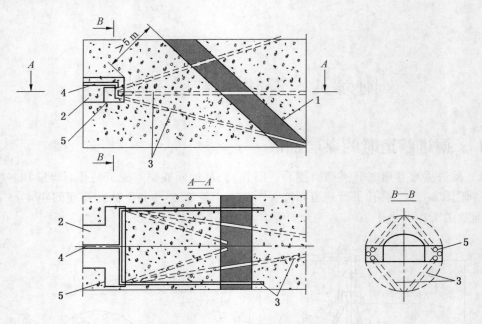

1—煤层；2—石门；3—钻孔；4—抽放管路；5—硐室

附图4-2 石门揭煤时含瓦斯煤体抽放方式

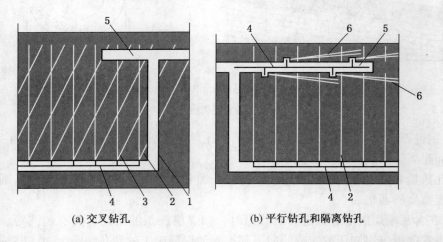

(a) 交叉钻孔　　　　　　　　　　　(b) 平行钻孔和隔离钻孔

1—安装硐室；2—平行工作面的钻孔；3—定向工作面的钻孔；4—抽放管路；5—准备巷道工作面；6—隔离钻孔

附图4-3 施工到掘进巷道轮廓之外的上行钻孔煤层抽放方式

为了缩短煤层预抽期，对进行水力压裂以提高其透气性。

采取隔离式钻孔或工作面钻孔和隔离式钻孔对掘进巷道附近的煤体进行抽放。

在高瓦斯含量煤层，当一种抽放方案不能有效降低掘进巷道瓦斯涌出量时，采取几种抽放方案的组合（综合）。

5 采取隔离式钻孔或工作面钻孔和隔离式钻孔对掘进巷道附近的煤体进行抽放（附图4-5和附图4-6）。

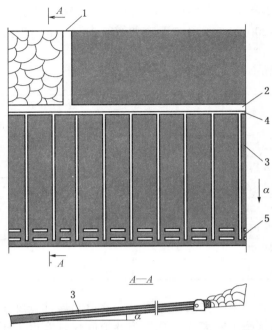

1—采面；2—生产采面通风平巷；3—下行钻孔；4—瓦斯管路；5—未来采面平巷；α—煤层倾角

附图4-4　施工到未来巷道轮廓之外的下行钻孔缓倾斜煤层抽放方式

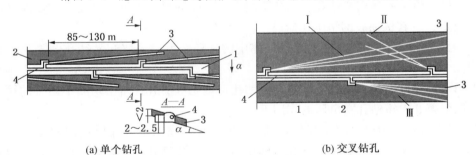

(a) 单个钻孔　　　　　　　　　　　(b) 交叉钻孔

Ⅰ和Ⅱ—交叉的隔离式钻孔组；Ⅲ—隔离式钻孔组；

1—平巷；2—硐室；3—钻孔；4—瓦斯管路；α—煤层倾角

附图4-5　隔离式钻孔煤层抽放方式

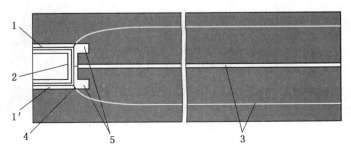

1、1′—巷道；2—联络巷；3—定向施工的钻孔；4—抽放管路；5—双巷工作面

附图4-6　定向施工的长隔离式钻孔煤层抽放方式

与巷道轴向夹角 3°~5°，由硐室施工隔离式钻孔。钻孔长度 100~150 m。硐室之间的距离比钻孔长度小 15~20 m，钻孔孔口距离巷道壁 2~2.5 m。隔离式钻孔的数量和布置方式见附表 4-1。

附表 4-1　隔离式钻孔的数量和布置方式

煤层厚度/m	巷道位置	钻 孔 数 量			
		巷道侧帮	巷道底板	巷道顶板	合　计
6~8	在煤层上部	4	2	—	6
6~8	在煤层中部	4	—	—	4
6~8	在煤层下部	4	—	2	6
4~6	在煤层上部	4	—	—	4
4~6	在煤层下部	4	—	—	4
2~4	至煤层中	4	—	—	4
<2	在煤层中	2	—	—	2

在一个工作面超前另一个工作面双巷掘进、巷道间煤柱宽度小于 15 m 的情况下，只对超前工作面从巷道两帮施工隔离式钻孔。当巷道间煤柱宽度大于 15 m 时，巷道掘进说明书规定由滞后巷道的侧帮向巷道间的煤柱方向施工超钻孔。

对于早前施工的隔离式钻孔，当其距离大于 100 m 时，根据矿井技术负责人（总工程师）的决定，将其从抽放网络中切断。

6　为了减少漏风和提高抽出混合气体中的瓦斯浓度，采取交叉钻孔的隔离式抽放方案（附图 4-5b）。

采用该抽放方案时，按以下顺序切断钻孔：首先从抽放管路中切断不出气的第 I 组钻孔，仅保留第 II 组短钻孔在负压的作用下。

7　当岩石巷道距离急倾斜煤层不大于 30 m 时，施工垂直煤层走向的钻孔进行抽放（附图 4-7）。由岩石平巷施工的钻孔按两排布置，一排钻孔位于未来巷道上方 2~4 m，而另一排钻孔位于巷道轴线附近。

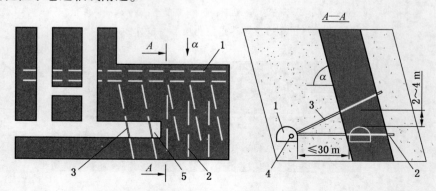

1—岩石巷道；2—掘进巷道轴线附近钻孔；3—未来巷道上方钻孔；4—抽放管路；5—煤层巷道；α—煤层倾角

附图 4-7　由岩石巷道垂直煤层走向施工钻孔的急倾斜煤层抽放方式

8 为了提高抽放效果，必要时需对煤层进行水力压裂。

将液体以静压状态经钻孔注入煤层中或进行煤层分段压裂。根据科研机构的建议确定水力压裂的使用条件、方法和参数。

掘进巷道时，在施工隔离式钻孔之前，由掘进巷道的工作面施工钻孔对煤层进行水力压裂。

9 当掘进巷道邻近地质破坏或穿过地质破坏时，在巷道工作面距离地质破坏 30~40 m 之前，预先由硐室施工钻孔。在未来巷道的轮廓内以及距离巷道轴线 2~3 倍巷道直径的范围内，钻孔应穿过地质破坏带。

10 沿煤层掘进巷道时，各种抽放方法最大可以达到的效果见附表 4-2，而参数确定根据本细则附录 5 进行。

附表 4-2 掘进巷道时煤层最大可以达到的抽放效果

序号	抽放方法	抽 放 率		钻孔孔口最小负压	
		不采取水力压裂	预先水力压裂	kPa	mmHg
1	煤体抽放方案：				
	图 4-1	0.15~0.2	0.2~0.3	13.3	100
	图 4-2	0.2~0.25	0.3~0.35	13.3	100
	图 4-3a	0.3~0.4	0.4~0.5	6.7	50
	图 4-3b	0.2~0.3	0.4~0.5	6.7	50
	图 4-4	0.2~0.25	0.25~0.3	6.7	50
	图 4-7	0.25~0.3	0.35~0.45	6.7	50
2	隔离式钻孔抽放方案：				
	图 4-5a	0.15~0.2	0.25~0.3	6.7	50
	图 4-5b	0.2~0.3	0.25~0.35	6.7	50
	图 4-6	0.2~0.3	0.3~0.4	6.7	50

注：当不能保证抽放管路中混合气体瓦斯浓度大于 25% 时，允许降低抽放钻孔中的最小负压。

Ⅱ 回采区段开采层抽放

11 由准备巷道施工钻孔对开采层进行抽放。

抽放钻孔在煤层平面内沿仰斜、走向、倾斜或与走向线成一定角度施工（平行回采工作面线，扇形或交叉）。钻孔与劈理裂隙系统相交。

在开采急倾斜煤层的矿井，通过岩柱垂直煤层走向施工钻孔。

12 在掘进准备巷道时和/或巷道掘进完成之后，施工回采区域的抽放钻孔。抽放方案：在回采区段范围内施工抽放钻孔，或抽放钻孔超出回采区段范围。在钻孔施工到回采区段范围之外的情况下，对将要掘进准备的煤层区段进行抽放（附图 4-3）。

13 在巷道圈定的回采区段中，抽放钻孔距离对面巷道 10~15 m 不能打穿。

14 在煤层平面内施工的钻孔封孔深度为 6~10 m，而与煤层相交的钻孔封孔深度为 3~5 m。在进行封孔时，应注意钻孔孔口的岩体状态。

15 当采用超长钻孔施工工艺时，按附图 4-8 所示的方案进行抽放。在其余情况下，采用附图 4-9 至附图 4-12 所示的抽放方案。

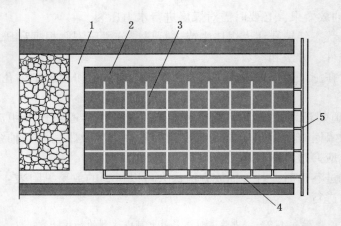

1—回采工作面；2—回采工作面平行钻孔；3—定向回采工作面的超长钻孔；4—区段瓦斯管路；5—瓦斯干管

附图4-8　采用平行钻孔和回采工作面超长钻孔的煤层抽采方式

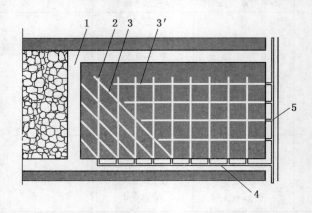

1—回采工作面；2—回采工作面平行钻孔；3—由运输平巷定向回采工作面的钻孔；
3′—由下山定向回采工作面的钻孔；4—区段瓦斯管路；5—瓦斯干管

附图4-9　在有限打钻工艺情况下的煤层抽采方式

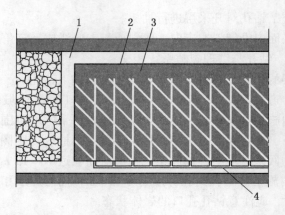

1—回采工作面；2—回采工作面平行钻孔；3—定向回采工作面的钻孔；4—抽放管路

附图4-10　由运输巷道施工交叉钻孔的煤层抽采方式

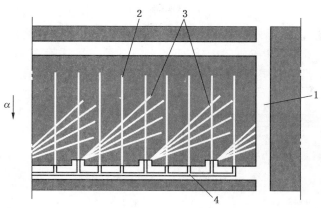

1—回采工作面；2—回采工作面平行钻孔；3—定向回采工作面的扇形钻孔；4—抽放管路；α—煤层倾角

附图4-11　平行钻孔和定向回采工作面扇形钻孔的煤层抽采方式

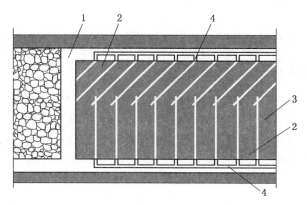

1—回采工作面；2—平行回采工作面钻孔和定向回采工作面钻孔；3—煤层；4—抽放管路

附图4-12　由运输平巷和通风平巷施工钻孔的煤层抽采方式

16　在有煤与瓦斯突出倾向的煤层中，采用交叉钻孔的煤层抽放方案（附图4-3a、附图4-8至附图4-11、附图4-13）。

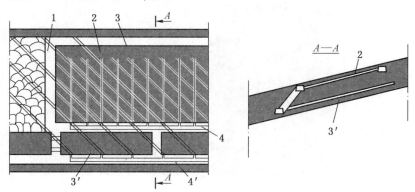

1—回采工作面；2—回采工作面平行钻孔；3—沿上分层施工的平行回采工作面钻孔；

3′—由下分层施工的定向回采工作面的钻孔；4、4′—瓦斯管路

附图4-13　由上分层和下分层巷道施工上行钻孔的厚煤层抽采方式

17　高瓦斯和突出危险缓倾斜厚煤层分层开采时，采用附图 4-13、附图 4-14 所示的抽放方案。采用附图 4-13 所示的抽放方式时，由沿上分层掘进的运输平巷施工上行交叉钻孔，并沿下分层补充施工指向回采工作面的上行钻孔。采用附图 4-14 所示的抽放方式时，由运输平巷施工沿上分层的上行交叉钻孔和沿下分层的上行钻孔。

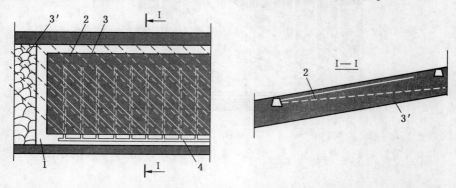

1—回采工作面；2—沿上分层施工的平行回采工作面钻孔；3—沿上分层施工的定向回采工作面钻孔；
3'—向下分层施工的钻孔；4—瓦斯管路
附图 4-14　由上分层巷道施工上行钻孔的厚煤层抽采方式

18　在开采层平面内扇形施工钻孔（附图 4-15），与煤层相交扇形施工钻孔（附图 4-16），对急倾斜煤层进行抽放。在第一种情况下（附图 4-15），回风石门和等分回采工作面的直线、划分区段长度（阶段高度）等于 1/3 和 2/3 的直线是抽放钻孔底部几何位置的支点，而在第一种情况下（附图 4-16），将阶段高度等分的直线和在 1/3 和 2/3 处划分阶段高度的直线。

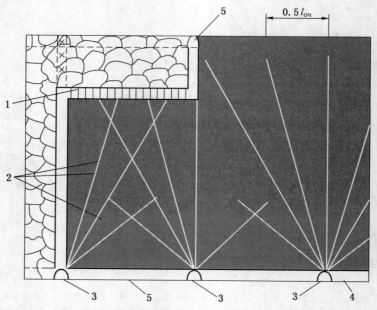

1—回采工作面（掩护机组）；2—顺层抽放钻孔；3—石门；4—岩石运输平巷；5—回风石门；α—煤层倾角
附图 4-15　在急倾斜煤层平面内施工扇形钻孔的开采层抽采方案

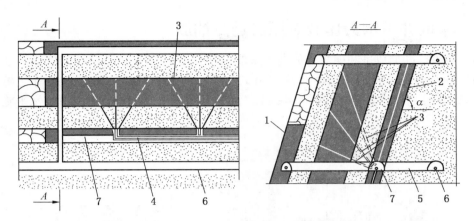

1—开采层；2—顺层抽放钻孔；3—与煤层斜交施工的抽放钻孔；4—瓦斯管路；

5—石门；6—岩石平巷；7—运输平巷；α—煤层倾角

附图4-16 在一个煤层施工扇形钻孔、另一煤层施工顺层钻孔的急倾斜煤层组抽放方式

19 在缓倾斜和倾斜煤层中，当将钻孔打穿整个区段宽度不可能时，则采取由两条准备巷道施工钻孔的抽放方式。在这种抽放方式下，钻孔的底部区域应相交（附图4-12）。

20 考虑到钻孔的瓦斯排放量指标初始单位甲烷涌出量强度（g_0）、初始单位甲烷涌出量随时间的衰减速度（α），根据设计抽放率达到的条件确定瓦斯抽放期。在瓦斯排放量低的煤层中，对于上行（水平）钻孔瓦斯抽放期不小于6个月，对于下行钻孔瓦斯抽放期不小于12个月。

通过将水流入上行钻孔排干下行钻孔时，煤层的预抽期取6个月。

抽放钻孔的间距由回采区段说明书考虑到预抽进行的条件和期限确定。

21 为了提高井下钻孔开采层的抽放率，采取煤体瓦斯排放强化的方法，通过钻孔对煤层进行预先水力压裂（水力裂解）。

22 在进行回采作业的区段，最大可以达到的开采层预抽率见附表4-3。

附表4-3 在回采区段最大可以达到的开采层预抽率

煤 层 钻 孔 布 置 方 式	煤层抽放率，小数	钻孔孔口最小负压	
		kPa	mmHg
在缓倾斜煤层中上行或水平平行单个钻孔	0.2~0.25	6.7	50
下行平行单个钻孔	0.15~0.20	13.3	100
在预先水力压裂带中顺层平行单个钻孔	$\frac{0.3\sim0.4^*}{0.2\sim0.3}$	$\frac{6.7^*}{13.3}$	$\frac{50^*}{100}$
交叉钻孔	0.3~0.4	6.7	50
在预先水力压裂带中交叉钻孔	0.4~0.5	6.7	50
在急倾斜煤层中的上行钻孔	0.25~0.30	6.7	50
垂直于急倾斜煤层走向的钻孔	0.2~0.25	6.7	50

注：在不能保证抽放管路中瓦斯混合气体甲烷浓度大于25%的情况下，允许降低抽放钻孔中的最小负压值。

　＊分子为对于上行和水平钻孔，分母为对于下行钻孔。

Ⅲ　采取井下水力压裂对煤层进行抽放

23　为了提高抽放率和缩短抽放期，采取预先水力压裂对煤层进行抽放。

24　井下水力压裂钻孔按两种主要方式施工：由岩石巷道—岩巷采准时（附图4-17），沿开采层—煤巷采准时（附图4-18）。水力压裂钻孔可以上行、下行或水平施工。

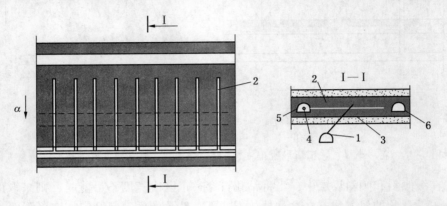

1—岩石平巷；2—抽放钻孔；3—水力压裂钻孔；4—抽放管路；5—运输平巷；6—回风平巷；α—煤层倾角

附图4-17　由岩石巷道施工钻孔的煤体预先水力压裂的抽放方式

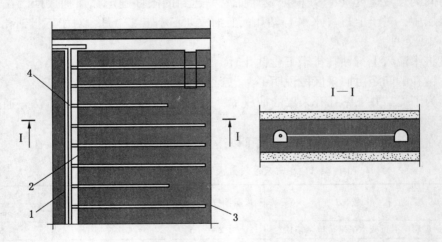

1—运输上山；2—抽放钻孔；3—水力压裂钻孔；4—抽放管路

附图4-18　由煤层巷道施工钻孔的煤体预先水力压裂的抽放方式

在破底掘进的巷道中，向煤层施工的水力压裂钻孔的孔口应位于底板岩石中。

25　由岩石巷道施工的钻孔孔底应位于按采面长度计算的被抽放区段的中间区域。套管密封至开采层底板。

26　对于仅进行回采工作面的抽放，沿煤层施工的钻孔长度比采面长度小 30~40 m，对于进行回采工作面和掘进工作面的抽放，钻孔长度比采面长度小 10~20 m。

27　煤层水力压裂采用矿井水管中的水进行，注水压力不小于 15~20 MPa。注水速度不小于 30~40 m³/h。

28　由井下巷道施工的钻孔进行的煤层水力压裂参数通过试验的方法确定。

煤层水力压裂钻孔的密封深度不小于其间距的一半。

煤层水力压裂的应用条件和参数应征得研制本措施的科研机构的同意。

29　由巷道实施的水力压裂的准备和进行工作包括：

（1）煤层水力压裂前测量钻孔甲烷涌出量。

（2）接通钻孔前试运转泵和电机（空载）。

（3）对增压管路和泵加压至 20 MPa。

（4）接通泵开始工作。

（5）检查泵压和水的流量。

30　在泵的液体压力急剧下降的情况下，向煤层中注入给定的液体量和邻近钻孔或邻近巷道出水后，停止煤层水力压裂。

31　大量涌水停止之后，将水力压裂钻孔接通抽放网络。通过测量甲烷涌出量确定煤层水力压裂的效果。

32　水力压裂之后，施工煤层抽放钻孔。

33　脉冲方式的水力压裂、分段水力压裂和其他方法的应用，根据其研究部门的科学研究所的建议实施。

Ⅳ　地面钻孔预先水力裂解对非卸压煤层进行抽放

34　采取预先水力裂解对非卸压煤层进行预先抽放方法的基础是通过地面钻孔对煤层进行主动作用。

根据在卡拉甘达煤田和顿涅茨克煤田矿井该措施的工业性推广的结果确定的煤层水力裂解措施的参数由煤层水力裂解措施的研究机构准确确定。根据俄罗斯技术监察局地方机构批准的设计，在研究设计单位的监督下，使用煤层水力裂解措施。

35　在原始瓦斯含量大于 10 m³/t 并且赋存在中等稳定程度以上的不透水岩层中的煤层中，采取基于煤层水力裂解的预先抽放。

36　当煤层甲烷抽放期大于 3 年时，实施基于通过地面钻孔对煤层主动作用的预先抽放；当煤层水力裂解钻孔的运转期小于 3 年时，实施煤层水力裂解带抽放配合井下煤层钻孔抽放。

37　煤层预先水力裂解的抽放工艺包括三个主要阶段，即水力作用，开发钻孔和抽放煤层瓦斯，水力裂解钻孔被回采作业下部采动后抽放采空区瓦斯。

38　水力裂解在厚度 0.2 m 以上的煤层中以及难冒落的、含瓦斯的岩层中进行。

39　在预先抽放的情况下，钻孔距离生产中的煤层巷道不小于 300 m。钻孔至落差大于开采层厚度的构造破坏的平距不大于其作业半径。

40　在准备采取水力裂解的煤层中，水力裂解钻孔施工至其中距离地面最远的煤层底板下方 40 m。

钻孔的结构由穿过的吸水间隔的数量确定，每个吸水间隔安设区间管，用水泥浆充填管外空间。

使用的管子内径不小于 98 mm，全长水泥固结。

41　使用重新施工的钻孔和重新装备的地质勘探钻孔进行水力裂解。

42　对突出危险煤层进行水力裂解时，为了保证煤层工作面附近卸压，对基本顶围岩采取补充作用。

43　对于经受过水力作用的含煤地层中的煤层和围岩，通过水力或聚能穿孔的方法揭穿。

44　煤系地层中煤层的裂解从下部煤层开始依次进行。借助于沙土塞或封隔器，将水力裂解钻孔全部已被处理的区间进行隔离。

45　煤层裂解的工作介质可以采用水、表面活性剂（ΠAB）或化学活性剂（XAB）的水溶液以及空气。

表面活性剂溶液可以保证工作液体更好地渗透到煤层和围岩的空隙和裂隙中。使用湿润剂和磺酸盐作为表面活性剂。表面活性剂工作浓度体积比为 0.01% ~ 0.025%。

化学活性剂溶液（盐酸，氨羧络合剂）可以提高煤层的渗透性和瓦斯排放量。

在碳酸盐浓度不小于 0.3% 的煤层中，使用浓度为 2% ~ 4% 盐酸水溶液。

在煤的矿物组分中 Fe、Cu、Mg（黄铁矿、黄铜矿、菱铁矿）金属化合物的含量高的（大于 10%）煤层中，使用氨羧络合剂的水溶液。对于黏结性贫煤、肥煤、瘦煤、无烟煤，水溶液的工作浓度分别为 1% ~ 5% 和 2% ~ 10%。

46　在压入速度恒定的情况下，当压力降低时，停止向钻孔压入工作液体，使用树木锯末或富黏滞性的液体对导水通道止水。当压注压力达不到设计值时，对导水裂缝止水。

47　对埋藏深度大于 600 m 的厚煤层进行水力裂解时，向水力裂解钻孔中注入裂缝固定剂。

在厚度 2 m 以下的煤层中，向钻孔注入固定剂由煤层水力裂解设计确定。

48　最后一个开采层水力裂解完成后，水力裂解钻孔关闭 3 ~ 12 个月以保持煤层中的工作液体。

保持期结束后，水力裂解钻孔冲洗至孔底。借助于压气升液器、深水杆式水泵或潜水电泵去除钻孔的工作液体。

49　煤层预抽时，为了提高煤层处理的均匀性，在流体动力作用阶段使用火药压力发生器，在钻孔开发阶段使用周期性的压气水力作用。

50　与井下煤层钻孔配合对煤层预抽时，为了加快水力裂解钻孔开发过程，使用压风排挤工作液体。

51　采用自我排放的方式或将钻孔接通真空泵，对煤层瓦斯进行抽放。

为了达到设计的甲烷流量（或当其降低 30% 以上时），实施强化瓦斯排放工程：洗孔，压风挤排，压风作用，煤层再次开发裂解，周期性压风脉冲作用或其他方法，可以提高钻孔甲烷涌出量。

52　水力裂解钻孔被回采作业下部采动后，将它们接通真空泵用来抽放采空区瓦斯。

附录5　开采层抽放参数的确定

I　井下钻孔煤层抽放参数

1　制定基建（改建）矿井抽放设计时和生产矿井采区开采编制回采区段说明书中的"抽放"章节时，使用下述的开采层抽放参数确定方法。在生产矿井的回采区段说明书中，允许使用在同一煤层已开采完毕的回采区段抽放参数相类似的抽放参数。

在钻孔施工和抽放过程中，对计算的开采层抽放参数进行修正。

在一次采全厚的缓倾斜或急倾斜煤层区段的圈定巷道中，平行于回采工作面的上行或水平钻孔的间距 R_C 按下式确定：

$$R_C = \frac{l'_C m_{\text{Д}} \dfrac{g_0}{a} \ln(\alpha\tau + 1)}{l_{\text{оч}} m \gamma k'_{\text{ДПЛ}} q_{\text{ПЛ}}} \tag{5-1}$$

式中　　　l'_C——钻孔有效长度，其中 $l'_C = l_C - l_{\text{Г}}$，m；

　　　　　l_C——钻孔长度，m；

　　　　　$l_{\text{Г}}$——钻孔孔口密封长度，m；

　　$m_{\text{Д}}$、m——分别为钻孔的抽放厚度和煤分层的全部厚度，m；

　　　　　g_0——钻孔初始甲烷涌出量，$\text{m}^3/(\text{m}^2 \cdot \text{d})$；

　　　　　α——表示煤层钻孔瓦斯涌出量随时间衰减速度的系数，d^{-1}；

　　　　　τ——钻孔抽放时间，d；根据煤层瓦斯排放指标确定；

　　　　　$l_{\text{оч}}$——采面（回采工作面）长度，m；

　　　　　γ——煤的容重，t/m^3；

　　　$k'_{\text{ДПЛ}}$——开采层的设计预抽率；

　　　　$q_{\text{ПЛ}}$——无抽放时煤层的甲烷涌出量，m^3/t，根据地勘资料预测确定，生产矿井根据井巷瓦斯测量资料准确确定，由专门的科研机构完成。

g_0 值根据实际资料选取或根据下式计算：

$$g_0 = X\beta_{\text{П}} \tag{5-2}$$

式中　X——煤层原始含量，$\text{m}^3/\text{t} \cdot \text{r}$；

　　　$\beta_{\text{П}}$——考虑到煤层厚度和 g_0 量纲的经验系数，其中，$\beta_{\text{П}} = \dfrac{1}{16+12m}$。

α 值根据实际资料选取或下式确定：

$$\alpha = b - c'V_{\text{daf}} \tag{5-3}$$

式中　b 和 c'——经验系数，$V_{\text{daf}} \leq 25\%$ 时分别为 0.042 和 8.8×10^{-4}，$V_{\text{daf}} > 25\%$ 时分别为 0.025 和 3.9×10^{-4}；

V_{daf}——挥发分,%。

在抽放工程开始之前,根据在必须抽放的采区(区段)准备巷道的独头区域进行的瓦斯测量资料,确定煤层钻孔的瓦斯排放指标。

按式(5-2)和式(5-3)计算的煤层瓦斯排放指标 g_0 和 α,随着钻孔或钻孔组甲烷涌出量资料的积累进行修正。煤层抽放区段的回采作业完成后,进行最后的修正。

2　上行钻孔或水平交叉钻孔(第一个钻孔平行于回采工作面施工,第二个钻孔迎着采面以 30°~35° 的角度施工)的钻孔组之间的距离 R_K 根据公式计算:

$$R_K = k_и R_C \qquad (5-4)$$

式中　$k_и$——交叉钻孔甲烷涌出强化系数,其中 $k_и = 2.8-1.31f$;

f——煤的普氏硬度系数。

迎着回采工作面的钻孔布置的角度根据附表 5-1 中的公式确定。

在钻孔施工过程中对钻孔的布置角度进行修正。

附表 5-1　由区段巷道施工的迎着回采工作面的钻孔布置角度　　　　(°)

回采工作面煤层开采方向	钻孔与水平面的倾角 β	钻孔的转角 φ
沿走向,由运输(下部)巷道施工钻孔	$\sin\beta = \sin\lambda\sin\alpha$	$\cot\varphi = \tan\lambda\cos\alpha$
沿走向由回风(上部)巷道施工钻孔	$\sin\beta = -\sin\lambda\sin\alpha$	$\cot\varphi = \tan\lambda\cos\alpha$
沿仰斜	$\sin\beta = -\cos\lambda\sin\alpha$	$\tan\varphi = \cot\lambda\cos\alpha$
沿倾斜	$\sin\beta = \cos\lambda\sin\alpha$	$\tan\varphi = \cot\lambda\cos\alpha$

注: λ 为巷道轴线与钻孔在煤层平面上的投影之间的夹角,(°)(由采掘工程剖面图作图确定); α 为煤层倾角,(°)。

3　厚煤层分层开采时,在上分层采面实施抽放工程。并且由下分层巷道施工的,或者由上分层巷道向下分层施工的,指向回采工作面的钻孔间距取 $2R_K$。

按同样的间距施工指向回采工作面的侧翼钻孔。

平行单一顺层下行钻孔间距 R_H 按下式确定,并随后进行修正。

$$R_H = \frac{R_C}{2} \qquad (5-5)$$

由井下巷道进行的水力压裂钻孔间距的确定:

$$L_г = 2R_г - 10 \qquad (5-6)$$

式中　$R_г$——水力压裂钻孔作用半径,根据经验方法或科研所的建议确定,m。

4　由岩石巷道垂直煤层走向施工水力压裂钻孔,其必需的工作液体体积 $Q_ж$(水或含添加剂的水)的计算:

$$Q_ж = \pi R_г^2 m k_з \qquad (5-7)$$

式中　m——煤层分层的全部厚度,m;

$k_з$——考虑煤体被液体充满程度的系数。根据经验方法确定或采纳附表 5-2 中的数值。

附表5-2　系数 k_3 的值

煤　　　层	厚　煤　层	中　厚　煤　层
系数 k_3	0.0007~0.0010	0.0012~0.0017

沿开采层施工钻孔对煤体进行水力压裂时，工作液体的体积 $Q'_{\text{ж}}(\text{m}^3)$ 按下式确定：

$$Q'_{\text{ж}} = (\pi R_{\text{г}}^2 + 2R_{\text{г}}l'_{\text{г}})mk_3 \tag{5-8}$$

式中　$l'_{\text{г}}$——水力压裂钻孔的有效长度，m。

通过井下钻孔进行煤层水力压裂的液体的最小压力 $P_{\text{г}}(\text{MPa})$（在卡拉甘达矿区进行煤层水力压裂所获得的经验）的确定：

$$P_{\text{г}} = 0.3H - 41.8 \tag{5-9}$$

式中　H——由地表到采矿工程（名称赋存）的深度，m。

进行煤层水力压裂的装备应保证注液压力不小于根据式（5-9）所确定的数值 $P_{\text{г}}$。

按式（5-7）和式（5-8）计算所得的必需的液体量与泵的流量的比值计算泵的工作时间 $t_{\text{г}}$：

$$t_{\text{г}} = \frac{Q_{\text{ж}}}{q_{\text{н}}} \tag{5-10}$$

式中　$q_{\text{н}}$——向煤层的注液速度，m^3/h。

5　向井下水力压裂区施工的煤层钻孔的间距的计算：

$$R_{\text{C}}^{\text{г}} = K_{\text{и}}^{\text{г}} R_{\text{C}} \tag{5-11}$$

式中　$K_{\text{и}}^{\text{г}}$——在煤层水力压裂带施工的预抽钻孔瓦斯涌出强化系数（附表5-3）。

附表5-3　系数 $K_{\text{и}}^{\text{г}}$ 的值

煤层预抽时间/d	120	180	270	360	450
系数 $K_{\text{и}}^{\text{г}}$ 的值	1.9	1.8	1.7	1.6	1.5

6　抽放急倾斜煤层时，根据准备好（或正准备）的回采区段的几何尺寸和本细则附录11中的钻孔布置指南，确定钻孔参数。

Ⅱ　地面钻孔对非卸压煤层的主动作用参数

煤　层　预　抽

7　对非卸压煤层进行水力裂解的主动作用有效半径 $R_{\text{э}}$ 根据下式确定：

$$R_{\text{э}} = \sqrt{R_1 \cdot R_2} \tag{5-12}$$

式中　R_1、R_2——煤层水力裂解带椭圆的大半轴和小半轴，m。

水力裂解带椭圆的大半轴指向自然裂隙的主系统方向，并且：

$$R_2 = 0.7R_1 \tag{5-13}$$

8　预抽时，$R_{\text{э}}$ 取决于井田展开图和煤层裂隙的主系统方向，$R_{\text{э}}$ 取 120~140 m。

9　水力裂解钻孔的布置：

（1）在最少的钻孔数量情况下，不存在未处理的煤层区段。

（2）相邻钻孔的作用区相互重叠。

（3）穿过煤层的钻孔距离采区规划好的巷道 30~40 m。

10　注入煤层的工作液体体积 $Q''_{\text{ж}}(\text{m}^3)$ 的确定：

$$Q''_{\text{ж}} = K_{\text{ж}} \pi R_{\text{э}}^2 m n_{\text{э}} \tag{5-14}$$

式中　$K_{\text{ж}}$——考虑处理区渗透和煤层破坏液体损失的系数，取 1.1~1.6；

$R_{\text{э}}$——（煤层水力裂解）作用有效半径，m；

m——煤层厚度，m；

$n_{\text{э}}$——煤层有效孔隙率，小数。

11　必需的盐酸量 $Q_{\text{кт}}(\text{t})$ 的计算：

$$Q_{\text{кт}} = 10^2 \pi R_{\text{э}} m \rho_{\text{уг}} C_{\text{к}} q_{\text{уд}} C_{\text{к.т}}^{-1} k_{\mu} k_{\text{и.н}} \tag{5-15}$$

式中　$\rho_{\text{уг}}$——煤的密度，t/m^3；

$C_{\text{к}}$——过滤管道中的碳酸盐含量，小数；

$q_{\text{уд}}$——100% 盐酸在 1 t 碳酸盐中的消耗量，取 0.73；

$C_{\text{к.т}}$——商业盐酸的浓度（$C_{\text{к.т}} = 26\%$）；

k_{μ}——考虑盐酸与碳酸盐的吸附和反应速度的系数（$k_{\mu} = 0.02$）；

$k_{\text{и.н}}$——考虑钻孔干扰和煤体处理不均匀的系数（$k_{\text{и.н}} = 0.8$）。

12　工作浓度为 $C_{\text{р}}$ 为 4% 的酸性溶液的体积 $Q_{\text{к.р}}$ 的计算：

$$Q_{\text{к.р}} = \frac{Q_{\text{к.т}} C_{\text{к.т}}}{\rho_{\text{к}} C_{\text{р}}} \tag{5-16}$$

式中　$\rho_{\text{к}}$——盐酸的密度，取 1.1 t/m^3。

13　酸性溶液的注入量为 180 m^3，其间供有水或表面活性剂。

表面活性剂和水的吸入的工作速度 $q_{\text{р}}(\text{m}^3/\text{s})$ 为：

$$q_{\text{р}} = \frac{R_{\text{э}} - 90}{3.5} \cdot \sqrt{\frac{\pi m n_{\text{э}}}{Q'}} \tag{5-17}$$

式中　$Q' = Q_{\text{ж}} - Q_{\text{к.р}} - 200$，$\text{m}^3$。

14　在液体注入的工作速度条件下，钻孔孔口预期压力 $P_{\text{ус}}(\text{MPa})$ 为：

$$P_{\text{ус}} = (0.02 \sim 0.025) H \tag{5-18}$$

式中　H——煤层赋存深度，m。

15　在周期性的压风水力作业下，在每个后续循环中工作介质压入的速度和体积比上一个循环高 15%~20%。循环的数量由裂隙的个数（采纳地质工作者的建议）确定。

16　在工作介质的气动作用下，注入的总量应满足条件：

$$Q_{\text{п.г.в}} \geqslant Q_{\text{ж}} \tag{5-19}$$

工作介质体积的确定：

$$Q_{\text{п.г.в}} = Q_{\text{г.о}} + Q_{\text{р.ж}} \tag{5-20}$$

式中　$Q_{\text{г.о}}$、$Q_{\text{р.ж}}$——分别为在压注压力条件下气态工作介质和液态工作介质体积。

17　在压风水力作用下，注入的工作液体的总量为：

$$Q_{\text{P.ж}} = \frac{Q_{\text{ж}} P_{3.\text{в}} Z}{P_{3.\text{в}} Z + (30 \sim 50) P_0} \tag{5-21}$$

式中　$P_{3.\text{в}}$——气体介质注入的压力，MPa；

　　　P_0——大气压力，MPa；

　　　Z——气体压缩系数。取决于压注的压力，按表选取。

18　在最后一个循环中，为了保证必需的处理半径，液体压注的工作速度 $q_{\text{P}}(\text{m}^3/\text{s})$ 为：

$$q_{\text{P}} = \frac{R_{\text{э}} - 90}{3.5} \cdot \sqrt{\frac{\pi m n_{\text{э}}}{Q_{\text{ж}}}} \tag{5-22}$$

19　对于每一循环，根据处理半径和压注量煤层对工作介质的饱和程度，据此修正有效孔隙率。

20　在处理带全部渗透容积充满的条件下，进行气动作用时向煤体压注的气态工作介质的体积 $V(\text{m}^3)$ 的确定：

$$V = \pi R_{\text{э}}^2 m_{\text{п}} n_{\Phi} \frac{P_{\text{CP}}}{Z P_0} \cdot \frac{T_{\text{в}}}{T_0 + \Delta T_{\text{пл}}} K_1 \tag{5-23}$$

式中　　　m——煤层（分层）厚度，m；

　　　　　n_{Φ}——煤层对瓦斯的渗透孔隙率，小数；

　　　　　P_{CP}——气体介质的平均压力，其中 $P_{\text{CP}} = \dfrac{P_{3.\text{в}} + P_{\text{ПЛ}}}{2}$，MPa；

　　　　　$P_{3.\text{в}}$——气体介质（空气）的注入压力，MPa；

　　　　　$P_{\text{ПЛ}}$——煤层中的瓦斯压力，MPa；

　　　　　$T_{\text{в}}$——压注空气的温度，℃；

　　　　　T_0——煤层的原始温度，℃；

　　　　　$T_{\text{ПЛ}}$——压注空气后的煤层温度，其中 $T_{\text{ПЛ}} = T_0 + \Delta T_{\text{ПЛ}}$，℃；

　　　　$\Delta T_{\text{ПЛ}}$——由于压注空气而造成的煤层温度增量。在缺少压风对煤层温度影响资料的
　　　　　　　　　情况下，其温度取 $T_{\text{ПЛ}} = T_0$，℃；

　　　　　K_1——空气损失总系数（1.2～1.8）。

21　抽出的瓦斯总量 q' 取决于开采层瓦斯含量和钻孔运行时间，由下式确定：

$$q' = a' \frac{\ln t_{\text{r}}}{k_0} + b' \tag{5-24}$$

式中　a'、b'——系数，取值见附表5-4；

　　　t_{r}——水力裂解钻孔的开发和运转时间即抽放周期（$t_{\text{r}} > 3y$）；

　　　k_0——换算系数，$k_0 = 1y$。

附表5-4　系数 a'、b' 的值

系　数	单　位	在煤层原始瓦斯含量条件下		
		10～15	15.1～20	20.1～25
a'	m^3/t	2.1～2.8	2.9～3.3	3.4～3.7
b'	m^3/t	0.7～1.0	1.1～1.4	1.5～1.9

注：用内插法确定区间内系数 a'、b' 的值。

抽放回采区段

22　水力裂解后施工顺层钻孔对已圈定的或准备开采的回采区段进行预抽时，水力裂解钻孔沿回采区段的中间布置。

在这种情况下 $R'_э(\mathrm{m})$ 的确定：

$$R'_э = 0.5 l_{оч} \tag{5-25}$$

由安装硐室到第一个水力裂解钻孔的距离 $R'(\mathrm{m})$：

$$R' = 0.35 l_{оч} \tag{5-26}$$

式中　$l_{оч}$——采面长度，m。

23　沿着区段布置的随后的水力裂解钻孔之间的距离 $R''_э(\mathrm{m})$ 的计算：

$$R''_э = K_т \cdot l_{оч} \tag{5-27}$$

式中　$K_т$——系数，取 0.9~1.3。

$R''_э$ 的取值应考虑到相邻钻孔作用带的重叠和煤层的主裂隙方向。

24　向回采区段煤层中注入的工作液体量按式（5-14）确定。

25　向回采区段注入的表面活性剂或水溶液的工作速度 $q_3(\mathrm{m}^3/\mathrm{s})$ 的确定：

$$q_3 = 0.005 R_э \cdot \sqrt{\frac{\pi m n_э}{Q_ц}} \tag{5-28}$$

式中　$Q_ц$——1 个循环的液体注入量，m^3。

26　在水力裂解带中的顺层钻孔之间的距离 $R^г_с(\mathrm{m})$ 的计算：

$$R^г_с = K_{и.г} R_с \tag{5-29}$$

式中　$R_с$——不采取煤层瓦斯排放强化手段时的顺层抽放钻孔的间距，根据经验或式（1）确定；

　　　　$K_{и.г}$——煤层瓦斯排放强化系数。根据经验确定系数 $K_{и.г}$ 的值，为 1.5~3。

27　根据煤系地层中每个煤层的预抽准备要求确定对围岩的作用参数，取决于煤层赋存和开采的矿山地质和矿山技术条件。

附录6　下层先采时缓倾斜和倾斜煤层的抽放

1　在回采区段，采用下列钻孔布置方式对邻近的下部被采动煤岩层进行抽放：
(1) 由被煤柱与采空区隔离的巷道施工钻孔（附图6-1）。
(2) 由采面后方维护的巷道施工钻孔（附图6-2）。
(3) 由采面后方报废的巷道施工钻孔（附图6-3）。
(4) 由两条以上的巷道施工钻孔（附图6-4）。

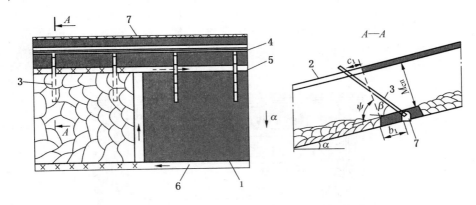

1—开采层；2—邻近层；3—抽放钻孔；4—瓦斯管路；5—回风平巷；6—运输平巷；7—被煤柱保护的巷道；
α—煤层倾角；ψ—顶板岩石卸压角；β—钻孔仰角；$M_{\text{C.П}}$—开采层至邻近层的法向距离；
b_1—煤柱宽度（保护带）；c_1—考虑到钻孔可能偏离指定方向的备用量

附图6-1　由被煤柱保护的巷道施工钻孔的下部被采动的邻近层的抽放方式

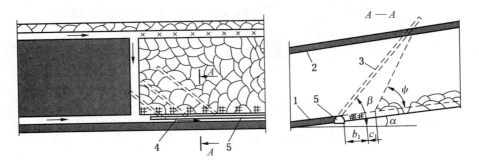

1—开采层；2—下部被采动煤层；3—抽放钻孔；4—瓦斯管路；5—采面后方维护的巷道；
α—煤层倾角；ψ—顶板岩石卸压角；β—钻孔仰角；b_1—保护带宽度；
c_1—考虑到钻孔可能偏离指定方向的备用量

附图6-2　由采面后方维护的巷道施工钻孔的下部被采动的缓倾斜煤层的抽放方式

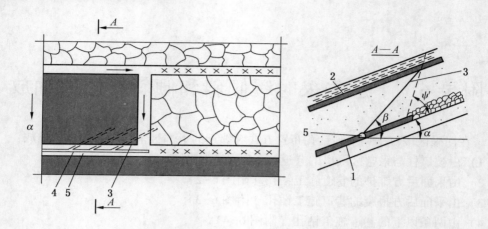

1—开采层；2—下部被采动煤层；3—钻孔；4—瓦斯管路；5—回风平巷；

β—钻孔仰角；α—在钻孔平面内的煤层倾角；ψ′—在钻孔平面内的顶板岩石卸压角

附图6-3　由采面后方报废的巷道迎向移动的回采工作面施工钻孔的下部被采动的煤层的抽放方式

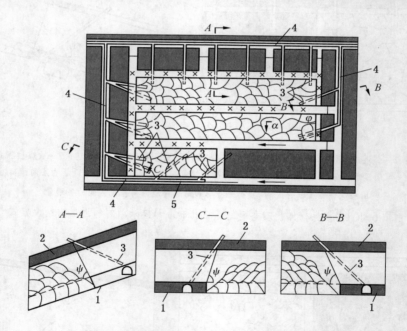

1—开采层；2—邻近层；3—钻孔；4—瓦斯管路；5—回风巷道；

ψ—顶板岩石卸压角；φ—钻孔在水平面上的投影与该平面内巷道轴线垂线之间的夹角

附图6-4　在采区内下部被采动的煤层的综合抽放方式

2　钻孔施工参数的选择，应使钻孔穿过距离开采层法向距离 $M_{C.\Pi}$ 不大于 60 m 的下部被采动煤层中最厚煤层的卸压带中。

如果在该间距内没有下部被采动煤层（煤层赋存距离 $M_{C.\Pi} > 60$ m），则将钻孔施工到最近的下部被采动煤层或者距离 $M_{C.\Pi} < 60$ m 范围内的坚硬岩层。

在回采区段工作面后方存在被煤柱保护的巷道时，由该巷道在煤柱上方向下部被采动煤层施工抽放钻孔。

由采面后方报废巷道迎向移动的回采工作面施工钻孔的下部被采动煤层的抽放方式应用在：回采工作面推进速度小于1.5 m/d的回采区段；采面后方巷道报废但与钻孔相连接的瓦斯管路在巷道报废区域被保护的回采区段。

3　为了提高采面后方巷道报废的回采区段的抽放率，回采区段说明书规定采取措施保护钻孔孔口和瓦斯管路，将遗留在采空区中的钻孔与瓦斯管路接通。

4　为了在基本顶第一次垮落期间抽放邻近层，由下山（附图6-4）或安装硐室后方掘进的准备巷道补充施工侧翼钻孔。钻孔孔口距离安装硐室应不小于5 m（附图6-5）。

5　连续开采法时，在回采工作面后方，朝着工作面推进方向由回风和/或运输巷道向邻近层施工钻孔。

6　在瓦斯涌出量高和瓦斯涌出量主要来自于下部被采动的煤层的回采区段，采区井下钻孔综合抽放方式（附图6-5）。

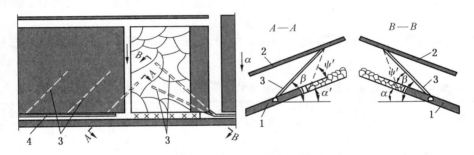

1—开采层；2—下部被采动煤层；3—钻孔；4—瓦斯管路

α'—在钻孔平面内的煤层倾角；ψ'—在钻孔平面内的顶板岩石卸压角；β—钻孔仰角

附图6-5　在基本顶第一次垮落期间的下部被采动的煤层的抽放方式

7　根据本细则附录7中的公式计算钻孔参数。根据煤层开采具体的矿山技术条件下的实际抽放率的资料，对根据公式计算的钻孔参数进行修正。

8　在使用可以施工长定向钻孔的打钻技术的情况下，采取的邻近层抽放方式如附图6-6和附图6-7所示。由侧翼巷道（附图6-6）或区段巷道（附图6-7）顺着条带迎着回采工作面施工钻孔。钻孔在采面中沿煤层走向的水平部分或沿煤层倾向（仰斜）的倾斜部分布置在邻近层中，并应在煤层卸压之前施工完毕。

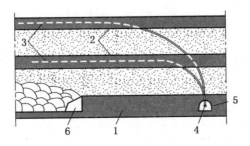

1—开采层；2—邻近层；3—抽放钻孔；4—瓦斯管路；5—侧翼巷道；6—回采工作面

附图6-6　由侧翼巷道顺着条带施工钻孔的邻近层的抽放方式

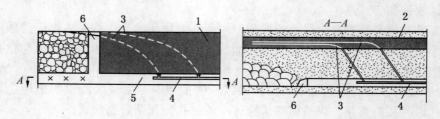

1—开采层；2—邻近层；3—抽放钻孔；4—瓦斯管路；5—区段巷道；6—回采工作面

附图 6-7　由区段巷道向邻近层施工定向钻孔的抽放方式

9　为了抽放岩石冒落带上方的下部被采动煤层，使用与矿井大气相隔离的瓦斯排放巷道。瓦斯排放巷顺着回采条带掘进，至回风巷道的距离为 $(0.25 \sim 0.35) l_{оч}$，借助于插入巷道密闭墙后方的管路，连接抽放系统。

为了强化邻近层抽放过程，在瓦斯排放巷掘进过程中，由瓦斯排放巷向邻近层施工抽放钻孔。

10　由巷道施工钻孔的下部被采动煤层的最大可能抽放率和钻孔的运行状态见附表6-1。

附表 6-1　由巷道施工钻孔的下部被采动的缓倾斜和倾斜煤层抽放方式最大可能效率

抽 放 方 式	钻孔布置方案	钻孔布置方案和使用条件	瓦斯源抽放率	钻孔孔口最小负压	
				kPa	mmHg
方式1：由被煤柱与区段（开采条带）隔开的巷道施工钻孔	1a	在回风流巷道上方，向平行于回采工作面的平面内施工钻孔（附图6-1）	0.6	13.3	100
	1b	同上，但钻孔在进风巷道上方施工	0.5	13.3	100
方式2：由采面后方维护的巷道施工钻孔	2a	在采面后方保留巷道，由回风巷道向回采工作面方向偏转施工钻孔（附图6-2）	0.5	6.7	50
	2b	同上，在安装硐室上方施工补充钻孔	0.6	6.7	50
方式3：在回采工作面前方，由采面后方报废的巷道施工钻孔	3a	由回风巷道迎着回采工作面施工钻孔（附图6-3）	0.3	6.7	50
	3b	同上，但再安装硐室上方补充施工钻孔（附图6-5）	0.4	6.7	50
方式4：由采区巷道施工钻孔（综合抽放方式）	4	由采区巷道和采面后方维护的巷道施工钻孔（附图6-4）	0.7~0.8	6.7~13.3*	50~100*
方式5：在邻近层平面内迎着回采工作面方向施工超长定向钻孔	5a	由侧翼巷道顺着条带施工钻孔（附图6-6）	0.7~0.8	13.3	100
	5b	由区段巷道顺着条带施工钻孔（附图6-7）	0.6~0.7	13.3	100

注：＊对于在工作面后方向回采工作面方向施工的钻孔最小值。

附录7　下部被采动的缓倾斜和倾斜煤层抽放参数的确定

1　根据附表 7-1 中所示的公式，确定由采区巷道向下部被采动煤层施工的钻孔的参数（本细则附录 6 中的附图 6-1）。

2　由侧翼巷道施工钻孔时（本细则附录 6 中的附图 6-4），钻孔参数由钻孔在水平面上的投影与该平面内巷道轴向的垂线之间的夹角 φ 给定。钻孔的其余参数根据附表 7-2 中的公式确定。

3　由采面后方维护的巷道向回采工作面施工展开钻孔时（本细则附录 6 中的附图 6-2 和附表 6-1），钻孔参数由 a_1 值给定或根据下式计算：

$$a_1 = L_\text{Б} + 1.3 t_{\text{Б.г}} v_\text{оч} \frac{M_\text{с.п}}{\tan\psi} \tag{7-1}$$

式中　　$L_\text{Б}$——由回采工作面至钻机安装地点的距离，m；

$t_\text{Б.г}$——钻机安装、打钻、封孔和接通瓦斯管路所必需的时间，d；

$v_\text{оч}$——回采工作面推进速度，m/d；

$M_\text{с.п}$——开采层与邻近的被抽放煤层之间的法向距离，m；

ψ——下部被采动岩石的卸压角，可根据经验或附表 7-3 确定，(°)。

4　根据附表 7-4 确定 b_1（巷道附近阻止岩石强烈卸压的带宽，在该处施工钻孔）。

5　迎向回采工作面施工钻孔时，在同一比例的绘图板上或采掘工程剖面图复件上和抽放地段含煤岩层垂直剖面图上，利用图解法确定抽放钻孔参数。

在采面沿走向的垂直剖面图上（附图 7-1），由对应于钻孔孔口的点 A 沿煤层倾斜方向作线段 $AK = c_1 + b_1$。

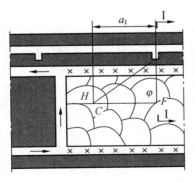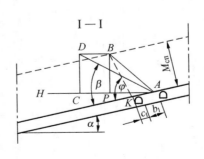

附图 7-1　确定向下部被采动煤层施工的钻孔参数的图解法

附表 7-1　抽放下部被采动的缓倾斜和倾斜煤层的钻孔参数

钻孔施工地点的巷道掘进	在平行于工作面的平面内施工钻孔 ($\alpha_1=0,\ \varphi=0$)		偏离煤层倾向（仰斜）线或走向线施工钻孔		
	钻孔相对于水平面的倾角/(°)	钻孔长度/m	钻孔转角/(°)	钻孔相对于水平面的倾角/(°)	钻孔长度/m
沿煤层走向	$\tan(\beta\pm\alpha)=\dfrac{M_{C.\Pi}+h}{b_1+c_1+M_{C.\Pi}\cot\psi}$	$l_c=\dfrac{M_{C.\Pi}+h}{\sin(\beta\pm\alpha)}$	$\tan\varphi=\dfrac{a_1}{[(b_1+c_1+M_{C.\Pi}\cot\psi)\cos\alpha\pm(M_{C.\Pi}+h)\sin\alpha]}$	$\tan\beta=[(M_{C.\Pi}+h\pm b_1+c_1+M_{C.\Pi}\cot\psi)\tan\alpha]\dfrac{\sin\varphi\cos\alpha}{a_1}$	$l_c=\dfrac{a_1}{\sin\varphi\cdot\cos\beta}$
沿煤层云倾斜或仰斜	$\tan\beta=\dfrac{M_{C.\Pi}+h}{(b_1+c_1+M_{C.\Pi}\cot\psi)\cos\alpha}$	$l_c=\dfrac{M_{C.\Pi}+h}{\sin\beta\cdot\cos\alpha}$	$\tan\varphi=\dfrac{a_1}{b_1+c_1+M_{C.\Pi}\cot\psi}$	$\tan\beta=\dfrac{M_{C.\Pi}+h\pm(a_1\sin\alpha)\sin\varphi}{a_1\cos\alpha}$	$l_c=\dfrac{a_1}{\sin\varphi\cdot\cos\beta}$

注：1. 表中公式字母含义如下：

φ—钻孔在水平面上的投影与该平面内巷道轴向的垂线之间的夹角，(°)；

β—钻孔相对于水平面的倾角（钻孔轴向与水平面之间的夹角），(°)；

$M_{C.\Pi}$—由开采近层采向距离，m；

b_1—钻孔施工地点巷道附近的阻止岩石卸层的带宽（保护带宽度），m（取 5~10 m）；

c_1—考虑钻孔可能偏离指定方向的备用量，m；

ψ—从层理平面计算的下部被采动岩层的卸压角，(°)；

h—钻孔孔口至开采层顶板的方向取下部采动岩层顶板下方距离（如果钻孔孔口位于煤层层顶板下方取正正值，否则取负值），m；

α—煤层倾角，(°)；

a_1—钻孔轴线在巷道轴线水平投影上的投影，m。

2. 在此处以后，当顺着煤层倾向施工钻孔时取上标符号（+或−），当顺着煤层仰斜施工钻孔时取下标符号。

附表 7-2　由侧翼巷道施工的抽放下部采动煤层的钻孔参数的确定

侧翼巷道	钻孔相对于水平面的倾角/(°)	钻孔长度/m
水平	$\beta=\arctan\dfrac{\dfrac{M_{C.\Pi}}{\sin\psi}\sin(\psi\pm\alpha)\pm b_1\sin\alpha+\dfrac{h}{\cos\alpha}}{\dfrac{1}{\cos\psi}\left[\dfrac{M_{C.\Pi}}{\sin\psi}\cos(\psi+\alpha)+b_1\cos\alpha\right]}$	$l_c=\dfrac{1}{\cos\varphi\cos\beta}\left[\dfrac{M_{C.\Pi}\cos(\psi+\alpha)}{\sin\psi}+b_1\cos\alpha\right]$
倾斜	$\beta=\arctan\dfrac{\dfrac{M_{C.\Pi}+h}{\cos\alpha}\pm(b_1+M_{C.\Pi}\cot\psi)\tan\varphi\tan\alpha}{\dfrac{b_1+M_{C.\Pi}\cot\psi}{\cos\varphi}}$	$l_c=\dfrac{b_1+M_{C.\Pi}\cot\psi}{\cos\varphi\cos\beta}$

附表7-3　下部被采动岩层的卸压角

层间岩性	层间全部厚度的比例	卸压角 ψ/(°)
砂岩和粉砂岩	>80	50~55
砂岩和粉砂岩	50	60~65
泥岩	50	60~65
泥岩	60	65~70
砂岩和粉砂岩	40	65~70
泥岩	>80	70~80

附表7-4　阻止钻孔破坏的带宽

钻孔施工地点巷道的保护方法	巷道附近阻止岩石卸压的带宽 b_1/m
留煤柱	$l_{\text{Ц}}+5$
架设宽度小于10 m的木垛、料石垛、料石带	5
架设宽度大于10 m的料石带	$0.5 l_{\text{Б}}$

注：$l_{\text{Ц}}$ 为煤柱宽度；$l_{\text{Б}}$ 为料石带宽度。

由点 K 以下部被采动岩层卸压角角度 ψ（相对于煤层倾斜线）作直线 KB 至被抽放的下部被采动煤层。线段 AB 为钻孔在经过点 A 的垂直面上的投影。由点 B 向经过点 A 所做的水平线 AH 上画垂线 BF。

在采掘工程平面图上，在平行于回风平巷距离为 AF 的地方做直线 FH，AF 的大小从剖面图得到。由点 A 沿煤层走向线作长度等于 a_1 的线段 AG，然后由点 G 作线段 AG 的垂线 GC 与 FH 相交。线段 AC——钻孔在水平面上的投影，$\angle FAC$——所求的钻孔转角 φ。

在垂直剖面图上，由水平线 AH 上的点 A 作线段 AC，AC 的大小由采掘工程剖面图上获得。由点 C 作等于 BF 的垂线 CD。线段 AD 为按比例所求的钻孔长度，$\angle DAC$ 为所求的钻孔相对于水平面的倾角（β）。

6　在平行于回采工作面的平面内施工钻孔时（$\varphi=0$），类似地用图解法确定钻孔参数。在这种情况下，线段 AB 在垂直平面上等于相应比例的钻孔长度，$\angle BAF$ 为钻孔相对于水平面的倾角（β）。

7　向安装硐室上方施工钻孔时（附图7-2），在垂直剖面图上，在沿煤层走向线垂直于层理的平面内开始几何作图，在此处画上 b_1 和 c_1 并以角度 ψ 作直线 KB。在采掘工程剖面图上，在水平线 AH 上标出线段 $AG=a_1$，并重建垂线 GC（因为给定了角度 φ，线段 $GC=a_1\tan\varphi$）。然后在垂直剖面上确定点 D 即钻孔底部的位置：在水平线 AH 上标出线段 AC，其长度从剖面图上测得，并重建与水平线 AH 平行的垂线 CD 至直线 BD。$\angle CAG$ 为在平面图上钻孔相对于煤层走向线的转角（角 φ），$\angle CAD$ 为在剖面图上钻孔相对于水平面的倾角（角 β），线段 AD 为按比例的钻孔长度。

8　由采面后方维护的巷道向回采工作面施工展开钻孔时（附图7-3），首先给定钻孔轴线在巷道轴线水平投影上的投影长度（a_1），其大小比钻孔施工硐室间距大 15~20 m。

在垂直剖面图上，由点 A 作线段 $AK=b_1+c_1$（b_1 等于被维护的巷道宽度与钻孔孔口到巷道的距离之和）。由点 K 以角度 ψ 作直线 KB。由点 B 向下作垂线 BF。

由点 A（见水平剖面图）作线段 AG，其大小等于 a_1，然后由点 G 重建垂线 GC。

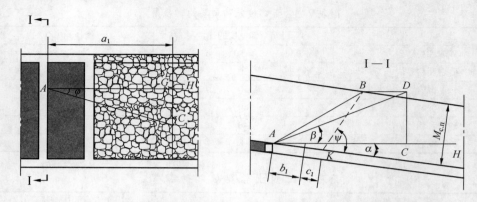

附图 7-2 确定向下部被采动煤层安装硐室上方施工的钻孔参数的图解法

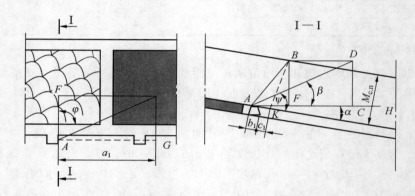

附图 7-3 确定由工作面后方维护巷道施工的钻孔参数的图解法

∠*FAC* 为所求的钻孔相对于煤层倾向线的转角 φ。然后确定点 *D* 即钻孔底部的位置。∠*DAC* 为所求的钻孔倾角 β，线段 *AD* 为按比例的钻孔长度。

9 在向下部被采动煤层施工钻孔的其他方案条件下（附图 7-4～附图 7-7），类似于上述方法确定钻孔参数。

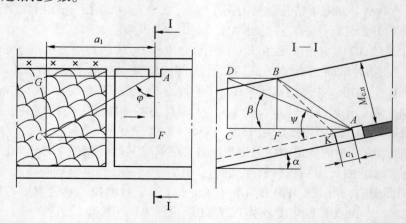

附图 7-4 确定迎向工作面向下部被采动煤层施工的钻孔参数的图解法

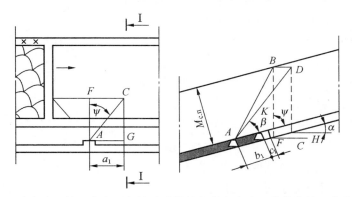

附图 7-5　确定由运输平巷向下部被采动煤层仰斜方向施工的抽放钻孔参数的图解法

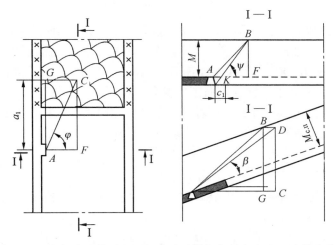

附图 7-6　确定由采面后方报废的巷道向下部被采动煤层仰斜方向施工的抽放钻孔参数的图解法

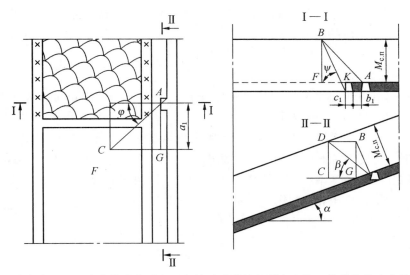

附图 7-7　确定由采面后方维护的巷道向下部被采动煤层倾斜方向施工的抽放钻孔参数的图解法

10 在开采层平面内，由采面工作面至邻近层向钻孔的最大甲烷涌出量带投影位置的距离 $L_{\max}$ 的计算：

$$L_{\max} = K_1' M_{\text{C.П}} + N_1 \qquad (7-2)$$

式中　　$M_{\text{C.П}}$——由开采层至邻近层的法向距离，m；

　　　　K_1'、N_1——经验系数。

在进行抽放工程时，根据实际资料修正距离 $L_{\max}$。N_1 取 3.3，K_1' 根据下式计算：

$$K_1' = D - Ae^{-\varepsilon v_{\text{Оч}}} \qquad (7-3)$$

式中　D、A、ε——系数，分别取 2.13、2.4 和 0.66；

　　　　$v_{\text{Оч}}$——回采工作面推进速度，m/d。

11 利用国产钻机施工井下钻孔，回采工作面推进速度对邻近层抽放率 $K_{\text{Д.С.П}}$ 的影响：

$$K_{\text{Д.С.П}} = B_{\text{Л}} - \beta_{\text{Л}} v_{\text{Оч}} \qquad (7-4)$$

式中　$B_{\text{Л}}$、$\beta_{\text{Л}}$——经验系数，在不同的矿山地质条件下分别等于 0.5~0.7 和 0.017~0.18。

在回采工作面后方维护回风巷道的区段 $\beta_{\text{Л}} = 0.017 \sim 0.022$，而在回采工作面后方巷道报废的区段 $\beta_{\text{Л}} = 0.08 \sim 0.18$。在回采工作面后方回风巷道报废的回采区段，在回采工作面推进速度小于 2~2.5 m/d 的采面使用向下部被采动煤层施工的钻孔。

12 由最大瓦斯涌出量带开始，沿着开采条带，在回采区段抽出的瓦斯混合气体中的甲烷流量 $G_{\text{Д}}'(\text{m}^3/\text{min})$ 和甲烷浓度 $c_{\text{M}}(\%)$ 按下述关系变化：

$$G_{\text{Д}}' = G_{\max}' - b_{\text{c}} L' \qquad (7-5)$$

$$c_{\text{M}} = c_{\max}' - K_{\text{c}} L' \qquad (7-6)$$

式中　$G_{\max}'$、$c_{\max}'$——分别为在距离安装硐室 $L_{\max}$ 时钻孔中的甲烷流量（m^3/min）和甲烷浓度（%）；

　　　　b_{c}、K_{c}——对于不同抽放方式的经验系数，分别为 0.001~0.009 和 0.006~0.057；

　　　　L'——自最大瓦斯涌出量带开始（基本顶第一次冒落后）已开采的回采区段的长度，m。

$$L' = L - L_{\max}' \qquad (7-7)$$

式中　L——回采区段长度，m；

　　　　$L_{\max}'$——（在开采层平面内）安装硐室至钻孔最大瓦斯涌出量带（基本顶第一次冒落之后）投影位置的距离，m。

13 向下部被采动煤层施工的钻孔的间距根据诺模图（附图 7-8）确定。

14 根据本细则附录 6 中附图 7-1 和附图 7-2 所示的方法向下部被采动煤层施工抽放钻孔之前，钻孔间距根据诺模图（附图 7-8）确定，取决于邻近的下部被采动煤层必需的抽放率、可能的钻孔负压和反映第 i 个邻近层瓦斯排放量的系数 a_i'。

系数 $a_i'(1/\text{ms})$ 按下式计算：

$$a_i' = \frac{I_{\text{C.П}}}{60 L_{\max i}^2 l_{\text{Оч}} \sum m_i \left(1 - \dfrac{M_{\text{C.П}i}}{M_{\text{P}}}\right)} \qquad (7-8)$$

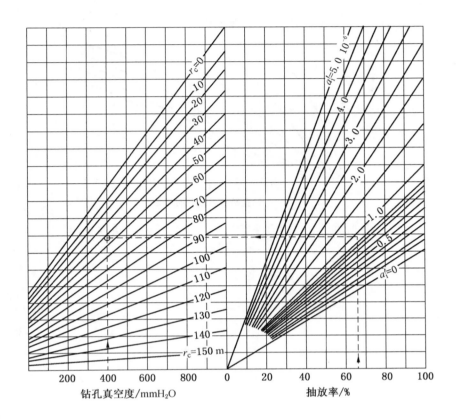

附图7-8 向下部被采动煤层施工的钻孔间距的确定

式中 $I_{с.п}$——由邻近层和围岩向巷道中的瓦斯涌出量，其中 $I_{с.п} = \dfrac{A_{сут}q_{с.п.п}}{1440}$，$m^3/min$；

$A_{сут}$——采面日产量，t/d；

$q_{с.п.п}$——邻近的下部被采动煤层的瓦斯涌出量，m^3/t；

L_{maxi}——在开采层平面内，由采面工作面至第 i 个被抽放煤层最大瓦斯涌出量带投影位置的距离，m；

$l_{оч}$——采面长度，m；

m_i——被抽放的第 i 个邻近层的厚度，m；

$M_{с.пi}$——开采层与第 i 个邻近层之间的法向距离，m；

M_p——由开采层至瓦斯涌出量几乎为零的邻近层之间的法向极限距离，m。

15 从工作面后方报废的巷道施工钻孔时，引入抽放率减小的系数，其大小根据诺模图（附图7-9）确定。

16 回采区段抽放工程结束后，根据回采区段进行抽放工程整个期间得到的资料，使式（7-2）~式（7-8）中的指标更加准确。

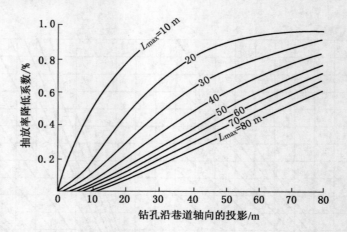

附图7-9　在巷道随采面报废的区段邻近层抽放率降低

附录 8　上部被采动的缓倾斜和倾斜煤层抽放

1　由开采层巷道向被抽放煤层施工钻孔（附图 8-1～附图 8-2），或者由沿上部被采动煤层掘进的巷道中在被采动煤层的平面内布置钻孔（附图 8-3），对上部被采动煤层进行抽放。

钻孔平行于回采工作面或指向回采工作面施工。

2　当上部被采动煤层至开采层的法向距离小于 45 m 时，对上部被采动煤层进行抽放。

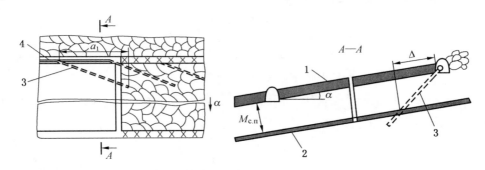

1—开采层；2—上部被采动煤层；3—抽放钻孔；4—瓦斯管路；

α—煤层倾角；a_1—钻孔轴向在巷道轴向水平投影上的投影；$M_{\mathrm{c.n}}$—开采层与邻近层之间的法向距离；

Δ—钻孔底部在煤层上的投影至邻近层卸压带边界的距离（在开采层平面内）

附图 8-1　使用采面后面巷道报废的壁式开采法时由回风巷道施工钻孔的上部被采动煤层抽放方式

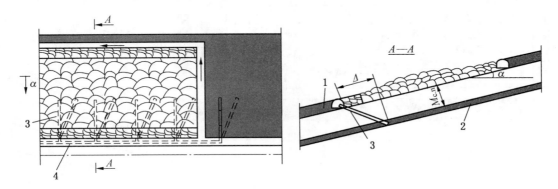

1—开采层；2—上部被采动煤层；3—抽放钻孔；4—瓦斯管路；

α—煤层倾角；$M_{\mathrm{c.n}}$—开采层与邻近层之间的法向距离；Δ—钻孔底部在煤层上的投影至邻近层卸压带边界的距离（在开采层平面内）

附图 8-2　由在采面后面维护的运输巷道施工钻孔的上部被采动煤层抽放方式

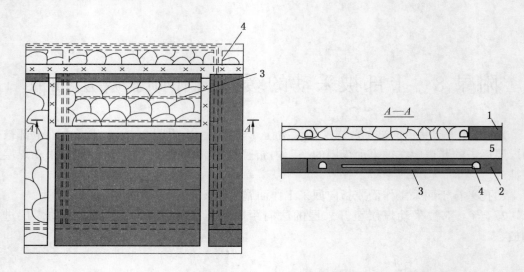

1—开采层；2—上部被采动煤层；3—沿上部被采动煤层施工的抽放钻孔；

4—抽放管路；5—沿上部被采动煤层布置的巷道

附图8-3　顺层钻孔的上部被采动煤层抽放方式

3　在沃尔库塔煤田矿井条件下，按附图8-4所示的方式和附表8-1所示的钻孔布置参数对上部被采动煤层进行抽放。

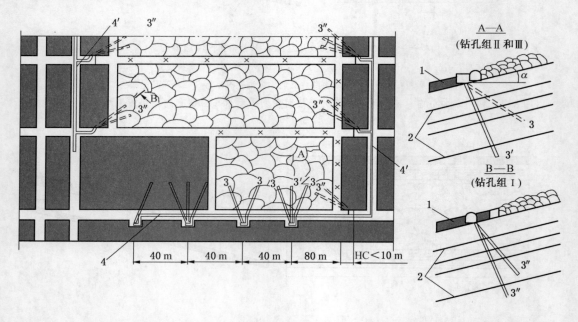

1—开采层；2—上部被采动煤层；3—向近处的邻近层施工的钻孔；3′—向远处的邻近层施工的钻孔；

3″—向安装-拆卸硐室下方施工的钻孔（侧翼钻孔）；4、4′—抽放管路；α—煤层倾角

附图8-4　由采区巷道扇形布孔的上部被采动煤层抽放方式

附表8-1　钻　孔　技　术　参　数

指　　标	单位	钻　　孔　　组		
		Ⅰ（孔3″）	Ⅱ（孔3）	Ⅲ（孔3′）
钻孔相对于巷道轴向的转角	（°）	10~50	55~70	80~90
钻孔倾角	（°）	20~60	20~45	55~80
开采层至被抽放煤层的距离	m	10~45	10~30	30~45
硐室（钻孔组）间距	m	—	40	80
钻孔底部间距	m	15~20	15~20	80
钻孔组的孔数，不少于	个	2	2	1
钻孔封孔长度，不小于	m	15	10	10
封孔方法		水泥浆、化学树脂（泡沫）		

4　对石门揭露的上部被采动煤层进行抽放时，钻孔在煤层平面内扇形布置，在煤层被回采作业卸压之前施工完毕。

5　钻孔孔口封孔深度不小于10 m。

6　按本细则附录9所示的建议确定方案参数，并随后进行修正。

7　由巷道施工钻孔的下部被采动煤层的最大可能抽放率见附表8-2。

附表8-2　缓倾斜和倾斜上部被采动煤层的抽放率

抽　放　方　式	瓦斯源抽放率	钻孔孔口最小负压	
		kPa	mmHg
方式1：由沿上部被采动煤层掘进的巷道施工钻孔（附图8-3）	0.5~0.6	6.7	50
方式2：壁式开采法时由采面回风报废的巷道施工钻孔（附图8-1）	0.3	13.3	100
方式3：连续（附图8-2）或壁式开采法时由采面回风维护的巷道施工钻孔	0.4	13.3	100
方式4：由采区巷道施工钻孔（附图8-4）	0.4~0.5	13.3	100

8　为了降低下行钻孔中的水位，对钻孔进行排水。

附录9　抽放上部被采动的缓倾斜和
倾斜煤层钻孔参数的确定

1　对于沃尔库塔煤田的矿井条件，按照本细则附录8中附图8-4所示的工艺方式向上部被采动煤层施工的钻孔技术参数合并为本细则附录8中的附表8-1。

2　在没有进行上部被采动煤层抽放试验的条件下，向这些煤层施工的钻孔参数根据附表9-1中的公式确定。在抽放工程进行过程中对钻孔参数进行修正。

3　根据附图9-1中所示的建议确定Δ值，并随后进行修正。

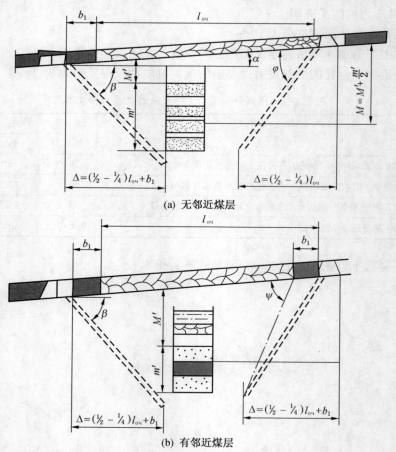

(a) 无邻近煤层

(b) 有邻近煤层

M'—开采层与被抽放的含瓦斯岩层之间的法向距离；m'—被抽放的岩层厚度；α—煤层倾角；

β—钻孔相对于水平面的倾角；b_1—阻止岩石卸压的带宽（煤柱宽度）；$l_{oч}$—采面长度；ψ—底板岩石卸压角

附图9-1　上部被采动的岩层抽放方式

附表 9-1　抽放上部被采动的缓倾斜和倾斜煤层的钻孔参数

巷道掘进	在平行于采面工作面的平面内施工钻孔（$a_1=0$；$\varphi=0$）		钻孔相对于倾斜（仰斜）线或走向线的转角		
	钻孔相对于水平面的倾角/(°)	钻孔长度/m	钻孔转角/(°)	钻孔相对于水平面的倾角（仰斜）/(°)	钻孔长度/m
沿煤层走向	$\tan(\beta \pm \alpha) = \dfrac{M}{b_1 + \Delta}$	$l_c = \dfrac{M}{\sin(\beta \pm \alpha)}$	$\tan\varphi = \dfrac{a_1}{(b_1 + \Delta)\cos\alpha \pm M\sin\alpha}$	$\tan\beta = \dfrac{[M \pm (\Delta + b_1)]\tan\alpha}{a_1}\sin\varphi\cos\alpha$	$l_c = \dfrac{a_1}{\sin\varphi\cos\beta}$
在开采层底板沿煤层走向	$\tan(\beta \pm \alpha) = \dfrac{M - h}{b_1 + \Delta}$	$l_c = \dfrac{M - h}{\sin(\beta \pm \alpha)}$	$\tan\varphi = \dfrac{a_1}{(b_1 + \Delta)\cos\alpha \pm (M - h)\sin\alpha}$	$\tan\beta = \dfrac{(M - h)(b_1 + \Delta)\tan\alpha}{a_1}\sin\varphi\cos\alpha$	$l_c = \dfrac{a_1}{\sin\varphi\cos\beta}$
沿煤层倾斜或仰斜	$\tan\beta = \dfrac{M}{(b_1 + \Delta)\cos\alpha}$	$l_c = \dfrac{M}{\sin\beta \cdot \cos\alpha}$	$\tan\varphi = -\dfrac{a_1}{b_1 + a_1}$	$\tan\beta = \dfrac{(M \pm a_1\sin\alpha)\sin\varphi}{a_1\cos\alpha}$	$l_c = \dfrac{a_1}{\sin\varphi\cos\beta}$

注：表中字母含义如下：

Δ—取决于采面长度和被抽放煤层卸压范围位置的数值，m；

h—由开采层顶板至岩石巷道的距离，m；

其余符号见本细则附录 7 中附表 7-1。

4 确定向上部被采动煤层施工的钻孔参数的图解法如附图9-2所示。

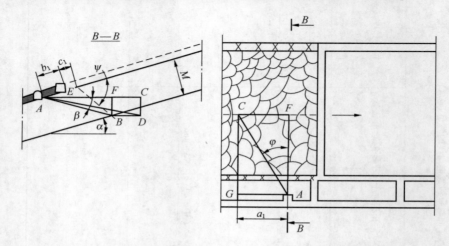

附图9-2 确定向上部被采动煤层施工的抽放钻孔参数的图解法

5 钻孔瓦斯涌出量最大值（在开采层平面内）的位置根据本细则附录7中所示的式（7-2）和式（7-3）确定，其中 $N_1=4$，D、A 和 ε 分别为3.48、3.34和0.49。

6 钻孔之间的距离根据附表9-2中的建议选取。

附表9-2 钻孔之间的距离和钻孔在巷道轴向水平投影上的投影值　　　　　　　　m

开采方法	开采方法和抽放方式	至向其施工钻孔的邻近层的距离	钻孔之间的距离	钻孔在巷道轴向水平投影上的投影值（a_1）
连续开采法或联合开采法	由下部平巷施工钻孔	10以下 10~20 20~30	15~20 20~25 25~30	0~50
	由下部平巷施工钻孔	10以下 10~20 20~30	10~15 15~20 20~25	0~50
壁式开采法	迎向回采工作面施工钻孔	10以下 10~20 20~30	10~15 15~20 20~25	30~50
	迎向回采工作面施工钻孔并将瓦斯管路留在报废的巷道中	10以下 10~20 20~30	10~15 15~20 20~25	20~40
	由沿下部煤层掘进的巷道施工钻孔	10以下 10~20 20~30	15~20 20~25 25~30	0~30

附录 10　急倾斜煤层抽放

1　在急倾斜煤层中采取邻近层抽放方式，钻孔从与其邻近的开采层巷道或岩石巷道（平巷，石门）施工。钻孔与被抽放煤层相交或在其平面内相互平行或扇形布置。

2　当煤组采取岩巷采准或集中采准方式时，与上部被采动煤层相交（附图 10-1）或在其平面内（附图 10-2~附图 10-4）施工钻孔进行抽放。并且钻孔应在上部被采动煤层开始卸压之前施工好。

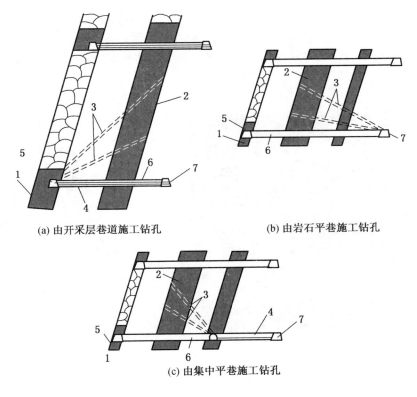

(a) 由开采层巷道施工钻孔　　　(b) 由岩石平巷施工钻孔

(c) 由集中平巷施工钻孔

1—开采层；2—邻近层；3—抽放钻孔；4—抽放管路；
5—运输平巷；6—区间石门；7—岩石平巷
附图 10-1　与其产状相交扇形布孔的上部被采动急倾斜煤层的抽放方法

3　如果区间石门穿过上部被采动煤层，则根据本附录附图 10-5 所示的方法，由上部被采动煤层被区间石门穿过的地方在其平面内扇形布孔。

4　当急倾斜煤层沿煤层采准时，由开采层巷道施工钻孔进行下部被采动煤层和上部被采动煤层的抽放（附图 10-6）。

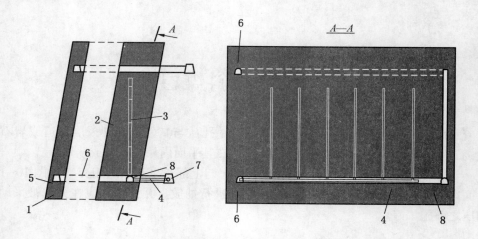

1—开采层；2—邻近层；3—抽放钻孔；4—抽放管路；
5—运输平巷；6—区间石门；7—岩石平巷；8—准备巷道

附图 10-2　由准备巷道沿上部被采动煤层布孔的上部被采动煤层的抽放方法

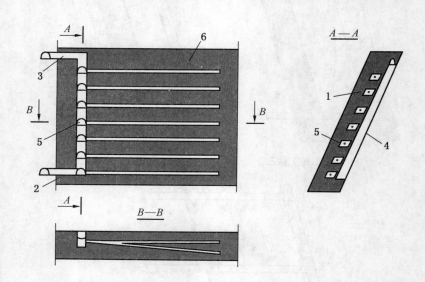

1—开采层；2—岩石平巷；3—区段石门；4—溜煤坡；5—硐室；6—抽放钻孔

附图 10-3　由亚阶段硐室沿煤层走向布孔的开采层的抽放方法

5　在走向长壁开采法的情况下，当平巷进入采面后报废时，迎着采面推进方向施工邻近层钻孔（附图 10-6a）。

6　在连续开采法的情况下，由开采层的运输和/或回风平巷向邻近层卸压区施工钻孔（附图 10-6b）。

7　由开采层巷道施工钻孔时，钻孔的封孔深部应不小于 10 m；在邻近层平面内或在被区间石门揭露的煤层平面内施工钻孔时，钻孔的封孔深部应不小于 6 m。

8　根据本细则附录 11 的建议，确定邻近急倾斜煤层的抽放参数，并随后进行修正。

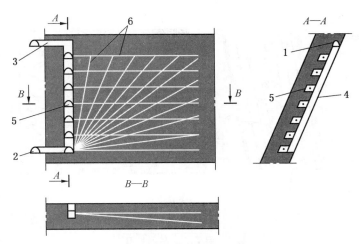

(a) 由亚阶段平巷和亚阶段硐室施工钻孔

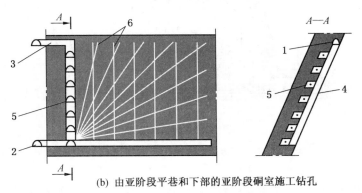

(b) 由亚阶段平巷和下部的亚阶段硐室施工钻孔

1—开采层；2—岩石平巷；3—区段石门；4—溜煤坡；5—硐室；6—抽放钻孔

附图10-4　由亚阶段硐室和下部亚阶段平巷施工交叉钻孔的开采层的抽放方法

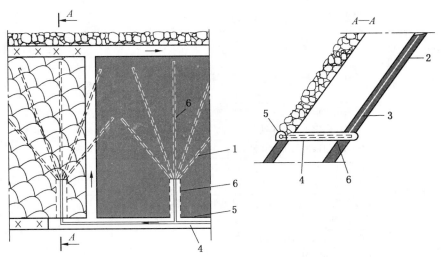

1—开采层；2—上部被采动煤层；3—抽放钻孔；4—抽放管路；5—开采层巷道；6—区间石门

附图10-5　由区间石门扇形布孔的上部被采动煤层的抽放方法

— 263 —

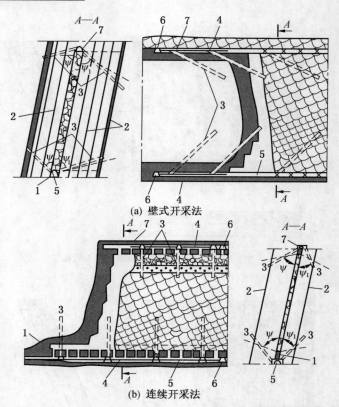

(a) 壁式开采法

(b) 连续开采法

1—开采层；2—邻近层；3—抽放钻孔；4—抽放管路；5—运输平巷；6—区间石门；7—回风平巷；

ψ—顶板岩石卸压角；ψ_1—底板岩石卸压角

附图 10-6　由开采层巷道施工钻孔的急倾斜邻近层的抽放方法

9　由巷道施工钻孔的邻近急倾斜煤层的最大可能抽放率见附表 10-1。

附表 10-1　邻近急倾斜煤层抽放方式最大可能抽放率

抽放方式	钻孔布置方式和应用条件	瓦斯源抽放率	孔口最小负压值	
			kPa	mmHg
钻孔与上部被采动煤层相交施工	由岩石平巷或集中平巷施工钻孔（附图 10-1b、附图10-1c）	0.5	6.7	50
	由开采层运输平巷施工钻孔（附图 10-1a）	0.4	6.7	50
沿上部被采动煤层仰斜施工钻孔	由开采层巷道平行施工钻孔（附图 10-2）	0.6	6.7	50
	由区间石门扇形施工钻孔（附图 10-5）	0.7	6.7	50
向下部被采动煤层和上部被采动煤层扇形施工钻孔	使用采面后方巷道报废、壁式开采法时，由运输平巷和回风平巷施工钻孔（附图 10-6a）	0.4	6.7	50
	使用连续开采法时，由运输平巷和回风平巷施工钻孔（附图 10-6b）	0.5	6.7	50
沿开采层施工钻孔	沿煤层走向施工钻孔（附图 10-3）	0.2	6.7	50
	交叉钻孔（附图 10-4）	0.3	6.7	50

注：在不能保证抽放管路中瓦斯混合气体的甲烷浓度大于25%时，允许降低抽放钻孔中的最小负压值。

附录11 急倾斜煤层抽放参数的确定

1 下部被采动和上部被采动急倾斜煤层的抽放参数根据它们的赋存和开采条件由回采区段说明书确定。

2 在不清楚煤层开采条件的情况下，抽放钻孔参数根据附表11-1所示的公式确定。

附表11-1 邻近急倾斜煤层抽放时钻孔倾角和长度的确定

邻近急倾斜煤层抽放方式	煤层倾角/(°)		钻孔长度/m
	相对水平面	相对煤层走向	
由岩石平巷或沿下部煤层掘进的巷道施工钻孔	$\mathrm{tg}\beta = \dfrac{h_\Pi \sin\alpha}{M'' m h_\Pi \cos\alpha}$	90	$l_\mathrm{C} = \dfrac{M'' + m}{\sin(180m\alpha - \beta)}$
由沿开采层掘进的巷道施工钻孔	$\mathrm{tg}\beta = \dfrac{h_\Pi \sin\alpha}{M'' m h_\Pi \cos\alpha} \sin\varphi$	φ	$l_\mathrm{C} = \sqrt{\dfrac{1}{\sin^2\varphi}(M'' m h_\Pi \cot\alpha)^2 + h_\Pi^2}$
由运输平巷沿上部被采动煤层的仰斜方向施工钻孔	$\beta = \alpha$	90	沿煤层仰斜方向比阶段高度小 5~10 m
由区间石门沿上部被采动煤层扇形施工钻孔	$\beta \leqslant \alpha$	5~90	剩余 5~10 m 不打穿回风平巷

注：h_Π 为沿垂直方向由运输水平到钻孔穿过邻近层位置的距离，沿垂直方向取 0.3~0.7 倍阶段高度。

M'' 为沿法线方向由岩石平巷到邻近层的距离。

3 在垂直于煤层走向的平面内施工钻孔时，用类似于确定缓倾斜煤层钻孔参数（本细则附录7）的图解法（附图11-1~附图11-4）确定抽放钻孔的参数。

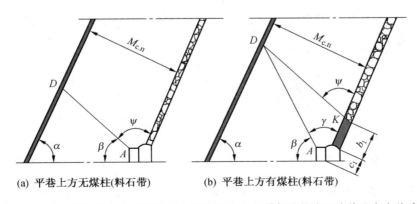

(a) 平巷上方无煤柱(料石带)　　(b) 平巷上方有煤柱(料石带)

附图11-1 在垂直于煤层走向的平面内由运输平巷向上覆邻近层施工的钻孔方向的确定方法

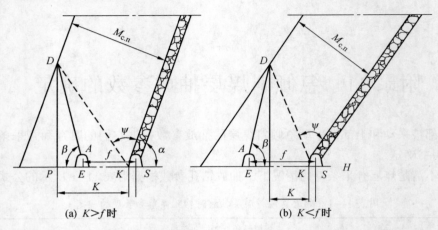

(a) K>f时　　　　　　　　(b) K<f时

附图 11-2　在平巷上方无煤柱（料石带）的情况下，垂直于煤层走向的平面内
由集中运输平巷向上覆邻近层施工的钻孔方向的确定方法

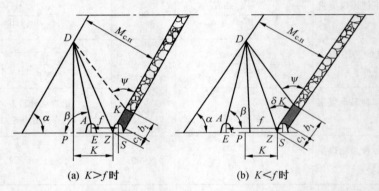

(a) K>f时　　　　　　　　(b) K<f时

附图 11-3　在平巷上方有煤柱（料石带）的情况下，垂直于煤层走向的平面内
由集中运输平巷向上覆邻近层施工的钻孔方向的确定方法

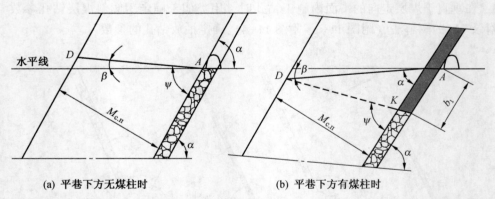

(a) 平巷下方无煤柱时　　　　　　　　(b) 平巷下方有煤柱时

附图 11-4　在垂直于煤层走向的平面内由回风平巷向上覆邻近层施工的钻孔方向的确定方法

确定抽放钻孔参数的原始资料有：煤层倾角 α，进行钻孔施工的巷道附近的煤柱高度 b_1，邻近层瓦斯涌出升高带的范围，确定的原始卸压角 ψ（附表 11-2）。

附表11-2　急倾斜煤层卸压角的确定　　　　　　　　　　　　　(°)

煤层倾角 α	岩石卸压角 ψ	
	下层先采时 ψ	上层先采时 ψ_1
45	59	77
47	59	77
49	60	77
51	61	76
53	62	76
55	63	76
57	65	75
59	66	75
61	68	75
63	71	74
65	73	74
67	76	74
69	80	73

4　在没有经过研究的情况下，急倾斜煤层抽放钻孔之间的距离根据附表11-3确定，随后进行修正。

附表11-3　急倾斜煤层抽放钻孔之间的距离的确定　　　　　　　m

至被抽放的邻近急倾斜煤层的距离，开采层回采厚度的倍数（$n=M_{C.\Pi}/m_B$）	抽放钻孔之间的距离，$r_{C.K}$
10~20	15~25
20~30	25~35
30~40	35~45
40~60	45~60
60 以上	60~70

5　急倾斜邻近层的大概抽放率见附表11-4。

附表11-4　急倾斜邻近层抽放率

邻近层的赋存位置	至邻近层的距离，$M_{C.\Pi i}/m$	瓦斯源抽放率，$k_{Д.C.K}$
在顶板中	10~20	0.2~0.3
	20~30	0.3~0.4
	30~40	0.4~0.5
	40~60	0.5~0.6
	60 以上	0.6~0.7
在底板中	6~10	0.1~0.2
	10~20	0.2~0.3
	20~30	0.3~0.4
	30 以上	0.4~0.6

附录 12 地面钻孔抽放下部被采动煤层和采空区

1 在地面可以布置打钻和抽放设备的条件下，在开采深度 600 m 以内，采用地面钻孔对含煤地层中的邻近层和采空区进行抽放。

2 在有自燃倾向的煤层中，在回采工作面推进速度不小于 45 m/月和对采空区中煤自燃初期征兆进行连续监测的条件下，采用地面钻孔进行抽放。

3 抽放钻孔顺着回采区段施工。抽放钻孔的底部应位于下部被采动煤层的卸压带内。第一个钻孔距离安装硐室 30~40 m。

在开采两侧都是采空区的回采区段时，地面钻孔在回采区段中间成队排列。

4 钻孔在地面的布置位置应使钻孔施工结束时，钻孔底部在开采层上的投影在回采工作面前方的距离不小于 30 m。

根据矿山地质条件不能保存在回采工作面前方施工的钻孔时，则在采空区中距离工作面不小于基本顶冒落步距的范围内施工钻孔。

5 抽放下部被采动煤层时，抽放钻孔的底部应位于下部被采动煤层大块岩石冒落带边界上方。并且套管的底端位于下部被采动煤层岩石强烈裂隙带的上方。在岩石强烈裂隙带上方的煤层被穿过的地方，套管打上小孔。

开采层的顶板大块岩石冒落带和强烈裂隙带的大小由矿井地质部门确定。

6 抽放采空区时，抽放钻孔的底部进入开采层底板岩石中 5~10 m。而且套管的末端位于开采层顶板岩石强烈冒落带上方。在增强裂隙带和穿过下部被采动煤层的地方，套管应打上小孔。

7 钻孔施工完成后，用水清洗钻孔清除孔内残渣。

8 钻孔安装套管之前，进行钻孔测斜。

钻孔套管为直径不小于 100 mm 的钢管。管外空间至地面的深度不小于 10 m，在穿过含水水平和已开采的上覆煤层采空区的地方进行水泥浆注浆。

在穿过下部被采动煤层的地方，套管打上直径 10~15 mm 的小孔（每米套管 20 个小孔）。

9 为了防止管路在冬季结冰，采取防寒措施。

10 采空区和下部被采动煤层抽放方式如附图 12-1 和附图 12-2 所示。

在附图 12-2 所示的抽放方式下，钻孔深度的选择应使钻孔底部和开采层顶板之间的距离不小于 10 倍的开采厚度。

11 在钻孔底部距离回采工作面不小于 30 m 时，将钻孔接通真空泵。

12 采用无煤柱工艺开采煤层时，采空区抽放采用向生产采面回采区段施工的钻孔和在以前老采空区布置的钻孔进行。

13 施工的煤层水力裂解钻孔用于下部被采动煤层和采空区抽放。

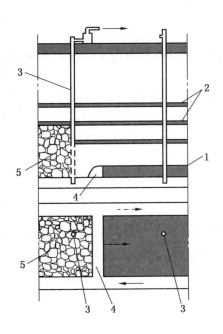
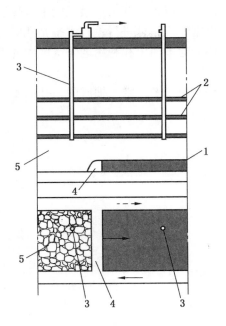

1—开采层；2—邻近层；3—钻孔；
4—回采工作面；5—采空区

附图 12-1　地面钻孔抽放下部被
采动煤层和采空区方式

1—开采层；2—邻近层；3—钻孔；
4—回采工作面；5—采空区

附图 12-2　地面钻孔抽放下部
被采动煤层方式

14　钻孔参数、工作方式和钻孔间距由回采区段说明书确定，取决于本细则附录 13 中的必需的抽放效率。

15　在没有自燃倾向的煤层中，可以沿没有支护的巷道将采空区甲烷引排至从地面向该巷道施工的钻孔中。

16　生产回采区段采空区和邻近层地面钻孔的最大可能抽放效率见附表 12-1。

附表 12-1　采空区和下部被采动煤层地面钻孔的最大可能抽放效率

抽放方式	应 用 条 件	抽放效率 $k_{Д.В.П}$ 或 $k_{Д.С.П}$	孔口最小负压 B_y	
			kPa	mmHg
方式 1	采空区抽放：壁式开采，采面后面喊道报废壁式开采，回风流中维持巷道连续开采	0.5~0.6	6.7	50
		0.4~0.5	6.7	50
		0.3~0.4	6.7	50
方式 2	下部被采动煤层抽放	0.6~0.7	20	150

17　为了提高抽放效率和降低钻孔施工岩石工程量，可以施工垂直水平钻孔，使钻孔底部出口位于下部被出口煤层中。同时，钻孔的水平部分迎着回采工作面施工。

如果在开采层顶板中有几个煤层处于卸压带内，则钻孔的水平部分位于其中最厚的煤层平面内，或距离开采层最近的下伏煤层中。

根据专门设计进行垂直水平钻孔的施工。

18 为了抽出和利用老采空区中的甲烷，将回采区段开采时用过的钻孔再次接入矿井抽放系统。

19 用于老采空区抽放的钻孔的工作方式由抽放设计确定。

附录 13 由地面施工钻孔的下部被采动煤层和采空区抽放参数的确定

1 对于设计矿井的下部被采动煤层和采空区抽放、改造和设计矿井水平、采区和井田的下部被采动煤层和采空区抽放，垂直钻孔之间的距离为基本顶岩石冒落步距的倍数，但一般不小于 60 m 和不大于 120 m。

采用这种抽放方法开发采区时，随着区段的开采对垂直钻孔之间的距离进行修正。对于刚投入使用的采区，钻孔之间的距离根据相似采面开采获得的实际资料选取。

2 为了保证达到设计的抽放率，采用可以保证从抽放的甲烷涌出源抽出计算的瓦斯混合气体量的抽放设备。

3 从回风巷道到钻孔底部在开采层上投影的距离 L'_B 的计算：

抽放下部被采动煤层时：

$$L'_\text{B} = b_1 + M\text{ctan}(\psi+\alpha) + K_\text{OT}H_\text{B.П} \tag{13-1}$$

式中　　b_1——阻止岩层卸压的区带的宽度，m；

M——开采层与上面的下部被采动煤层之间的法向距离，m；

K_OT——施工钻孔时钻孔可能的偏差系数，等于 0.05；

$H_\text{B.П}$——从地面到上面的下部被采动煤层之间的距离，m。

抽放采空区时：

$$L'_\text{B} = b_1 + K_\text{OT}l_\text{C} \tag{13-2}$$

式中　l_C——钻孔长度，m。

4 在生产采区，采空区甲烷抽放流量设计值 $G_\text{Д.В.П}$（m³/min）的计算：

$$G_\text{Д.В.П} = I_\text{В.П}K_\text{Д.В.П} \tag{13-3}$$

式中　$I_\text{В.П}$——根据实际情况或预测确定的采空区瓦斯涌出量，m³/min；

$K_\text{Д.В.П}$——采空区抽放率。

5 在生产采区，下部被采动煤层甲烷抽放流量设计值 $G_\text{Д.С}$（m³/min）的计算：

$$G_\text{Д.С} = I_\text{С.П}k_\text{Д.С.П} \tag{13-4}$$

式中　$I_\text{С.П}$——邻近层和围岩的瓦斯涌出量，m³/min；

$k_\text{Д.С.П}$——邻近的下部被采动煤层的抽放率。

6 抽放采空区时，钻孔的瓦斯混合气体抽放量 $Q_\text{СМ.В.П}$（m³/min）的计算：

$$Q_\text{СМ.В.П} = \frac{G_\text{Д.В.П}}{0.01 \cdot C_\text{В.П}} \tag{13-5}$$

式中　$C_\text{В.П}$——抽出的瓦斯混合气体中的甲烷浓度，%；对于生产矿井根据相似采面选取，在没有相似采面的情况下 $C_\text{В.П}$ 取 50%。

抽放下部被采动煤层时，钻孔的瓦斯混合气体抽放量 $Q_{\text{CM. B. П}}(\text{m}^3/\text{min})$ 的计算：

$$Q_{\text{CM. B. П}} = \frac{G_{\text{Д. C}}}{0.01 \cdot C_{\text{B. П}}} \tag{13-6}$$

式中 $C_{\text{B. П}}$ ——抽出的瓦斯混合气体中的甲烷浓度；对于生产矿井根据相似采面选取，在没有相似采面的情况下 $C_{\text{B. П}}$ 取 70% ，% 。

为了保证设计的抽放率，必需的瓦斯混合气体流量由向采空区或下部被采动煤层施工的钻孔数量和其参数确定。

根据本细则附录 19 中的第 16 条所述的方法，确定抽放钻孔的负压。

根据求得的 h_{C} 值和 $Q_{\text{CM. B. П}}$ 值，确定拟定的抽放设备的计算工况点。

如果预定施工几个抽放钻孔，则根据下式确定它们的等量直径 $d_{\text{ЭК}}$：

$$d_{\text{ЭК}} = \left(\sum_{n=1}^{n} d_{\text{C}}^{2.67} \right)^{0.375} \tag{13-7}$$

采用等量直径 $d_{\text{ЭК}}$ 计算抽放钻孔的负压，并再次评价抽放设备的工作状态。

附录 14　由井下巷道施工钻孔抽放采空区

1　为了降低生产区段的甲烷涌出量，以及抽放与其邻近的采空区的甲烷或以前老的报废采区的甲烷，采用采空区抽放的方法。

2　抽出的瓦斯混合气体沿管路引排至地面或采区（矿井翼部、矿井）的回风流中。

3　生产区段采空区抽放方法：从煤巷（附图 14-1a 和附图 14-1b）或岩巷（附图 14-2）向冒落拱上方施工钻孔，或者将带孔管子和联络钻孔引排到采空区中（附图 14-1c、附图 14-3、附图 14-4）。

4　利用向煤柱上方施工的钻孔对生产采面采空区进行抽放时（附表 14-1、附图 14-1a），钻孔间距由回采区段说明书确定。侧翼钻孔靠近回风巷道布置。

5　利用带孔管子和联络钻孔对生产采面采空区进行抽放时（附表 14-1、附图 14-1c、附图 14-2），钻孔间距由回采区段说明书确定。

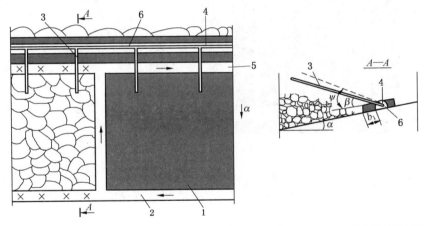

1—开采层；2—运输平巷；3—抽放钻孔；4—抽放管路；5—回风平巷；6—煤柱保护的巷道；
α—煤层倾角；ψ—顶板岩石卸压角；β—钻孔仰角
（a）缓倾斜或倾斜煤层柱式开采时在煤柱上方施工钻孔

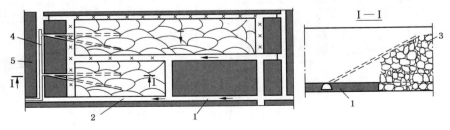

1—开采层；2—回风巷道；3—抽放钻孔；4—抽放管路；5—侧翼管道
（b）开采缓倾斜或倾斜煤层时由侧翼巷道施工钻孔

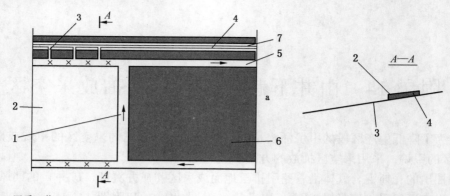

1—回采工作面；2—采空区；3—联络钻孔；4—抽放管路；5—采面回风平巷；6—开采层；7—平巷

（c）由排水巷道向采面间的煤柱施工钻孔

附图14-1 缓倾斜煤层采空区抽放方法

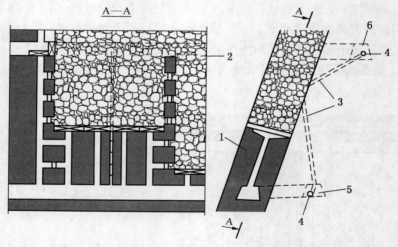

1—开采层；2—采空区；3—抽放钻孔；4—抽放管路；5—运输水平岩石平巷；6—回风水平岩石平巷

附图14-2 由岩石巷道施工钻孔的陡直厚煤层采空区抽放方法

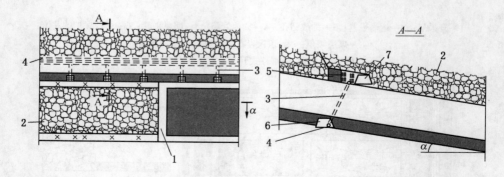

1—回采工作面；2—采空区；3—联络钻孔；4—抽放管路；5—带孔管子；

6—沿下部煤层掘进的平巷；7—采面回风平巷

（a）由岩石巷道或邻近层施工钻孔

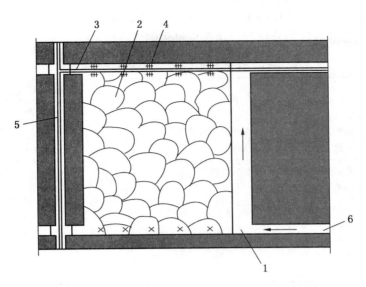

1—回采工作面；2—采空区；3—带孔的抽放管路；4—砌垛；5—抽放管路；6—运输平巷

（b）保留在采空区中的带孔的抽放管路

附图 14-3　利用联络钻孔和带孔管子的采空区抽放方法

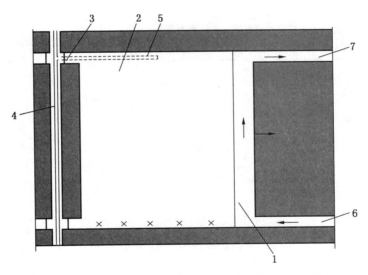

1—回采工作面；2—采空区；3—密闭；4—抽放管路；5—带孔管子；6—运输平巷；7—回风平巷

附图 14-4　利用侧翼巷道抽放管路的采空区抽放方法

联络钻孔修筑到采面入口处，在其两端安设套管。将采面侧的钻孔与带孔管子接通，并用垛体保护带孔管子。

6　钻孔密封深度应不小于 6 m。

7　根据附表 14-1 确定钻孔孔口负压。

8　联络钻孔和带孔管子在回风巷道附近敷设。

9　带孔管子与敷设在邻近巷道中的或保留在冒落区中的抽放管路相连。

10 供给带孔管子的负压应不小于 4.0 kPa(30 mmHg)。

11 采空区抽放方法的效率和应用条件见附表 14-1。

附表 14-1　采空区抽放方法的最大效率和应用条件

抽放方法	抽放方案	抽放效率	钻孔(带孔管子)孔口的最小负压	
			kPa	mmHg
从巷道施工钻孔抽放	缓倾斜或倾斜煤层柱式开采法时在煤柱上方施工钻孔（附图 14-1a）	0.6~0.7	6.7	50
	开采缓倾斜或倾斜煤层时由侧翼巷道施工钻孔（附图 14-1b）	0.5~0.6	13.3	100
	由平行巷道向采面间的煤柱施工钻孔（附图 14-1c）	0.4~0.5	4.0	30
	开采陡直煤层时由岩石巷道施工钻孔（附图 14-2）	0.3~0.4	4.0	30
通过带孔管子引排甲烷	带孔管子保留在报废的回风巷道中并与联络钻孔相连（附图 14-3a）	0.4~0.5	6.7	50
	带孔管子伸到安装硐室附近的密闭后方（附图 14-4）	0.5~0.6	6.7	50
	带孔管子与保留在冒落区中的瓦斯管路相连（附图 14-3b）	0.4~0.5	6.7	50

附录 15　由井下巷道施工钻孔的采空区抽放参数确定

1　根据本细则附录 17 中表 7-1 和表 7-2 所示的公式，计算向冒落拱上方施工的井下钻孔的几何参数。并且取 $M=h_1+8$（h_1 为直接顶板的厚度），$c_1=10$ m。

2　根据本细则附录 17 中的建议，采用图解法确定向冒落拱上方施工的井下钻孔的参数，并且 $M=h_1+8$，$c_1=10$ m。

3　钻孔之间的距离由采区说明书确定，应是顶板岩石冒落步距的倍数，但不小于 25 m、不大于 50 m。

4　用带孔管子对采空区进行抽放的参数由回采区段说明书确定。

5　遗留在回风巷道冒落区的瓦斯管路以及与其相连的带孔管子用直径 75~100 mm 的管路装配而成。

带孔管子管段之间的距离由回采区段说明书确定。

6　由采面之间的煤柱向采空区施工的钻孔间距由回采区段说明书确定。

7　在回风巷道边缘构筑充填带的情况下，通过充填带敷设的带孔管子的间距由回采区段说明书确定。

8　带孔管子的工作方式由回采区段说明书确定。

9　在生产回采区段，从采空区抽出的甲烷设计流量 $G_{д.в.п}$（m³/min） 由下式确定：

$$G_{д.в.п}=I_{в.п}k_{д.в.п} \tag{15-1}$$

式中　　$I_{в.п}$——采空区甲烷涌出量，m³/min；

$k_{д.в.п}$——采空区抽放率。

从采空区抽出的瓦斯混合气体流量 $Q_{см.в.п}$（m³/min） 由下式确定：

$$Q_{см.в.п}=\frac{G_{д.в.п}}{0.01C_{в.п}} \tag{15-2}$$

式中　　$C_{в.п}$——抽出的瓦斯混合气体中的甲烷浓度，%。

对于采用这种抽放方法的生产矿井，$C_{в.п}$ 根据类似采面取值，而在没有类似采面的情况下取 $C_{в.п}=50\%$。

根据为保证通常的抽放率而必需的瓦斯混合气体设计流量，计算由平行巷道向采空区施工的同时工作的钻孔数量。

当按组施工钻孔时，一组钻孔的瓦斯混合气体流量 $Q_к$（m³/min） 由下式确定：

$$Q_к=112\sqrt{\frac{d_{пр}^{3.1}B_у}{l_{ср}}} \tag{15-3}$$

$$d_{\text{ПР}} = d\sqrt{n_{\text{С.К}}}$$

式中　$d_{\text{ПР}}$——1 组钻孔的换算直径，m；

　　　$n_{\text{С.К}}$——1 组钻孔的个数；

　　　B_{y}——钻孔孔口负压，mmHg；

　　　$l_{\text{СР}}$——1 组钻孔的平均长度，$l_{\text{СР}} = \dfrac{\sum\limits_{i=1}^{n} l_i}{n_{\text{С.К}}}$，m；

　　　l_i——1 组钻孔中第 i 个钻孔的长度，m。

　　为确保抽出瓦斯混合气体的设计流量的同时工作的钻孔组数 $n_{\text{К}}$ 由下式确定：

$$n_{\text{К}} = \frac{Q_{\text{СМ.В.П}}}{Q_{\text{К}}} \tag{15-4}$$

式中　$Q_{\text{СМ.В.П}}$——采用这种抽放方法从采空区抽出的瓦斯混合气体流量，m^3/min。

　　当施工单个钻孔时，单个钻孔的瓦斯混合气体流量 $Q_{\text{С}}(\text{m}^3/\text{min})$ 由下式确定：

$$Q_{\text{С}} = 112\sqrt{\frac{d_{\text{С}}^{3.1} B_{\text{y}}}{l_{\text{С}}}} \tag{15-5}$$

式中　$d_{\text{С}}$——钻孔直径，m；

　　　B_{y}——钻孔孔口负压，mmHg；

　　　$l_{\text{С}}$——钻孔长度，m。

　　为抽出瓦斯混合气体的设计流量而必需的同时工作钻孔数 $n_{\text{С}}$ 由下式确定：

$$n_{\text{С}} = \frac{Q_{\text{СМ.В.П}}}{Q_{\text{С}}} \tag{15-6}$$

附录 16　报废矿井的抽放特征

1　在报废矿井抽放甲烷时，从地面向采空区打钻或利用以前打好的地面钻孔，并使用抽放设备。

2　从地面施工的抽放钻孔的布置应使钻孔底部投影至停采工作面回风平巷的距离为采面长度的 1/4~1/5，并且距离拆卸硐室 140~150 m。

3　抽放钻孔采用钢管作为套管，最终直径 100 mm。

4　钻孔的底部应处于岩石冒落拱的最高区域，而在钻孔穿过下部被采动煤层的地方和距离套管底端 10~15 m 的区域打上直径 15~20 mm 的小眼（1 m 套管 20 个孔）。

5　在矿井关闭期间，将为抽放邻近的下部被采动煤层或停采工作面采空区施工的钻孔接通抽放系统。

6　在停采工作面区段巷道完全隔离后，仅剩下地面钻孔处于工作状态。

7　对于已封闭的采空区，移动抽放设备的型号、数量以及它们的工作方式由报废矿井抽放设计确定。

附录 17　瓦斯喷出的防治方法

1　为了预防独头掘进巷道的甲烷喷出，采取在巷道四周布置抽放钻孔的方案。

向瓦斯喷出裂隙的预计区域施工钻孔，在打钻过程中采用向瓦斯管路引排瓦斯的装置。钻孔施工和密封完成后，将钻孔接通抽放管路。

钻孔应保持与抽放管路的接通直至瓦斯喷出停止或巷道隔离（报废）。

2　为了预防回采巷道的甲烷喷出，采取开采层、上下邻近层抽放方案。

3　当出现喷出时，必须提高形成喷出预计区域钻孔的负压。如果从喷出裂隙向巷道中的甲烷涌出量没有降低，则施工补充钻孔。

4　当在巷道底板中存在通向喷出裂隙的通道时，用引排罩盖住危险裂隙，从引排罩下面将瓦斯引排至抽放网络（附图 17-1）。

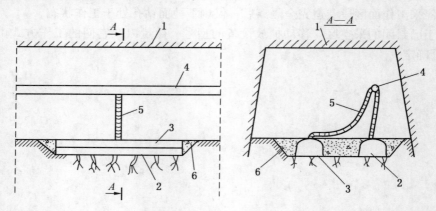

1—巷道；2—具有喷出裂隙的煤体或岩体；3—引排罩；4—抽放管路；5—柔性软管；6—密封引排罩的底座

附图 17-1　借助于引排罩引排喷出的瓦斯示意图

引排罩用输送机的部件—溜槽、金属风筒或铁皮制成。

引排罩的尺寸根据可见的喷出裂隙的长度确定。如果甲烷大面积涌出，则需要安装几个引排罩。

在瓦斯涌出区域安装引排罩之前，刷平巷道底板上深度 30~40 cm 的煤或岩石。为了形成密封性，在引排罩周围构筑混凝土或黏土底座。

引排罩用混凝土或黏土密封。

5　在引排罩上安装套管，借助于套管，引排罩通过柔性软管与瓦斯管路相连。

引排罩下方的负压应不小于 30 mmHg。

6　在设置混合舱的情况下，依靠向回风流巷道的自动流动，从引排罩下面引排瓦斯。

7　当喷出裂隙同时涌出甲烷和水时，在引排罩附近安装水分离器。

8 在瓦斯强烈喷出的情况下，当不可能采用上述方法或上述方法无效时，采用密闭墙隔离喷出巷道（附图17-2）。

根据巷道掘进说明书确定密闭墙的安装位置。

来自于隔离巷道的瓦斯或其部分瓦斯通过管道引排到抽放瓦斯管路（附图17-2）。

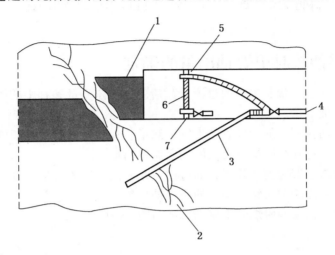

1—煤层；2—地质构造；3—钻孔；4—瓦斯管路；5—引排瓦斯软管；6—密封墙；7—带排水阀门的管子

附图17-2 通过施工钻孔和安装隔离工作面的密闭墙从喷出裂隙抽放甲烷的示意图

9 引排瓦斯的管子安装有负压、瓦斯混合气体流量和其中的甲烷浓度测量装置。

10 在具有甲烷喷出危险且没有固定抽放系统的矿井，应采用井下移动抽放设备引排喷出的甲烷。

附录 18　甲烷抽出量的确定

I　开采层抽放时甲烷抽出量的确定

在抽放钻孔上安装测量装置，通过测量瓦斯混合气体流量和其中的甲烷浓度，查明顺层钻孔实际的甲烷抽出量。

在与几个顺层钻孔相连的抽放管路上安装测量装置，通过测量瓦斯混合气体流量和其中的甲烷浓度，查明这几个顺层钻孔实际的甲烷抽出量。

在采区抽放管路上安装测量装置，通过测量瓦斯混合气体流量和其中的甲烷浓度，确定回采区段、准备巷道的顺层钻孔实际的甲烷抽出量。

在开采层地段，钻孔的甲烷开采量动态如附图 18-1 所示。

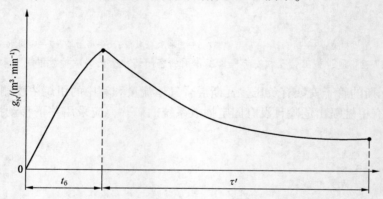

g_N—开采层抽放时钻孔的甲烷流量；t_6—开采层抽放区段的打钻时间；

τ'—自开采层抽放区段打钻工作结束开始计时的抽放时间

附图 18-1　回采区段顺层钻孔的甲烷抽出量动态

采用平行钻孔抽放煤层时，甲烷的设计流量值 $G_{ПЛ}$（m³/min）的确定：

在煤层区段打钻过程中，

$$G_6' = \frac{l_C' m N'}{1440 t_6'} \frac{g_0}{a} \ln(a t_6' + 1) \qquad (18-1)$$

区段打钻工作完成后，

$$G_\tau' = \frac{G_6}{a_N \tau' + 1} \qquad (18-2)$$

式中　G_6'——在区段打钻时间 t_6' 天内钻孔的甲烷流量，m³/min；

G_τ'——开采层区段打钻工作结束后钻孔的甲烷流量，m³/min；

G_6——打钻工作结束时来自 N 个钻孔的甲烷流量，m³/min；

— 282 —

　　l'_C——钻孔的有效长度，m；

　　m——煤层厚度，m；

　　N'——为在打钻过程中区段的钻孔数量；

　　g_0——钻孔初始单位甲烷涌出量，$\mathrm{m^3/(m^2 \cdot d)}$；

　　a——表述钻孔瓦斯涌出量随时间衰减速度的系数，$\mathrm{d^{-1}}$；

　　a_N——表述 N 个钻孔瓦斯涌出量随时间衰减速度的系数，$\mathrm{d^{-1}}$；

　　t'_6——自开采层抽放区段的 N' 个钻孔的打钻开始计算的抽放持续时间，d；

　　τ'——自开采层抽放区段的打钻结束开始计算的抽放持续时间，d。

非卸压煤层抽放钻孔甲烷涌出量强度（$\mathrm{m^3/(m^2 \cdot D)}$）随时间的衰减用下式表示：

$$g = \frac{g_0}{a\tau' + 1} \qquad (18\text{-}3)$$

式中　g_0——钻孔初始单位甲烷涌出量，$\mathrm{m^3/(m^2 \cdot d)}$；

　　　g——煤层抽放时间周期为 $\tau'(\mathrm{d})$ 时钻孔甲烷涌出量，$\mathrm{m^3/(m^2 \cdot d)}$；

　　　a——钻孔甲烷涌出量随抽放时间的衰减系数，$\mathrm{d^{-1}}$；

　　　τ'——钻孔抽放煤层的持续时间，自钻孔打钻结束时开始计时，d。

非卸压煤层抽放钻孔瓦斯涌出量指标 g_0 和 a 的确定：

（1）依据采面相似区段的抽放钻孔的实际甲烷涌出量资料。

（2）依据煤矿抽放的经验。

（3）根据在煤体中掘进的独头准备巷道中完成的瓦斯测量（依据抽放钻孔瓦斯涌出量指标的重新计算）。

1　将安装孔板的钻孔甲烷涌出量实际测量结果转换为单位甲烷涌出量（甲烷涌出量除以钻孔有效长度和煤层厚度），构建 $1/g = f(\tau)$ 的关系曲线（附图 18-2a），确定钻孔初始甲烷涌出量 g_0 和其随时间 τ 的衰减系数 a。

根据安装孔板的顺层钻孔的实际甲烷涌出量测定结果，确定回采区段一组钻孔的甲烷涌出量动态，其关系如附图 18-2b 所示。

根据在时间 τ' 时的实际测量结果得到的甲烷涌出量关系，确定 $g_{\max}$ 和 a_N 的实际值：

$$g_\mathrm{N} = \frac{g_{\max}}{a_\mathrm{N}\tau' + 1} \qquad (18\text{-}4)$$

而在 t_6 的固定值时：

$$g_0 = \frac{g_{\max}}{a_\mathrm{N} t_6} \qquad (18\text{-}5)$$

式中　$g_{\max}$ 和 a_N——1 组钻孔抽放煤层时，根据实际测量结果确定的方程（5）的系数。

2　开采层抽放钻孔瓦斯涌出量指标的计算。

（1）初始单位甲烷涌出量：

$$g_0 = \beta_\Pi X \qquad (18\text{-}6)$$

式中　X——煤层甲烷含量，$\mathrm{m^3/t \cdot r}$；

　　　β_Π——经验系数，其中，$\beta_\Pi = \dfrac{1}{16 + 12m}$；

m——煤层厚度，m。

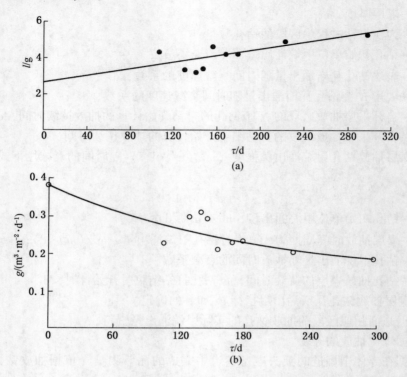

附图 18-2　煤层钻孔单位甲烷涌出量关系曲线

（2）甲烷涌出量随时间的衰减系数 $a(\text{d}^{-1})$：

对于 $V_{\text{daf}}=25\% \sim 40\%$ 的煤层：

$$a=0.025-3.9\times10^{-4}V_{\text{daf}} \qquad (18-7)$$

对于 $V_{\text{daf}}=5\% \sim 25\%$ 的煤层：

$$a=0.042-8.8\times10^{-4}V_{\text{daf}} \qquad (18-8)$$

式中　V_{daf}——挥发分，%。

3　在准备用于开采层区段回采的有效的独头巷道中进行瓦斯测量，将煤体向巷道的瓦斯涌出量指标重新计算为抽放钻孔的瓦斯涌出量指标：

$$g_0=\frac{\pi d}{2m}g_0 \qquad (18-9)$$

$$a=kg_0$$

式中　g_0——由煤层向准备巷道的初始甲烷涌出量，$\text{m}^3/(\text{m}^2 \cdot \text{D})$；

　　　d——抽放钻孔直径，m；

　　　m——煤层厚度，m；

　　　k——表示煤层瓦斯动力和渗透性质的系数（k 因数），m^2/m^3。

根据直线 $1/G=\varphi(t)$ 斜率的正切确定 k 因数：

$$1/G=kt+b \qquad (18-10)$$

初始甲烷涌出量 G_0 的计算：

$$G_0 = 1/b \tag{18-11}$$

随着钻孔或钻孔组甲烷涌出量资料的积累，应对根据式（18-3）、式（18-7）和式（18-8）计算的瓦斯涌出量指标 g_0 和 a 进行修正。

在抽放工作开始之前，根据瓦斯测量资料确定钻孔瓦斯涌出量指标。

当采用指向回采工作面的钻孔对煤层进行预抽时，G'_r 按抽放钻孔甲烷涌出量强化系数（$k_и$）增大，$k_и = 1.2 \sim 1.5$。

当采用交叉钻孔对煤层进行预抽时，G'_r 值按交叉钻孔甲烷涌出量强化系数（$k_и$）增大，其大小按本细则附录5中的式（5-4）计算。

当采用水力压裂或水力切割（气动水力切割）强化煤层瓦斯产出量时，根据水力压裂时的钻孔煤体瓦斯涌出量强化系数 $K_и$ 或水力切割时的系数 $K_{и.г}$，确定煤层钻孔的甲烷抽出量。瓦斯涌出量强化系数由研究所措施的设计人员确定。

采用隔离式钻孔时，甲烷涌出量预计值 $G_{д.б}$（m^3/min）为

$$G_{д.б} = I_{п.в} k_{д.б} \tag{18-12}$$

式中　$I_{п.в}$——在煤层不抽放的情况下准备巷道的甲烷涌出量，m^3/min；

$\quad\quad k_{д.б}$——采用隔离式钻孔时煤层的抽放系数，小数。

Ⅱ　邻近层和采空区抽放时甲烷抽出量的确定

通过在（区段或单个钻孔）孔板上测量瓦斯混合气体流量和其中的甲烷浓度，确定钻孔实际的甲烷抽出量。

在生产中的回采区段，来自于上下邻近层甲烷抽出量的设计值 $G_{д.с}$（m^3/min）的计算：

$$G_{д.с} = I_{с.п} k_{д.с} \tag{8-13}$$

式中　$I_{с.п}$——来自于邻近层和围岩的瓦斯涌出量，m^3/min；

$\quad\quad k_{д.б}$——邻近煤层的抽放系数，小数。

采用地面垂直钻孔对回采区段采空区进行抽放时，甲烷涌出量的设计值根据本细则附录13中的式（13-3）确定。

Ⅲ　矿井抽放系统甲烷抽出量的确定

通过在抽放设备压气管路中测量瓦斯混合流量和其中的甲烷浓度，确定井下钻孔或地面钻孔的甲烷抽出量。

矿井抽放系统甲烷抽出量的设计值等于所有抽放区段瓦斯涌出源的甲烷抽出量的总和。

附录 19 瓦斯管路计算和真空泵选择

I 真空抽放网络计算

1 根据保障矿井抽放系统达到设计抽放指标的条件，进行瓦斯管路计算和真空泵选择。

2 瓦斯管路的计算参数和矿井抽放系统的工作状态应将井巷瓦斯涌出量降低至通风因素的允许水平，并保证抽出适宜瓦斯利用的混合瓦斯气体。

3 根据沿抽放系统运输的瓦斯混合气体流量和真空泵前抽放管路中的负压，选择同时工作的真空泵的型号和数量。

4 在设计抽放管路时，应考虑到真空泵的空气动力特征和安装有附件的抽放管路的空气动力阻力。

5 为了完成抽放系统的计算，需要画出抽放网络计算示意图。

计算示意图：标明抽放管路节点、分支、长度、直径的瓦斯管路连接示意图。

节点：抽放管路的连接点或分支点以及管路直径变化点。沿着瓦斯混合气体在抽放管路中的移动方向，对节点进行编号。

分支：包含在两个相邻节点间的瓦斯管路区段。按照其开始和结束节点（沿瓦斯混合气体移动方向），对分支进行编号。连接抽放钻孔的分支为起始分支，与真空泵相连的分支为最末分支。

通过抽放管路计算，确定瓦斯管路分支的下列参数：混合气体流量，混合气体中的瓦斯含量，每个瓦斯管路分支的负压，安装在瓦斯管路上的附件的负压，在用真空泵的效验或新真空泵的选择。

编制瓦斯管路计算示意图，应考虑到采矿工程延深至抽放系统运转的最困难时期（附图 19-1）。根据本细则的要求，确定抽放管路的直径。

对于并联瓦斯管路的分支，以等量直径 $d_{\text{ЭК}}$ 代替瓦斯管路标准直径 $d_{\text{СТ}}$，根据下式计算：

$$d_{\text{ЭК}} = \sqrt[2.67]{\sum d_i^{2.67}} \tag{19-1}$$

式中 d_i——第 i 个瓦斯管路的内径，m。

6 根据抽放钻孔的瓦斯流量和允许漏气量，确定抽放网络起始分支的混合瓦斯流量 $Q_{\text{С.М}}(\text{m}^3/\text{min})$：

$$Q_{\text{С.М}} = G_{\text{Д}} + \Pi_{\text{С}} + \Pi_{\text{Г}} \tag{19-2}$$

式中 $G_{\text{Д}}$——钻孔瓦斯流量，m^3/min；

$\Pi_{\text{С}}$——抽放钻孔的容许漏气量，m^3/min；

Π_Γ——瓦斯管路的容许漏气量，m^3/min。

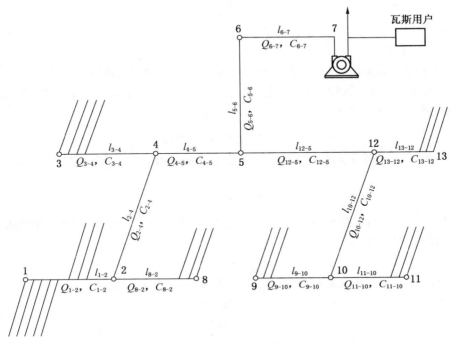

附图 19-1　瓦斯管路计算示意图

7　瓦斯管路漏气量根据下式计算：

$$\Pi_\Gamma = 0.001 l_\phi \tag{19-3}$$

8　对于每种抽放方法，根据抽放钻孔的允许单位漏气量 $\Pi_{уд}(m^3/min \cdot (mmHg)^{1/2})$、孔口负压值 $B_y(mmHg)$ 和同时工作的钻孔数 n_C，确定井下抽放钻孔的允许漏气量 $\Pi_C(m^3/min)$：

$$\Pi_C = n_C \Pi_{уд} \sqrt{B_y} \tag{19-4}$$

抽放钻孔允许的单位漏气量根据附表 19-1 选取。

附表 19-1　抽放钻孔单位漏气量

瓦斯涌出源	钻 孔 类 型	抽放钻孔单位漏气量 $\Pi_{уд}$	
		$m^3/min \cdot (kPa)^{1/2}$	$m^3/min \cdot (mmHg)^{1/2}$
开采层	隔离式钻孔	0.16	0.06
	顺层钻孔	0.014	0.005
下部被采动的煤层	井下钻孔	0.55	0.2
	垂直钻孔	14	5
上部被采动的煤层	向上部被采动的煤层施工钻孔	0.028	0.01
	沿上部被采动的煤层施工钻孔	0.014	0.005
采空区	向冒落拱上方施工钻孔	0.55	0.2
	垂直钻孔	28	10

注：在井巷开始影响钻孔之前，所有类型钻孔的允许漏气量取 0.005 $m^3/min \cdot (mmHg)^{1/2}$。

9　根据下式确定地面垂直钻孔的允许漏气量：

$$\Pi_{\text{C}} = n_{\text{C}} \Pi_{\text{уд}} \sqrt{\frac{B_{\text{y}}}{l_{\text{C}}}} \tag{19-5}$$

式中　l_{C}——钻孔长度，m。

10　对于所有类型钻孔的 B_{y} 值，根据附录相应章节的建议选取。

11　根据瓦斯管路网络起始节点的瓦斯混合气体的总流量和允许漏气量 $\Pi_{\text{г.j}}$，确定网络最末节点的瓦斯混合气体流量 $Q_{\text{CM.j}}$：

$$Q_{\text{CM.j}} = \sum Q_{\text{CM.j}} + \Pi_{\text{г.j}} \tag{19-6}$$

12　每个瓦斯管路分支的瓦斯混合气体中的瓦斯浓度 $c_i(\%)$ 根据下式计算：

$$c_i = \frac{100 G_{\text{Д.i}}}{Q_{\text{CM.i}}} \tag{19-7}$$

13　确定回采区段瓦斯管路中的瓦斯混合气体流量 $Q_{\text{CM.i}}^{\text{уч}}$ 时，应对瓦斯管路的通过能力考虑一定的备用系数：

$$Q_{\text{CM}}^{\text{уч}} = 1.1 Q_{\text{CM.i}}^{\text{уч}} \tag{19-8}$$

回采区段瓦斯管路中瓦斯混合气体的瓦斯浓度 $c_{\text{уч.i}}(\%)$ 根据下式确定：

$$c_{\text{уч.i}} = \frac{100 G_{\text{Д.i}}^{\text{уч}}}{Q_{\text{CM.i}}^{\text{уч}}} \tag{19-9}$$

式中　$G_{\text{Д.i}}^{\text{уч}}$——回采区段钻孔瓦斯流量，m³/min。

14　确定干管中的瓦斯混合气体流量 $Q_{\text{CM.j}}^{\text{M}}$ 时，应对瓦斯管路的通过能力考虑一定的备用系数：

$$Q_{\text{CM.j}}^{\text{M}} = 1.1 \sum_{i=1}^{n_{\text{y}}} Q_{\text{CM.i}}^{\text{уч}} \tag{19-10}$$

式中　n_{y}——沿计算的干管运输瓦斯的回采区段数量。

干管中的瓦斯浓度 $c_{\text{MAГ.j}}(\%)$ 按下式计算：

$$c_{\text{MAГ.j}} = \frac{100 \sum\limits_{i=1}^{n_{\text{y}}} G_{\text{Д.i}}}{Q_{\text{CM.j}}^{\text{M}}} \tag{19-11}$$

15　在管径不变的条件下，瓦斯管路的压力损失 $\Delta B(\text{mmHg})$ 根据下式确定：

$$\Delta B = \frac{4.8 \times 10^{-5} Q_{\text{CM}}^2 \gamma_{\text{CM}} L_{\text{T}}}{2 P d^{5.33}} \tag{19-12}$$

$$\gamma_{\text{CM}} = 5.37 \times 10^{-3}(224 - C) \tag{19-13}$$

式中　γ_{CM}——混合气体的体积重量，kg/m³；

　　　L_{T}——瓦斯管路长度，m；

　　　P——瓦斯管路的平均压力，mmHg；

　　　d——管路直径，m；

　　　C——混合气体中的瓦斯浓度，%。

16　在不含嵌入物的恒定直径的瓦斯管路中，压力差根据下式确定：

$$P_1^2 - P_2^2 = 4.8 \times 10^{-5} Q_{CM}^2 \gamma_{CM} L_T / d^{5.33} \tag{19-14}$$

17　抽放管路分支的负压 $h_{TP.i}$（mmHg）和抽放钻孔的负压 h_C 根据下式确定：

$$h_{TP} = 0.083 R_{УД} l_{TP} \tag{19-15}$$

式中　l_{TP}——管路长度，m；

　　　$R_{УД}$——瓦斯管路单位负压，10 Pa/m。

$$R_{УД} = \frac{\lambda_T}{d} \cdot \frac{V_{CM}^2 \gamma_H}{2g} \tag{19-16}$$

式中　λ_T——瓦斯管路阻力系数（附表19-2）；

　　　g——重力加速度，$g = 9.81$ m/s^2；

　　　V_{CM}——混合气体运动速度，m/s。

附表19-2　阻力系数 λ_T 取决于抽放管路的内径和瓦斯混合气体的运动速度

瓦斯混合气体运动速度/(m·s⁻¹)	无量纲阻力系数 λ_T 取决于抽放管路的内径/mm							
	100	125	150	207	259	307	359	406
1	0.036	0.034	0.032	0.030	0.028	0.027	0.026	0.025
2	0.030	0.028	0.027	0.025	0.023	0.023	0.022	0.021
3	0.027	0.025	0.024	0.022	0.021	0.021	0.020	0.019
4	0.025	0.024	0.023	0.021	0.020	0.019	0.019	0.018
5	0.024	0.022	0.022	0.020	0.019	0.018	0.018	0.017
6	0.023	0.022	0.021	0.019	0.018	0.018	0.017	0.017
7	0.022	0.021	0.020	0.019	0.018	0.017	0.017	0.016
8	0.021	0.020	0.019	0.018	0.017	0.017	0.016	0.016
9	0.021	0.020	0.019	0.018	0.017	0.016	0.016	0.015
10	0.020	0.019	0.018	0.017	0.016	0.016	0.015	0.015
11	0.020	0.019	0.018	0.017	0.016	0.016	0.015	0.015
12	0.019	0.018	0.018	0.016	0.016	0.015	0.015	0.014
13	0.019	0.018	0.017	0.016	0.016	0.015	0.015	0.014
14	0.019	0.018	0.017	0.016	0.015	0.015	0.014	0.014
15	0.018	0.018	0.017	0.016	0.015	0.015	0.014	0.014
16	0.018	0.017	0.017	0.015	0.015	0.015	0.014	0.014
17	0.018	0.017	0.017	0.016	0.015	0.014	0.014	0.014
18	0.018	0.017	0.016	0.015	0.015	0.014	0.014	0.014
19	0.018	0.017	0.016	0.015	0.015	0.014	0.014	0.013
20	0.017	0.017	0.016	0.015	0.014	0.014	0.014	0.013

18　设计参数——在计算示意图上标出的所有抽放管路分支的瓦斯混合气体流量和瓦斯浓度。

19　当真空泵负压大于 350 mmHg 时，对抽放网络的参数进行调整：提高最大单位负压分支的通过能力，如增大该分支的管路直径或增加管路数量。

20　根据保证满足抽放系统工作状态的要求，选择同时工作的真空泵数量和型号尺寸。为此，将描述抽放设备要求的工作状态（Q，$h_{B.H}$）引入到真空泵的性能中。真空泵的生产能力（Q_B）取作等于真空泵前瓦斯管路分支中的气体流量。选择一个或几个同时工作的真空泵，它们的性能应位于抽放设备要求的工况点（Q，$h_{B.H}$）之上。

21　抽放管路增压网络的计算在于确定增压管路的直径和考虑到瓦斯管路和增压管路中真空泵的富余压力。

22　根据瓦斯管路吸气网络和增压网络的计算结果，选择真空泵。

23　使用真空泵时，其空气动力特征未在本细则中列出，根据生产厂家的资料选取真空泵的工作状态参数。

24　为了核对真空泵的空气动力特征，在真空泵站确定附件和瓦斯管路的空气动力阻力 R_{BH}（mmHg·min²/m⁶）：

$$R_{BH} = \frac{B_{BT} - B_{B\phi}}{Q_{B\phi}^2} \qquad (19-17)$$

式中　B_{BT}——根据真空泵标准的空气动力特征和实际的瓦斯混合气体流量确定的负压，mmHg；

　　　$B_{B\phi}$——在真空泵上测定的（实际的）负压，mmHg；

　　　$Q_{B\phi}$——实际的（测定的）瓦斯混合气体流量，m³/s。

Ⅱ　抽放网络参数计算和真空泵选择的程序算法

不包含钻孔和嵌入物（即全部气体涌入源，但不包括瓦斯管路的接口漏气）的管径恒定的瓦斯管路段的压力差按下式计算：

$$P_1^2 - P_2^2 = 4.8 \times 10^{-5} Q_{CM}^2 \gamma_{CM} L/d^{5.33} \qquad (19-18)$$

式中　P_1——管路入口处的气体压力，mmHg；

　　　P_2——管路出口处的气体压力，mmHg；

　　　Q_{CM}^2——管路出口处的气体流量，m³/min；

　　　L——管路长度，m；

　　　γ_{CM}——混合气体的体积重量，kg/m³；

　　　d——瓦斯管路直径，m。

对气体压力 P_1 和 P_2 给予明显的限制条件：

$$P_{BЫP} > P_1 > 0 \qquad P_{BЫP} > P_2 > 0 \qquad (19-19)$$

混合气体的体积重量根据下式计算：

$$\gamma_{CM} = 5.37 \times 10^{-3} \times (224 - C) \qquad (19-20)$$

式中　C——混合气体中瓦斯的体积浓度，%。

为了计算局部阻力，将式（19-18）中的 L 增大10%。

在抽放系统中的任一点，空气的体积流量 Q_B 和瓦斯的体积流量 Q_M 与混合气体的体积流量 Q_{CM} 的关系为

$$Q_M = 0.01 C Q_{CM} \qquad (19-21)$$

$$Q_B = (1 - 0.01C)Q_{CM}$$

通过管路接头进入瓦斯管路中的平均漏气量 $\Pi_\Gamma(\text{m}^3/\text{min})$ 根据下式计算：

$$\Pi_\Gamma = 0.001L \tag{19-22}$$

在钻孔连接处，通过钻孔进入抽放管路的漏气量根据下式计算：

$$\Pi_C = \Pi_{yд} \times \sqrt{B_y} \tag{19-23}$$

式中　B_y——在钻孔孔口相对于巷道中气体压力的负压，mmHg；

　　　$\Pi_{yд}$——每种抽放方法的单位漏气量（附表19-3）。

附表19-3　抽放钻孔单位漏气量

瓦斯涌出源	钻孔类型	$\Pi_{yд}$	
		$\text{m}^3/\text{min} \cdot (\text{kPa})^{1/2}$	$\text{m}^3/\text{min} \cdot (\text{mmHg})^{1/2}$
开采层	隔离式钻孔	0.16	0.06
	顺层钻孔	0.014	0.005
下部被采动的煤层	井下钻孔	0.55	0.2
	垂直钻孔	14	5
上部被采动的煤层	向上部被采动的煤层施工钻孔	0.028	0.01
	沿上部被采动的煤层施工钻孔	0.014	0.005
采空区	向冒落拱上方施工钻孔	0.55	0.2
	垂直钻孔	28	10

注：在井巷开始影响钻孔之前，所有类型钻孔的允许漏气量取 0.005 $\text{m}^3/\text{min} \cdot (\text{mmHg})^{1/2}$。

B_y 不应小于每种抽放方法的最小标准值 B_{min}：

$$B_y \geqslant B_{min} \tag{19-24}$$

根据理论计算或经验资料给出钻孔的瓦斯流量。

在抽放钻孔与瓦斯管路的连接处，平衡关系为：

$$Q_{CM+} = Q_{CM-} + Q_M + \Pi_C$$

$$C_+ = \frac{100(Q_{CM-} \cdot 0.01C_- + Q_M)}{Q_{CM+}} \tag{19-25}$$

$$P_y = P_+ = P_-$$

式中　Q_{CM-}、C_- 和 P_-——混合气体流量、瓦斯浓度和气体压力；

　　　Q_{CM+}、C_+ 和 P_+——混合气体流量、瓦斯浓度和气体压力；

　　　Q_M、Π_C——钻孔的瓦斯流量和空气流量（漏气量）。

在抽放网络的汇合点，即几个抽放管路分支的对接处，满足下列方程：

$$\sum_{i=1}^{n} Q_{1i.CM} = \sum_{j=1}^{m} Q_{2j.CM} \tag{19-26}$$

$$C_{1i} = 100 \cdot \frac{\left(\sum\limits_{j=1}^{m} Q_{2j.CM} C_{2j}\right)}{\sum\limits_{i=1}^{n} Q_{1i.CM}} \tag{19-27}$$

$$P_{21} = P_{22}$$
$$P_{22} = P_{23}$$
$$\vdots$$
$$P_{2m-1} = P_{2m}$$
$$P_{21} = P_{11}$$ （19-28）
$$P_{11} = P_{12}$$
$$\vdots$$
$$P_{1n-1} = P_{1n}$$

式中　　$j=1$，…，m——混合气体进入汇合点的管路分支（流入汇合点的管路分支）；

$i=1$，…，n——混合气体由汇合点流出的管路分支（流出汇合点的管路分支）；

$Q_{1i. CM}$、C_{1i}——直接在汇合点前流出汇合点的管路分支的瓦斯流量和瓦斯浓度；

$Q_{2j. CM}$、C_{2j}——直接在汇合点后流入汇合点的管路分支的瓦斯流量和瓦斯浓度；

P_{1i}——直接在汇合点前流入汇合点的管路分支的气体压力；

P_{2i}——直接在汇合点后流出汇合点的管路分支的气体压力。

方程（19-26）表达了混合气体的质量守恒定律，方程（19-27）表达了瓦斯气体的质量守恒定律，而方程（19-28）则表达了在 1 个汇合点各管路分支压力相等的事实。在每个汇合点，方程（19-28）的数量比形成汇合点的管路分支个数少 1，即为 $n+m-1$。

抽放网络参数的处理方法

对于抽放管路的每个分支，根据式（19-18）、式（19-20）~式（19-23）、式（19-25）推出以下关系：

$$Q_2 = \varphi(P_1, Q_1, C_1)$$
$$P_2 = \theta(P_1, Q_1, C_1)$$ （19-29）
$$C_2 = \psi(P_1, Q_1, C_1)$$

式中　P_1、Q_1、C_1——沿瓦斯流动路线，分支起点处的瓦斯压力、混合流量和瓦斯浓度；

P_2、Q_2、C_2——沿瓦斯流动路线，分支终点处的瓦斯压力、混合流量和瓦斯浓度。

在一般情况下可定量获得这些关系，并可以用表格的形式表示它们。

在瓦斯管路死管分支的起点（即没有从其他分支流入混合气体的这些分支），混合气体流量和瓦斯浓度等于零：

$$Q_1 = 0$$ （19-30）
$$C_1 = 0$$ （19-31）

假设抽放网络由 p 个分支组成，最后分支的终点是真空泵的入口。将描述抽放管路中混合气体流动的方程总数与变量的个数进行比较，根据上述关系，在每个分支中有 6 个变量：P_1、Q_1、C_1 为分支起点处的瓦斯压力、混合流量和瓦斯浓度，P_2、Q_2、C_2 为分支终点处的瓦斯压力、混合流量和瓦斯浓度。

在每个分支的起点处，给出确定分支入口处混合气体中瓦斯浓度的关系式——或关系式（19-27）（如果分支没有死管），所以，这样的方程总数为 p。

在抽放网络的每个汇合点，给定方程（19-28）和方程（19-27），方程（19-28）的数量比汇合点的点数少1。如此一来，对于每个汇合点，方程（19-28）和方程（19-27）的总数等于流入汇合点分支的终点和起点数量。没有流入汇合点的所有点，这或者是死管分支的起点——对于它们给定关系式（19-30），或者是最后分支的终点（进入真空泵）——对于它没有给定任何关系。如此一来，方程（19-27）、方程（19-28）、方程（19-30）的总数比分支的终点和起点总数少1，等于$2p-1$。因此，方程（19-26）、方程（19-27）、方程（19-28）、方程（19-30）、方程（19-31）的总数等于$3p-1$。

方程（19-29）的数量等于分支数量的3倍（因为对于每个分支有3个方程），所以，总的方程数量等于$6p-1$。

既然非相关方程的数量比变量的个数少1，则决定抽放管路中混合气体流动的所有变量可以通过一个变量表示。应取瓦斯管路最后分支终点的气体压力作为该变量，通过其来表达其余全部变量。以下该压力记作$P_{вых}$。该点的混合气体流量，即来自抽放管路的混合气体流量记作$Q_{вых}$。关系式$Q_{вых}(P_{вых})$是真空泵工况点计算的基础。

所得到的解应根据限制条件式（19-19）和式（19-24）进行验证，并且所有的参数与$P_{вых}$的关系式确定的范围应在达到满足不等式（19-19）和式（19-24）的范围之前收敛。不过数值解法本身应包括按计算步骤完成的这种验证，并保证得到的解明显满足不等式（19-19）和式（19-24）。

不排除任一参数与$P_{вых}$的关系式确定的范围为空解。从信息丰富的角度看意味着，在给定的分支直径和长度情况下或实际上压送混合气体是不可能的，或者在钻孔孔口负压不满足标准条件（19-24）。在这种情况下，应增大瓦斯管路分支的直径。

真空泵站的工况点由所得到的$Q_{вых}(P_{вых})$关系式与真空泵站特性曲线$Q(P)$的交叉点确定。如果没有交叉点或者落在推荐的真空泵站工作范围以外，则必须增大抽放管路分支直径或真空泵站功率。

根据给定的起点参数值定量计算分支终点压力和混合气体参数的算法

采用有限差分法确定关系式（19-29）。有限差分方案的建议步长为$\Delta l = 1$ m。由分支的起点（混合气体进入分支的点）至分支终点（混合气体离开分支的点）进行计算。

如此一来，瓦斯管路的每个分支被分割为g个长度为Δl的线段，并且$\Delta l g = l$。分割点称为差分方案的节点。钻孔应分配到节点中。第i个线段的起点为l_{i-1}。在第i点的压力、流量和瓦斯浓度分别记作P_i、Q_i和C_i。

则根据方程（19-18）、方程（19-20）~方程（19-22），有限差分方程为：

$$Q_{\Pi} = 0.001\Delta L$$

$$Q_i = Q_{i-1} + Q_{\Pi}$$

$$C_i = \frac{Q_{i-1}C_{i-1}}{Q_i}$$

$$C_{cpi} = 0.5(C_i + C_{i-1})$$

$$\gamma_{cpi} = 5.37 \times 10^{-3} \times (224 - C_{cpi})$$

$$\alpha_i = 4.8 \times 10^{-5} \times 1.1 \times \frac{\gamma_{cpi}}{d^{5.33}}$$

$$P_i^2 = P_{i-1}^2 - \alpha_i \Delta l \left(Q_i Q_{i-1} + \frac{Q_\Pi^2}{3} \right) \qquad (19-32)$$

式中　d——瓦斯管路直径；

　　　P_i——钻孔接通瓦斯管路地点的压力。

变量 Q_Π、C_{CPi}、Γ_{CPi} 分别为长度为 Δl 的瓦斯管路段的总漏气量、混合气体中平均瓦斯浓度、该线段的混合气体的平均容重。

如果瓦斯流量为 Q_M 的钻孔位于第 i 个节点，则在计算第 $i+1$ 个节点的关系式（19-32）时，需要采用 $Q_i + Q_b + \Pi_C$ 代替 Q_i 和 $100 \times (0.01 Q_i C_i + Q_M + \Pi_C)/(Q_i + Q_M + \Pi_C)$ 代替 C_i。

式中　Π_C——在 B_y 等于巷道中的压力差时，根据式（19-23）计算而得。

对差分方案的节点进行依次计算（由分支起点到分支终点），经过 g 个步长（每个步长根据式（19-32）计算），得到分支终点的压力值、混合气体流量和瓦斯浓度。

如果在计算过程中，结果为：

$$P_{i-1}^2 - \alpha_i \Delta l \left(Q_i Q_{i-1} + \frac{Q_\Pi^2}{3} \right) \leqslant 0$$

这就意味着，在起点给定的压力、混合流量和瓦斯浓度的条件下，不可能沿分支压送混合气体。

如果在计算过程中，结果是破坏了不等式（19-24），这就意味着不能满足钻孔孔口最小负压的标准要求。

如此一来，在计算过程中不但验证了沿分支压送混合气体的实际可能性，而且也验证了钻孔孔口满足标准负压的条件。

树型拓扑抽放网络真空泵入口处混合气体流量与压力关系的定量计算算法

树型拓扑抽放网络是一种瓦斯管路的每个节点只有一个出气分支的抽放网络。树型拓扑抽放网络的示例如附图 19-2 所示。最末分支的终点（真空泵入口）在抽放网络的示例中用数字 7 表示。因为瓦斯管路的每个节点只有一个出气分支，沿瓦斯管路的分支从任一节点到终点只能有唯一的方法。

由瓦斯管路终点起分割节点（在本示例中从节点 7 开始）的分支数量由节点的级别决定。在本示例中，抽放网路节点的级别如下：

节点编号	级　　别	节点编号	级　　别
7	0	4, 12	3
6	1	3, 2, 10, 13	4
5	2	1, 8, 9, 11	5

在开始叙述计算算法之前，首先给出填有每个分支原始资料和计算结果的表格（附表 19-4）。当然，计算工作和表格的全部操作应由计算机完成，而不是人工作业。

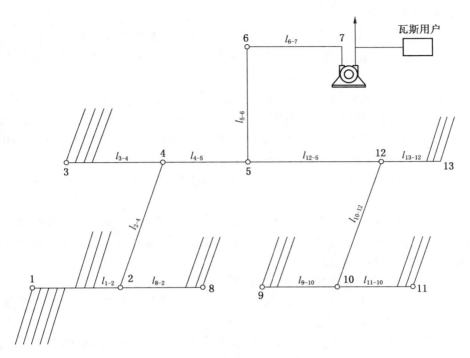

附图19-2　树型拓扑抽放网络示例

附表19-4　每个分支的原始资料和计算结果的表格

分支入口参数			分支出口参数		
压力 P_{BX}	混合流量 Q_{BX}	混合气体的瓦斯浓度 C_{BX}	压力 $P_{BЫX}$	混合流量 $Q_{BЫX}$	混合气体的瓦斯浓度 $C_{BЫX}$

在表格的左侧（P_{BX}、Q_{BX}、C_{BX}列）填入计算的原始资料，而在表格的右侧，填入计算结果。

对于死管分支，像最初所述的那样填写该表。在死管分支的入口处进行压力补偿，补偿范围为 P_{min} 至 P_{max}，指定步长为 0.1 mmHg，其中 P_{min} = 300 mmHg，$P_{max} = P_{BЫP}$ −max (B_{min})。

式中　　　　$P_{BЫP}$——敷设瓦斯管路巷道中的压力；

max(B_{min})——钻孔孔口最小容许负压值（附表19-1）的最大值。

用该系列的压力值填入附表19-4中的 P_{BX} 列，因为在死管分支的入口处，混合流量和瓦斯浓度等于零，所以在 Q_{BX}、C_{BX} 列填入零。

如此一来，就填好了表格左侧，即确定了死管分支出口处参数计算的原始资料。

按照上面所述的算法进行出口参数的计算。同时将 $P_{BЫX}$、$Q_{BЫX}$、$C_{BЫX}$ 的计算值放置在根据上述算法进行计算的原始资料出现的同一行中。

不能排除的是，对于附表19-4中开始和最后几行的右侧部分不会填满。这或与在计算过程中出现的开始点在给定的压力下部可能压送混合气体有关，或与破坏了孔口最小容许负压的标准条件有关。

附表 19-4 的右侧部分是在分支出口处给定的混合气体流量和瓦斯浓度与压力的关系：$Q_{\text{вых}}(P_{\text{вых}})$ 和 $C_{\text{вых}}(P_{\text{вых}})$。同时，由最大和最小压力 $P_{\text{вых}}$ 所确定的这些关系范围填在附表 19-4 的右侧部分。

虽然附表 19-4 的右侧部分给定了函数 $Q_{\text{вых}}(P_{\text{вых}})$ 和 $C_{\text{вых}}(P_{\text{вых}})$，为了方便以后的计算，最好使这些函数确定的边界范围是 0.1 mmHg 的倍数，根据附表 19-4 中 $P_{\text{вых}}$ 栏的资料，取同一步长（0.1 mmHg）。根据内插参数 $P_{\text{вых}}$ 和内插步长 0.1 mmHg，采用线性内插法构建新附表 19-4。

从离开最大级别节点的分支开始计算。这些分支是死头分支，所以可以采用上述算法计算。

上一级（比最大级小一个单位）的节点集合分成两类子集。第一类子集是死头分支的起点（在示例中为节点 3 和 13）。第二类子集是混合气体由最大级节点开始的分支流入的节点（在示例中为节点 2 和 10）。

对于从第一类子集节点开始的分支，根据上述算法进行计算。

对于从第二类子集节点开始的分支的计算，要求预先填好附表 19-4 的左侧部分。利用对于上一级节点已填好的附表 19-4 进行计算。

让第二类子集的任一节点紧靠分支。因为对于附表 19-4 上一级的节点已经构建了分支，即在这些分支的出口处以表格的形式给定了关系 $Q_{\text{вых}}(P_{\text{вых}})$ 和 $C_{\text{вых}}(P_{\text{вых}})$。这些函数确定范围的交叉点即 $P_{\text{вых}}$ 值的总和是函数 $Q_{\text{вх}}(P_{\text{вх}})$ 和 $C_{\text{вх}}(P_{\text{вх}})$ 的确定范围——分支入口处混合气体流量和瓦斯浓度。根据由式（19-26）和式（19-27）得到的下述公式（19-33）和式（19-34）计算函数 $Q_{\text{вх}}(P_{\text{вх}})$ 和 $C_{\text{вх}}(P_{\text{вх}})$：

$$Q_{\text{вх}}(P_{\text{вх}}) = \sum_{j=1}^{k} Q_{\text{вых}j}(P_{\text{вых}}) \tag{19-33}$$

$$C_{\text{вх}}(P_{\text{вх}}) = 100 \cdot \frac{\sum\limits_{j=1}^{k} Q_{\text{вых}j}(P_{\text{вых}}) \cdot C_{\text{вых}}(P_{\text{вых}})}{\sum\limits_{j=1}^{k} Q_{\text{вых}j}(P_{\text{вых}})} \tag{19-34}$$

式中　$j=1, \cdots, k$——气体流入节点的分支编号。

从填写附表 19-4 左边部分的角度看，上述公式意味着完成下列运算过程：

用向节点输送混合气体分支的函数 $Q_{\text{вых}}(P_{\text{вых}})$ 和 $C_{\text{вых}}(P_{\text{вых}})$ 确定范围交叉点的压力值填写 $P_{\text{вх}}$ 栏；

利用附表 19-4 中的向节点输送混合气体分支的 $Q_{\text{вых}}$，根据式（19-33）计算 $Q_{\text{вх}}$，其中在已填好的栏中 $P_{\text{вых}} = P_{\text{вх}}$；

除此之外，如附表 19-4 左边部分填写的那样，类似死头分支的算法计算右边部分。然后利用线性内插法重新调整附表 19-4，内插参数 $P_{\text{вых}}$，内插步长 0.1 mmHg。

这样一来，从上级的节点逐级向下，编成瓦斯管路最后分支的附表 19-4，即以表格的形式确定了真空泵入口处的函数 $Q_{\text{вых}}(P_{\text{вых}})$。该函数曲线与真空泵性能曲线的交叉点确定了泵站真空泵的工况点。

瓦斯管路并联分支的计算

对于直径为 d_1 和 d_2 瓦斯管路并联分支，可以用一个等价直径为 $d_{ЭКВ}$ 的分支替换，根据下式计算：

$$d_{ЭКВ} = (d_1^{2.665} + d_2^{2.665})^{2.665}$$

而且由巷道吸入的空气量增加一倍（要知道实际漏气量是两个瓦斯管路，而不是一个等价管路），所以应用下式替代式（19-22）：

$$\Pi_г = 0.002L$$

用下式替代关系式（19-32）中的 $Q_п = 0.001\Delta l$：

$$Q_п = 0.002\Delta l$$

如果抽放钻孔没有接通分支，则用一个等价管路替代两个管路会形成不大的计算误差。在这种情况下，如果分支与流量严重不同的抽放钻孔接通，误差可能会很大，有时完全不能接受。

附录20　抽放站和房屋

1　抽放站房屋远离工业和民用工程的距离应不小于附表20-1中的距离。

附表20-1　抽放站（抽放设备）至工业工程和住宅工程的距离

工　程　名　称	距离/m
工业和居住建筑，公共汽车道路，铁路	20
高压传输线路，露天安装的变压器和配电装置	30
抽放钻孔	15
岩石废料场：	
燃烧的	300
不燃烧的	处于力学保护带以外，但不小于100 m

2　取决于其中放置的设备，地面抽放站或抽放设备的房屋按附表20-2中的爆炸危险性进行分类。

附表20-2　抽放站室外设施和建筑物的爆炸危险性等级和房屋类型

名　　称	房屋类型	爆炸危险性等级
机器厅	A	B-1a
1 kV以下和1 kV以上的配电设备	Γ	—
操作员办公室	Γ	—
阻火器房间	A	B-1a
真空泵和水池的房间	A	B-1a
气体控制设备房间	A	B-1a
气体分析仪接收器房间	A	B-1a
废水排出井	A	B-1
冷却塔入水井	A	B-1r
观察井	A	B-1a
机器厅和气体分析仪接收器房间的连廊	A	B-16

3　根据有关的施工设计，确定抽放站和抽放设备的工艺流程图。

附录 21　抽放系统工作检查

1　利用固定或便携仪表，测量抽放钻孔和瓦斯管路中瓦斯混合气体流量。根据仪器使用说明书确定固定和便携仪表测量的操作程序。

在测量站对抽放管路中瓦斯混合气体流量进行测量。每个测量站装备有孔板（附图21-1）或别的收缩装置。对于通过管嘴（附图21-2）采样和测量混合气体中瓦斯浓度的测量站，不装备收缩装置。对于不使用固定或便携仪表的瓦斯测量，可利用水柱或水银柱U 形压力计和光学干涉仪进行测量。

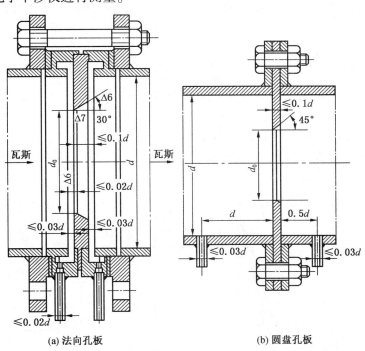

(a) 法向孔板　　　　　　　　(b) 圆盘孔板

Δ6、Δ7—圆盘表面加工的光洁度

附图 21-1　用来测量瓦斯流量的孔板

通过附图21-1 和附图21-2 所示的孔板或管嘴，从瓦斯管路或钻孔套管中采集瓦斯混合气体样本。

测量站安装位置、瓦斯混合气体参数检查的执行程序和信息从安装仪表向矿井气体监测系统的传输由抽放设计确定。

2　测量站布置在瓦斯管路的直线段。瓦斯管路直线段的最小长度在收缩装置前后应不小于 10 倍的管路直径。

在进行测量时，应检查测量站的状态。在对抽放管路进行真空气体测量时，确定空气

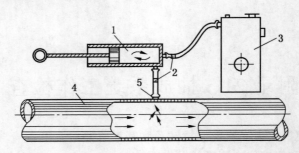

1—手动泵；2—反向开关；3—光学干涉仪；4—瓦斯管路；5—采样管嘴

附图 21-2　瓦斯混合气体采样示意图

动力的阻力。

3 根据使用指南的建议，确定无孔板测量站在瓦斯管路直线段中的位置。

4 在采用孔板作为收缩装置的测量站时，沿抽放管路传输的瓦斯混合气体流量按下式计算：

$$Q = 0.209 \cdot 10^{-3} \varepsilon a_3 \alpha_P \sqrt{\frac{h_Д}{\gamma'}} \tag{21-1}$$

式中　ε、a_3、α_P——分别为根据诺模图（附图 21-3、附图 21-4、附图 21-5）确定的系数；

$h_Д$——孔板的压差，mmH_2O；

γ'——在实际的瓦斯浓度条件下，混合瓦斯气体在工作状态下的容重，kg/m^3。

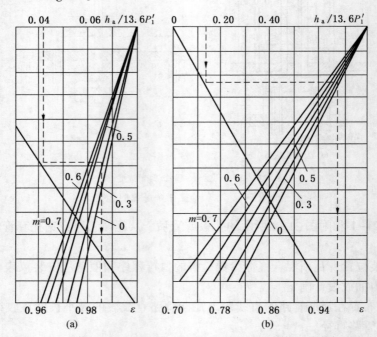

附图 21-3　在 $h_Д/13.6P_1'$ 小值（a）和大值（b）的情况下确定系数 ε

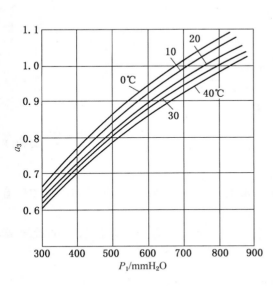

附图 21-4　确定修正系数 a_3

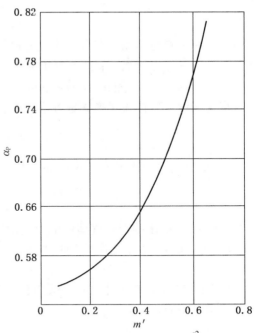

附图 21-5　流量系数 α_P 与 $m'=\dfrac{d_0^2}{d^2}$ 的关系

在上述的诺模图中，采用符号的含义如下：

P_1'——瓦斯管路中的瓦斯气体压力，即孔板安装地点的大气压力与孔板前方瓦斯管路中真空度之间的差值，mmHg；

α_P——根据孔板系数确定的流量系数。孔板模数等于 d_0^2 与瓦斯管路内径平方 d^2 的比值（$m'=d_0^2/d^2$）。

表达式 $0.209\times10^{-3}\varepsilon a_3\alpha_P d_0^2$ 称作孔板系数 K：当 $d_0=25$ mm、$d=100$ mm 时，系数 $K=0.65$；当 $d_0=50$ mm、$d=150$ mm 时，系数 $K=2.62$；当 $d_0=65$ mm、$d=200$ mm 时，系数 $K=4.4$。

考虑到孔板系数 K，关系式（21-1）用下式表示：

$$Q = K\sqrt{\frac{h_{\text{д}}}{\gamma'}} \tag{21-2}$$

γ' 的值根据下式确定：

$$\gamma' = \frac{273P_0}{760(273 + t^0)}\gamma_{\text{H}} \tag{21-3}$$

式中　P_0——大气压力，mmHg；

$\quad$ t^0——孔板前方瓦斯气体的温度，℃；

$\quad$ γ_{H}——在压力 760 mmHg、温度 293 K 条件下瓦斯混合气体的容重。

5　在使用无孔板测量装置的情况下，瓦斯混合气体的流量（Q，m^3/min）根据下式确定：

$$Q = 60v_\Pi k_\Pi S_\Pi \tag{21-4}$$

式中　v_Π——测定的瓦斯混合气体气流速度，m/s；

　　　k_Π——考虑到瓦斯管路直径的系数（在仪器说明书中给出）；

　　　S_Π——测量装置的截面面积，m^2。

将瓦斯混合气体流量换算成标准状态：

$$Q_{H.y} = Q \frac{293P}{760(273 + t^0)} \tag{21-5}$$

6　抽出的甲烷流量 $G_M (m^3/min)$ 根据下式计算：

$$G_M = Q_{H.y} \frac{C_M}{100} \tag{21-6}$$

式中　C_M——抽出的混合气体中的甲烷浓度，%。

7　为了确定混合气体中的甲烷浓度，瓦斯混合气体气样采集示意图如附图 21-6 所示。

按附图 21-6a 和附图 21-6b 采集瓦斯气样时，在真空（半真空）橡胶管上的旋塞或夹子应同时关闭。

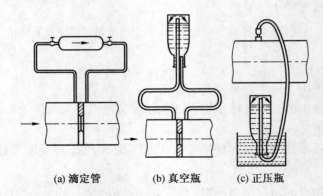

(a) 滴定管　　　　(b) 真空瓶　　　　(c) 正压瓶

附图 21-6　从瓦斯管路中采集瓦斯混合气体的示意图

8　在抽放站（抽放设备）运行和抽放系统参数检查自动控制的情况下，应保障：

对抽放站（抽放设备）房间内的甲烷浓度连续不断监控。

当超过容许的甲烷浓度水平时，将事故信号传输至调度员控制台，并自动开启通风机对抽放站（抽放设备）房间通风。

对抽出的瓦斯混合气体中的甲烷浓度和抽出的甲烷流量连续不断监控。

对吸气瓦斯管路中的负压和压气瓦斯管路中的压力连续不断监控。

在正常工作状态破坏的情况下，随着事故信号向调度员控制台的传输，自动关闭工作中的真空泵。

在真空泵停止的情况下，瓦斯混合气体在自然压力的作用下流向真空泵的旁路。

当工作中的水泵停止时或供水系统的水压低于水环式真空泵说明书规定值时，备用水泵自动开启工作。

当压力高于设计规定值时，通过排放管将压气瓦斯管路中的瓦斯自动排放到大气中。

当甲烷浓度低于利用设计规定值时，以及压气瓦斯管路中混合气体压力下降到利用设计规定值以下时，自动切断向用户供应瓦斯并将其排放到大气中。

在抽放站（抽放设备）房间内显示工作地点的监控参数，将监控的抽放站（抽放设备）工作参数资料传输给矿井调度员。

在自动控制系统失效的情况下，可以将真空设备的运行控制转换为手动模式。

监控抽放瓦斯管路和自动监控仪表安装地点的瓦斯混合气体参数（浓度，负压，流量）。

9　矿井抽放系统的监控和自动控制设备应具有在煤矿条件下使用的许可证。

附录 22　抽放系统运行的技术文件

附表 22-1　抽放站（抽放设备）运行监控记录本

日期	测量时间	运行真空泵编号	真空泵负压/mmHg	压气瓦斯管路中的压力/(kg·cm⁻²)	抽出瓦斯的温度/℃	孔板压差/mmHg	抽出的混合气体中的甲烷浓度/%	抽出设备的混合气体流量/(m³·min⁻¹)	抽出设备的甲烷流量/(m³·min⁻¹)	火灾爆炸危险性系统检查结果	设备运行情况总评	测量人员签字	负责抽放站（抽放设备）运行的人员签字	矿井技术负责人（总工程师）签字

注：记录保存期限——抽放站（抽放设备）运行全部期间。

　　负责设备运行人员对抽放站（抽放设备）的检查周期——每天。

　　矿井技术负责人（总工程师）对抽放站（抽放设备）运行的检查周期——每月一次。

附表 22-2　抽放网络真空气体测量记录本

日期	瓦斯管路区段（钻孔）	瓦斯管路区段长度/m	测量点瓦斯管路直径/m	瓦斯管路（钻孔）负压/mmHg	测量点孔板压差/mmH₂O	瓦斯管路中混合气体速度/(m·s⁻¹)	测量点甲烷浓度/%	瓦斯管路单位阻力/(10 Pa·m⁻¹)		测量点混合气体流量/(m³·min⁻¹)		瓦斯管路漏气量/(m³·min⁻¹)	
								实际	计算	实际	换算成标准状态	实际	计算

抽放区区长：＿＿＿＿＿＿＿　通风和安全技术区区长：＿＿＿＿＿＿＿　采区区长：＿＿＿＿＿＿＿

矿井技术负责人（总工程师）批准：＿＿＿＿＿＿＿　日期：＿＿＿＿年＿＿月＿＿日

注：记录保存期限——矿井抽放网络运行全部期间。

附表22-3　抽放钻孔运行统计记录本

钻孔编号No＿＿＿＿＿＿＿＿＿＿＿＿＿＿＿　　　钻孔用途＿＿＿＿＿＿＿＿＿＿＿＿＿＿＿＿

布置地点（巷道，硐室）＿＿＿＿＿＿＿＿＿＿＿＿＿＿＿＿＿

钻孔参数：

　　　方位（仰角和旋转角）＿＿＿＿＿＿＿＿　　钻孔施工开始日期＿＿＿＿＿＿＿＿＿＿＿

　　　长度，m＿＿＿＿＿＿＿＿＿＿＿＿＿＿　　钻孔施工结束日期＿＿＿＿＿＿＿＿＿＿＿

　　　直径，mm＿＿＿＿＿＿＿＿＿＿＿＿＿　　钻孔连接抽放管路日期＿＿＿＿＿＿＿＿＿

　　　孔口密封长度，m＿＿＿＿＿＿＿＿＿＿　　钻孔切断日期＿＿＿＿＿＿＿＿＿＿＿＿＿

测　量　结　果

钻孔编号	日期	钻孔附近瓦斯管路中的负压/mmHg	孔板压差/mmH$_2$O	混合气体中甲烷浓度/%	流量/(m^3·min^{-1})		测量人员签字
					混合气体	甲烷	

抽放区区长：＿＿＿＿＿＿＿＿＿＿＿　　　　通风和安全技术区区长：＿＿＿＿＿＿＿＿＿

注：记录保存期限—采区运行全部期间。对于向老空区施工的钻孔—钻孔运行的全部期间。

附表22-4　抽放瓦斯管路检查和修理记录本

瓦斯管路用途（吸气，压气，干管，支管）＿＿＿＿＿＿＿＿＿＿＿＿＿＿＿＿＿＿＿＿

巷道名称＿＿＿＿＿＿＿＿＿＿＿＿＿＿＿＿＿＿＿＿＿＿＿＿＿＿＿＿＿＿＿＿＿＿＿

瓦斯管路长度，m＿＿＿＿＿＿＿＿＿＿＿＿＿＿＿＿＿＿＿＿＿＿＿＿＿＿＿＿＿＿＿

瓦斯管路直径，mm＿＿＿＿＿＿＿＿＿＿＿＿＿＿＿＿＿＿＿＿＿＿＿＿＿＿＿＿＿＿

管路材料＿＿＿＿＿＿＿＿＿＿＿＿＿＿＿＿＿＿＿＿＿＿＿＿＿＿＿＿＿＿＿＿＿＿＿

检查日期＿＿＿＿＿＿＿＿＿＿＿＿＿＿＿＿＿＿＿＿＿＿＿＿＿＿＿＿＿＿＿＿＿＿＿

修理作业类型＿＿＿＿＿＿＿＿＿＿＿＿＿＿＿＿＿＿＿＿＿＿＿＿＿＿＿＿＿＿＿＿＿

抽放区区长：＿＿＿＿＿＿＿＿＿＿＿　　　　通风和安全技术区区长：＿＿＿＿＿＿＿＿＿

注：记录保存期限—矿井抽放系统运行全部期间。

附表22-5　井下抽放钻孔验收报告

打钻地点：　巷道＿＿＿＿＿　掘进机编号＿＿＿＿＿　停车点编号＿＿＿＿＿　钻孔编号＿＿＿＿＿

打钻设备型号：

钻孔用途：

钻孔指标：

钻孔直径（mm）：

钻孔长度（m）：

套管直径（mm）：

密封长度（m）：

钻孔漏气量：　　　　　　　　　　　　　设计：_____ m³/min　　实际：_____ m³/min

改变钻孔密封方法和密封长度的建议：

钻孔与垂直面的夹角：

钻孔与水平面的夹角：

钻孔施工开始时间：

钻孔施工结束时间：

抽放区区长：_____　通风和安全技术区区长：_____　采区区长：_____　工区测量员：_____

矿井技术负责人（总工程师）批准：_____　　　　　日期：_____年___月___日

注：报告保存期限—采区运行全部期间。对于向老空区施工的钻孔—钻孔运行的全部期间。

附表 22-6　地面抽放钻孔验收报告

打钻地点：煤层_____　采区_____　钻孔编号_____

打钻设备型号：

钻孔用途：

钻孔指标：

钻孔孔口套管直径（mm）：

钻孔孔口密封长度（m）：

套管柱之下钻孔长度（m）：

套管柱之下钻孔直径（m）：

套管柱管直径（mm）：

钻孔管外空间的密封长度（m）：

钻孔未下套管部分的长度（m）：

钻孔未下套管部分的直径（mm）：

抽放的伴生煤层数量（个）：

钻孔施工开始时间：

钻孔施工结束时间：

抽放区区长：_____　工区测量员：_____　地质主管：_____　钻孔施工单位代表：_____

矿井技术负责人（总工程师）批准：_____　　　　　日期：_____年___月___日

注：报告保存期限—采区运行全部期间。对于向老空区施工的钻孔—钻孔运行的全部期间。

附录23　抽放管路中真空瓦斯气体的测量方法

1　为了确定抽放瓦斯管路在使用过程中的漏气量和调整抽放瓦斯管路的阻力，对抽放管网中的真空瓦斯气体进行测量。

2　每三年进行一次抽放瓦斯管路中的真空瓦斯气体测量，在不能保证指定的抽放效果或抽出的瓦斯混合气体中的甲烷浓度低于法定值时，也需要进行真空瓦斯气体测量。

检验参数有：钻孔中和瓦斯管路区段中的混合瓦斯气体负压、浓度和流量。

3　在进行真空瓦斯气体测量之前，在矿井抽放管网系统图上划分出瓦斯管路区段，并标出混合瓦斯气体参数测量点（附图23-1）。瓦斯管路区段划分的标准是瓦斯流量恒定和瓦斯管路直径恒定。

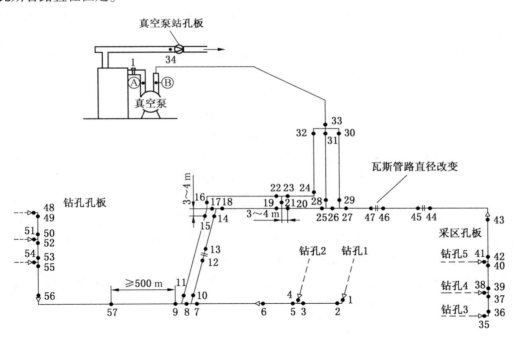

附图23-1　进行真空瓦斯气体测量时瓦斯混合气体参数测量点位置示意图

抽放测量路线从抽放钻孔开始。在钻孔上和在抽放管路上安装的全部测量站进行测量。在没有安装测量站的测量点，利用安装的管嘴进行负压、甲烷浓度和气体温度的测量。管嘴距管路分叉处应不小于3 m。

瓦斯气体测量地点：

（1）在钻孔（煤层钻孔组）；

（2）在瓦斯管路区段出口；

（3）在直线段上每隔 500 m；

（4）在井下井筒（钻孔）前和瓦斯管路分叉点或瓦斯管路变径处；

（5）瓦斯管路离开矿井（钻孔）的出口处；

（6）在固定抽放站和综合抽放设备的建筑物内。

4　真空瓦斯气体的测量由熟练工作人员组成的小组负责完成。

根据进度表制定在瓦斯管路预定点上进行测量的时间。真空瓦斯气体的测量应在一个班内完成。

在一个班内不能完成真空瓦斯气体测量时，继续测量时应从上一个班已完成测量的最后 2 个测量站开始。

通过比较单个瓦斯管路区段或选取路线（从钻孔到固定抽放站或综合抽放设备）上的瓦斯混合气体的实际压力损失和设计值，对瓦斯管路通过能力的状态进行评价。

实际压力损失应小于设计规定的计算值。

5　单个瓦斯管路区段的漏气量根据在研究区段末端测量的混合瓦斯气体流量的差值确定。

6　在孔板处测量的瓦斯流量在整个瓦斯管路区段上认为是恒定的（在下一个孔板安装点之前）。

在瓦斯管路上第 i 点的混合瓦斯流量 $Q_{TP.i}(m^3/min)$ 根据下式确定：

$$Q_{TP.i} = \frac{G_{Д.M.i}}{0.01c_{M.i}} \qquad (23-1)$$

式中　$G_{Д.Ti}$——在瓦斯管路上第 i 点测量点的瓦斯流量，m^3/min；

$c_{M.i}$——在瓦斯管路上第 i 点测量点的甲烷浓度，%。

7　在研究区段的末端所测量的瓦斯管路中的负压确定为单个瓦斯管路区段的负压。

8　瓦斯管路区段（直管）管网的实际参数值和设计参数值应换算为标准状态，并记入抽放管网真空瓦斯气体测量记录本中（附录 22）。

9　通过比较实际漏气量和设计漏气量，评价瓦斯管路是否存在密封不严的区段，而通过比较瓦斯管路的实际和计算的单位阻力，评价抽放管路和其损坏区段的状态。

10　采用计算机程序，评价抽放管网状态和检查其工作情况。

11　根据抽放管网真空瓦斯气体测量结果，矿井技术负责人（总工程师）研究制定措施，使抽放管网与其设计值相一致。

附录24 钻孔密封和密封质量检查

1 借助于钻孔框架装置完成抽放钻孔的设备安装，保证打钻时冲洗液的供应和钻孔口的密封。

2 为了提高抽放效果和获得有用的高浓度瓦斯，每个抽放钻孔的孔口必须密封。采用专用封隔器或套管注浆，对钻孔口进行密封。

3 采用水泥砂浆对钻孔孔口进行密封，水泥：沙＝1：1，水泥标号为400或500，水量根据钻孔的用途和类型确定。

4 密封长度由煤体或岩体的裂纹带深度确定。在未破坏的煤体中打钻时密封长度为6～10 m，在采空区附近打钻时密封长度为20 m及以上。

5 抽放钻孔水泥砂浆密封工艺。

（1）将在煤层采动前已钻好的抽放钻孔孔口进行扩孔至直径115～130 mm，施工至密封长度。向已扩孔区域插入套管，套管的外面焊有金属挡板，保证套管处于钻孔中心。在孔口用木楔将套管固定。在孔口注入黏合剂。通过长度2 m、直径42 mm的注浆管向环形管外空间注入水泥砂浆（固体：液体＝1：5）。浆液凝固后，进行套管的最终注浆。向管外空间注入水泥砂浆（固体：液体＝1：8～1：10），直到通过套管向巷道流出浆液为止。浆液凝固后，将钻孔与瓦斯管路连接。

这种方法也可用来密封两次作业施工的钻孔，首先施工至密封深度，安装套管和注浆凝固后，施工至设计深度（通过套管施工钻孔）。每根套管长度1.5～1.7 m，套管定中心挡板的间距1～1.3 m。

（2）在坚硬的无裂隙的岩体中，钻孔的封孔段不长，套管安装好后，向已钻好的直径115～130 mm的钻孔孔口注入黏合剂。钻孔孔口管外空间灌浆区凝固后，向环形管外空间压注密封材料直至注满全部注浆空间。

（3）为了固结套管，借助于钻机对钻孔孔口密封区岩体内的裂缝封堵止水。向已施工好的密封段直径为130 mm的钻孔（长度6～10 m）插入套管，套管内径大于钻孔终孔直径。通过焊接的挡板，使套管定位于钻孔中心。塞住抽放钻孔孔口，通过尾部弯曲的注浆管向管外空间注入浆液（固体：液体＝1：10）。水泥浆液凝固后，借助于钻机推送木塞，通过套管向管外空间压注水泥浆（固体：液体＝1：2～1：4）这种方法主要用于下行煤孔和岩孔的密封。

6 上行煤层钻孔的密封按5.1或5.2进行。在对密封区段扩孔之后，进行抽放钻孔的密封工作。将上行煤层钻孔孔口直径从76～97 mm扩大至132 mm，深度10 m。将内径75～100 mm的套管和两根长度10 m、直径25 mm的细管安装在钻孔扩孔区段，直至扩孔区底部。在套管的上端装有带2个小孔的法兰，以固定细管向环形管外空间注入水泥浆（固体：液体＝1：6～1：8）和排出空气。

7　在密封下行的煤孔和岩孔时，依靠木塞或自流作用，通过套管向环形管外空间注水泥浆。对于向上部被采煤层（含瓦斯的裂隙岩层）施工的钻孔分段打钻，首先打至密封深度，套管安装和注浆之后，打至设计深度。为了注浆固化套管，在其底端安有带橡胶密封条的钢环，阻止水泥浆（固体：液体＝1：3～1：5）流到套管里面。

8　在不稳定岩石中施工的抽放钻孔，由密封区段到稳定岩石之间，钻孔周围安装带孔管注浆。

9　由岩石巷道或集中大巷通过采空区施工钻孔时，采用以下方法分两个阶段对钻孔孔口进行密封。为了密封钻孔孔口，将钻孔扩孔，向孔内插入直径75～100 mm、长度10 m的套管，对套管进行注浆。然后向套管内插入直径50 mm的内管，其长度等于钻孔长度，钻孔是通过煤层间冒落的岩石或被裂隙破坏的岩石施工的。在距离内管顶端10 m处，在内管的外面安装有橡胶密封圈。沿内管压注水泥浆液。浆液充满密封圈以上区域内管和孔壁之间的管外空间。

10　采用手工或带机械驱动的泥浆泵，向管外空间压注水泥浆液。

11　套管的长度应使套管的顶端沿钻孔长度方向深入无裂隙煤体中10 m。借助于柱塞泵压注浆液。

12　煤层钻孔孔口的密封采用ГСХУ型封孔器，封孔工艺如下：

（1）将钻孔施工至设计深度。钻孔孔口扩孔至93～97 mm，扩孔段长度3.5～7.5 m。

（2）短钻孔的孔口密封采用整根塑料管。

（3）长钻孔孔口密封采用组合管，管子之间采用长度为200 mm的金属套管连接，并用橡胶衬套固定。套管和衬套的连接固定直接在向钻孔内安装组合管时进行。

（4）在管子的末端安装密封橡胶圈。

（5）将装好的带密封圈的管子送入钻孔内。钻孔外露的管子长度不超过400 mm。

（6）在外露的管子上安装第二个密封圈。密封圈之间的距离不大于50 mm。

（7）将管子放入钻孔内，由钻孔口到第二个密封圈之间的距离不小于50 mm，钻孔外露的管子长度不小于300 mm。

（8）通过小孔，向距钻孔口第一个密封圈后面的管外空间插入金属管，沿金属管压注密封材料。

（9）通过手动泵压注密封材料。聚氨酯胶的数量根据管子的长度确定。

（10）密封材料压注完之后，抽出金属管。

13　钻孔孔口的密封采用：

（1）塑料抽放管；

（2）塑料增强连接管；

（3）橡胶密封圈和泡沫塑料密封圈；

（4）填充钻孔壁和套管之间空间的泡沫。

14　用来密封抽放钻孔孔口的管子数量由密封深度决定。在管子接缝处安装有膨胀的橡胶衬套或衬垫。在钻孔孔口管子接缝处和套管的上部/下部安装橡胶密封圈。

15　在钻孔密封之后，以及当采区瓦斯管路中的瓦斯浓度或抽放效果低于设计指标时，进行抽放钻孔漏气位置的确定。

16　通过测量孔内空气瓦斯混合流量和瓦斯浓度确定漏气位置。

17　采用专门的探测器（附图24-1）从钻孔内采集瓦斯气样。安装有短管2和3的三通属于成套探测器的组成部分。短管2用于向钻孔内引入导杆8，而短管3用于连接钻孔6和瓦斯管路4。

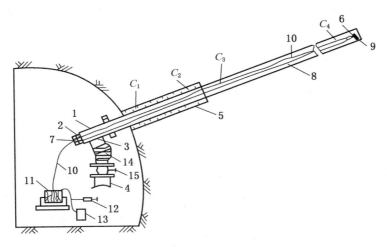

附图24-1　孔内瓦斯浓度测量探测器的结构和应用示意图

在短管2的末端安装有密封元件7，在移动导杆8时阻止向钻孔内漏气。导杆8通过管接头连接。在第一节导杆上装有气样采集装置9。为了采集瓦斯气样，在成套探测器还有缠绕在绞盘11上的软管10、双气门泵12和气室13。

18　钻孔探测工作按下列方式进行。借助于安装在套管上的孔板，测量混合瓦斯流量、浓度和负压。然后切断钻孔与瓦斯管路的连通，卸下带孔板的短管，将三通1与套管5固定连接。借助于波纹软管14，将短管3与瓦斯管路4相连。通过密封元件7，插入带气体采样装置9的第一根导杆。软管10与气体采样装置9相连接，固定在导杆上。唧筒12的吸气短管与软管10的自由端相连，而压气短管与气室13相连。打开阀门15，加长导杆，沿钻孔移动气体采样装置，采集瓦斯气样以确定钻孔特征点C_1、C_2、C_3、C_4的瓦斯浓度。对采集到气室中的气样采用干涉仪（如ШИ-12）当场进行分析。每一个特征点采集的气样不少于2个。如果它们相差不大于4%，则将结果平均后作为该特征点的测量结果。如果相差大于4%，则重新取样测量。

在套管的下部和上部确定C_1和C_2点的瓦斯浓度，在距离套管上端0.5 m处确定C_3点的瓦斯浓度，在距离钻孔孔口20~25 m处确定C_4点的瓦斯浓度。

19　根据测量结果，确定浓度测量区间C_2和C_3、C_3和C_4的漏气量。瓦斯浓度测量结果偏差小于4%，认为测量结果是一样的。浓度测量区间C_2和C_3间的孔内漏气量ΔQ_{2-3}（m^3/min）按下式计算：

$$\Delta Q_{2-3} = Q_c \frac{(C_3 - C_2) C_1}{C_3 C_2} \tag{24-1}$$

浓度测量区间C_3和C_4间的孔内漏气量ΔQ_{3-4}（m^3/min）按下式计算：

$$\Delta Q_{3-4} = Q_c \frac{(C_4 - C_3) C_1}{C_4 \cdot C_3} \qquad (24-2)$$

20 测量结果登记到附表 24-1 中。

附表 24-1　孔内漏气量和漏气位置确定结果

采面/采区 参　数	单位	孔　号					
		1	2	3	4	…	N
混合气体流量	m³/min						
负压	mmHg						
C_1 点瓦斯浓度	%						
C_2 点瓦斯浓度	%						
C_3 点瓦斯浓度	%						
C_4 点瓦斯浓度	%						
孔内总漏气量	m³/min						
C_2-C_3 区间漏风比例	%						
C_3-C_4 区间漏风比例	%						

21 根据 C_2 和 C_3 点瓦斯浓度测量结果，判明由钻孔密封段向钻孔内漏气，根据 C_3 和 C_4 点瓦斯浓度测量结果，判明通过煤体或岩体向钻孔内漏气。

当满足下列条件时，孔内漏气量是容许的：

$$\Delta Q_{2-3} + \Delta Q_{3-4} \leqslant \Pi_c \qquad (24-3)$$

当不满足式（24-3）所列条件时，采取方案提高后续钻孔的密封质量。为了减小漏气量 ΔQ_{2-3}，应提高钻孔密封质量或改变钻孔密封方法。为了减小漏气量 ΔQ_{3-4}，应需增大钻孔密封长度。

22 采用测量孔内水柱压力的方法，检查上行抽放钻孔的密封质量。为此，在钻孔内形成一个比套管高度高 0.2~0.3 m 的水柱。如果水柱能保持这样的高度，则证明管外空间和套管得到密封。如果水柱仅能保持套管的高度，则证明管子的接头得到了密封，而管外空间未得到密封。如果水柱高度低于套管高度，则在此标高处套管接头密封不严。

23 为了完成这类测量，必须在钻孔孔口连接专用装置以检查钻孔的密封性（附图 24-2）。打开阀门，通过与防火水管相连接的软管向钻孔内注水，水柱高度增大。根据钻孔倾角参数可以获得水柱应升高的高度，使水柱高度比套管高度高 0.2~0.3 m。当水柱升到该高度时，关闭阀门。水柱高度根据压力表确定（10 kPa 对应 1 m 水柱）。

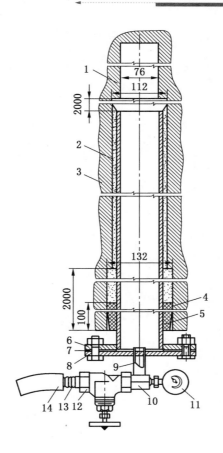

1—无套管的钻孔；2—套管；3—密封材料；4—破布；5—木楔；

6—套管连接管；7—密封垫；8—法兰；9—细管；10—三通；

11—压力表；12—阀门；13—过渡接头；14—软管

附图24-2　钻孔密封性检查装置

24　采用测量钻孔内压力变化的方法进行钻孔密封质量检查。钻孔孔口密封后，与抽放管路接通，在孔内形成负压。然后通过阀门关闭钻孔，根据压力上升（真空度下降）的速度确定是否漏气。如果漏气量大，则可以在套管内测量。